普通高等教育"十二五"规划教材

数据库应用基础项目式教程

——Access 2010

主　审　骆耀祖

主　编　叶丽珠　陈　刚

副主编　潘光洋　刘肃平　郑冬花　骆珍仪　杨　波

参　编　许丽娟　翟　峰

北京邮电大学出版社
www.buptpress.com

内 容 简 介

本书是为满足普通高等院校计算机公共基础课程的培养目标和基本要求，由多年从事大学计算机公共课程一线教学、具有丰富教学经验和实践经验的教师编写。本书以"模块—项目任务"的方式进行编写，每个任务按照"任务描述"、"任务分析"、"知识链接"和"任务设计"等环节展开，内容包括数据库的分析与设计、数据库的创建与维护、表的创建与应用、查询的设计与创建、窗体的设计与创建、报表的设计与创建、宏的设计与创建、模块和 VBA 编程应用及实现教学信息管理系统。每章课后配有相应的习题和上机实训，充分体现"例中学，做中学"的自主学习理念。全书涵盖了全国高等学校计算机水平考试 II 级《Access 数据库》考试大纲的基本内容。

本书内容丰富翔实、语言通俗易懂，注重理论与案例相结合，力求通过各任务的学习，重点培养学生对数据库技术的应用技能。全书以教学信息管理信息系统为主线编排大量案例，向用户介绍 Access 2010 的使用方法，以及如何使用 Access 开发数据库应用系统。所有上机实训内容贯穿一个图书管理系统。

本书可作为普通高校非计算机专业的计算机公共课教材，也可作为全国计算机等级考试（Access）的培训教材，还可供学习数据库技术的用户学习参考。

图书在版编目（CIP）数据

数据库应用基础项目式教程：Access 2010 / 叶丽珠，陈刚，张民主编. -- 北京：北京邮电大学出版社，2014.6（2017.7 重印）

ISBN 978-7-5635-3972-7

Ⅰ. ①数… Ⅱ. ①叶…②陈…③张… Ⅲ. ①关系数据库系统－教材 Ⅳ. ①TP311.138

中国版本图书馆 CIP 数据核字（2014）第 108479 号

书　　　名：数据库应用基础项目式教程——Access 2010
著作责任者：叶丽珠　陈刚　张民　主编
责 任 编 辑：付兆华
出 版 发 行：北京邮电大学出版社
社　　　址：北京市海淀区西土城路 10 号（邮编：100876）
发 行 部：电话：010-62282185　传真：010-62283578
E-mail：publish@bupt.edu.cn
经　　销：各地新华书店
印　　刷：北京鑫丰华彩印有限公司
开　　本：787 mm×1 092 mm　1/16
印　　张：20.25
字　　数：503 千字
版　　次：2014 年 6 月第 1 版　2017 年 7 月第 9 次印刷

ISBN 978-7-5635-3972-7　　　　　　　　　　　　　　　　　定　价：39.80 元

· 如有印装质量问题，请与北京邮电大学出版社发行部联系 ·

前　　言

　　社会的信息化要求每一个大学生都应该具备较高的信息素养,既要具有收集、处理和创造信息的能力,又要具备组织、管理和使用信息资源的能力。数据库技术是数据管理的专用技术,是计算机信息系统的基础和主要组成部分,是涉及应用计算机系统进行数据分析与信息处理的应用。因此,能够利用数据库技术和相关工具对数据进行管理、分析、加工和利用,是当代大学生应该掌握的。

　　本书根据教育部高等学校非计算机专业计算机基础教学——"数据库基础及其应用"的基本要求,针对非计算机专业学生的特点,面向普通高等学校组织编写的。全书从培养学生分析问题和解决问题的能力着手,以数据库原理和技术为核心,并以 Access 2010 数据库实践应用为重点,既强调扎实的理论基础,又注重技术实践的应用。教材在编写过程中,一是注重基础性,以使学生在专业发展上具有潜力,更适应社会发展的需求;二是注重实用性,把培养实际应用能力放在首位。内容安排上以"项目导向,任务驱动,案例教学"为出发点,以"模块—项目—任务"的方式进行组织,每个任务按照"任务描述"、"任务分析"、"知识链接"和"任务设计"等环节展开。

　　本书由具有丰富教学经验和等级考试辅导经验、长期从事计算机基础课程教学的一线教师编写。通过"任务描述"以启发式的方式引出学习目标,从而调动学生学习的积极性;通过"任务分析"引导学生由浅入深地学习;通过"知识链接"将理论知识穿插到任务中;通过"任务设计"给出与理论相结合的案例。力求内容精炼、系统,由浅入深、由简到繁、循序渐进。书中的案例操作步骤详细,力争将知识讲解、能力培养、素质教育融为一体。每个模块后面精心设计了大量的练习题和上机实训,使学生通过学习可以设计一个简单的数据库应用系统,从而掌握数据库的实用技术。

　　全书分为 9 个模块:数据库的分析与设计、数据库的创建与维护、表的创建与应用、查询的设计与创建、窗体的设计与创建、报表的设计与创建、宏的设计与创建、模块和 VBA 编程应用、实现教学信息管理系统。模块一由潘光洋编写,模块二由刘甫平、翟峰编写,模块三由广东岭南职业技术学院的郑冬花编写,模块四由叶丽珠编写,模块五由陈刚编写,模块六由翟峰、广东韶关学院的骆珍仪编写,模块七、模块八由杨波编写,模块九由翟峰编写,课后习题和参考答案由许丽娟、翟峰编写。全书由骆耀祖统稿和审核。

本书在编写过程中得到了广东财经大学华商学院丘兆福教授和信息工程系各位同仁给予的大力支持和帮助,在此向他们表示深深的谢意。由于编者水平有限,书中难免有疏忽、错漏之处,恳请广大读者和专家批评指正。选用本书作为教材的教师可发邮件至 jinbin_baby@163.com 或加 QQ:171732125 索要电子课件、案例素材、上机实训素材、习题参考答案、教学大纲等配套教学资源。

作　者

目　录

模块一　数据库的分析与设计

 学习目标

- 熟悉数据库的基本概念；
- 了解数据模型的组成要素、概念模型及逻辑模型；
- 掌握关系数据库中涉及到的基本概念、定义及关系运算；
- 熟练掌握数据库设计的方法及步骤。

　　数据库是计算机最重要的技术之一，是计算机软件的一个独立分支，数据库是建立管理信息系统的核心技术，当数据库技术与网络通信技术、多媒体技术结合在一起时，计算机应用将无所不在，无所不能。随着信息技术的发展，我们进入了一个崭新的时代。为了能掌握更新、更全面的信息，需要对信息进行有效的存储、管理，以便灵活、高效地将其运用和处理，首先，让我们认识数据库技术的相关知识。

　　数据库技术是研究数据库结构、存储、设计和使用的一门软件学科，是进行数据管理和处理的技术。在信息社会里，信息已成为各行各业的重要财富资源，以数据库为核心的信息系统已成为企业、学校及各种组织生存和发展的重要条件。

项目一　数据库概述

任务一　认识数据库

📖 **任务描述**

　　信息是通过对数据进行处理而得来的，大量的数据保存在计算机中，使用数据库技术使得存储和处理数据变得更加方便。本任务讲述数据、信息和数据处理等数据库技术的基本概念，并介绍数据管理的发展阶段。

📖 **任务分析**

　　数据库技术主要是对数据进行处理，从而获取到信息。在这个过程中，需要理解数据、信息和数据处理。数据是数据库技术的输入，数据处理是数据库技术的核心，信息是数据库技术的输出，数据管理的方式从手工管理发展到数据库管理。

📖 **知识链接**

1. 数据

　　数据是指存储在某一存储媒体介质上能够被识别的物理符号，是反映客观特性的记录。这一概念反映两方面的含义：一是描述事物特性的数据内容，二是存储在某一媒体介质上的数据形式。描述事物特性的符号有多种多样,因此,数据形式也可以有多种多样,例如某人的出生日期是"2011 年 6 月 20 日",我们也可以用"2011/6/20"的数据形式来表示,当然其含义并没有改变。

数据的概念在数据处理领域中已经被大大地拓宽。数据不仅仅指数字、字母、文字和其他特殊字符组成的文本形式的数据,还包括图形、图像、动画、影像、声音等多媒体数据。

2. 信 息

信息的概念在不同的学科中有不同的解释。我们认为,信息是信息论中的一个术语,是现实世界事物的存在方式或运动状态的反映,泛指通过各种方式传播、可被感受的声音、文字、图像、符号等表示的某一特定事物的消息、情报或知识。信息的目的是消除不确定性。其具有的性质包括事实性、时效性、不完全性、等级性、变换性和价值性。只有经过解释,数据才有意义,才能成为信息。如果屏幕显示为 19820310,它没有什么意义,它不能成为信息;如果说这数据是描述某人的生日,我们可以知道这是某人的出生年月日,这样数据就变得有意义。

数据和信息是两个相互联系但又相互区别的概念;数据是信息的具体表现形式,信息是数据有意义的表现。数据是对事物的真实描述,信息是事物对人们有价值的描述,数据经过处理可以转化为信息,信息也可以作为数据进行处理然后得到对人们有用的信息。一般来说,在数据库技术中数据和信息不会严格地进行区分。

3. 数据处理

数据处理也称作信息处理,是将数据转换为信息的过程。数据处理的目的是从大量的数据中,根据数据自身的规律及其相互联系,通过分析、归纳、推理等科学方法,利用计算机技术、数据库技术等手段提取有效的信息资源,为进一步分析、管理和决策提供依据。

计算机数据处理主要包括以下八个方面。

① 数据采集:采集所需的信息。

② 数据转换:把信息转换成机器能够接收的形式。

③ 数据分组:指定编码,按有关信息进行有效的分组。

④ 数据组织:整理数据或用某些方法安排数据,以便进行处理。

⑤ 数据计算:进行各种算术和逻辑运算,以便得到进一步的信息。

⑥ 数据存储:将原始数据或计算的结果保存起来,供以后使用。

⑦ 数据检索:按用户的要求找出有用的信息。

⑧ 数据排序:把数据按一定要求排成次序。

数据处理的过程大致分为数据的准备、处理和输出 3 个阶段。在数据准备阶段,通过输入设备将数据输入到计算机中保存到磁盘里。这个阶段也可以称为数据的录入阶段。数据录入以后,就要由计算机对数据进行处理,为此预先要由用户编制程序并把程序输入到计算机中,计算机是按程序的指示和要求对数据进行处理的。所谓处理,就是指上述 8 个方面工作中的一个或若干个的组合。最后输出的是各种文字和数字的表格和报表。例如,将每个教师的年龄作为原始数据,经过计算得出平均年龄、最大年龄及最小年龄等信息,数据计算的过程就是数据处理。

4. 数据管理的发展阶段

伴随着计算机技术的不断发展,数据处理发生了极大的变革。数据处理及时地应用了这一先进的技术手段,使数据处理的效率和精度大大提高,也促使数据处理和数据管理技术得到了很大的发展,其发展过程大致经历了人工管理、文件管理、数据库管理、分布式数据库管理及面向对象数据管理等阶段。

（1）人工管理阶段

早期的计算机主要用于科学计算,计算处理的数据量很小,基本上不存在数据管理的问题。从 20 世纪 50 年代初开始,将计算机应用于数据处理。当时的计算机没有专门管理数据的软件,也没有像磁盘这样可随机存取的外部存储设备,对数据的管理没有一定的格式,数据依附于处理它的应用程序,使数据和应用程序一一对应,互为依赖。

由于数据与应用程序的对应、依赖关系,应用程序中的数据无法被其他程序利用,程序与程序之间存在着大量重复数据,我们将这个情况称为数据冗余;同时,由于数据是对应着某一应用程序的,从而使得数据的独立性很差,如果数据的类型、结构、存取方式或输入输出方式发生变化,处理它的程序必须相应改变,数据结构性差,而且数据不能长期保存。

（2）文件管理阶段

从 20 世纪 50 年代后期开始至 20 世纪 60 年代末这一时期称为文件管理阶段,应用程序通过专门管理数据的软件即文件系统管理来使用数据。由于计算机存储技术的发展和操作系统的出现,同时计算机硬件也已经具有可直接存取的磁盘、磁带及磁鼓等外部存储设备,软件则出现了高级语言和操作系统,而操作系统的一项主要功能是文件管理,因此,数据处理应用程序利用操作系统的文件管理功能,将相关数据按一定的规则构成文件,通过文件系统对文件中的数据进行存取、管理,实现数据的文件管理方式。

文件管理阶段中,文件系统为程序与数据之间提供了一个公共接口,使应用程序采用统一的存取方法来存取、操作数据,程序与数据之间不再是直接的对应关系,因而程序和数据有了一定的独立性。但文件系统只是简单地存放数据,数据的存取在很大程序上仍依赖于应用程序,不同程序难于共享同一数据文件,数据独立性较差。此外,由于文件系统没有一个相应的模型约束数据的存储,因而仍有较高的数据冗余,这又极易造成数据的不一致性。

（3）数据库管理阶段

数据库管理阶段是 20 世纪 60 年代末在文件管理基础上发展起来的。随着计算机系统性价比的持续提高,软件技术的不断发展,人们克服了文件系统的不足,开发了一类新的数据管理软件——数据库管理系统(Database Management System,DBMS),运用数据库技术进行数据管理,将数据管理技术推向了数据库管理阶段。

数据库技术使数据有了统一的结构,对所有的数据实行统一、集中、独立的管理,以实现数据的共享,保证数据的完整性和安全性,提高了数据管理效率。数据库也是以文件方式存储数据的,但它是数据的一种高级组织形式。在应用程序和数据库之间,由数据库管理软件DBMS把所有应用程序中使用的相关数据汇集起来,按统一的数据模型,以记录为单位存储在数据库中,为各个应用程序提供方便、快捷的查询、使用。

（4）分布式数据库管理阶段

分布式数据库管理阶段是在数据库技术和计算机网络技术结合的基础上产生的。网络技术的发展为数据库提供了分布运行的环境,从主机/终端体系结构发展到客户/服务器系统结构。分布式数据库系统既可以把全局数据模式按数据来源和用途合理地分布在系统的多个节点上,使大部分数据可以就地存取,而用户感觉不到分布,即物理上分布、逻辑上集中的分布式数据结构(紧密型);又可以把多个集中式数据库系统通过网络连接起来,各节点上的计算机可以利用网络通信功能访问其他节点上的数据资源,即物理上、逻辑上分布的分布式数据库(松散型)。

(5) 面向对象数据库管理阶段

面向对象数据库系统是数据库技术与面向对象程序设计相结合的产物。面向对象数据库系统是面向对象方法在数据库系统中的实现和应用,它既是一个面向对象的系统,又是一个数据库系统。

任务二　数据库的体系结构

📖 任务描述

数据库的体系结构有多种,其中最为主要的是数据库三级模式体系结构。数据库三级模式体系结构包括了三级模式,三级模式形成了两层映射关系,两层映射关系保证了数据的独立性。本任务介绍数据库的体系结构的类型、数据库的三级数据视图与三级模式关系、两层映射和数据独立性。

📖 任务分析

对数据库的体系结构,从不同的角度和层次来看,有不同的划分。设计数据库过程需要了解数据库体系结构,从三级数据视图来观察数据的组织形式,了解数据库三级模式有助于在不同的阶段进行相应的操作。为了能够在内部实现三级模式之间的联系和转换,DBMS在这三级模式之间添加了两层映射,并保证数据的独立性。

📖 知识链接

1. 数据库体系结构的类型

数据库体系结构一般可以从最终用户的角度和数据库管理系统的角度来进行划分。从最终用户角度上来看,可将数据库体系结构划分为如下类型。

(1) 集中式数据库体系结构

将 DBMS 软件、所有用户数据和应用程序放在一台计算机(作为服务器)上,其余计算机作为终端通过通信线路向服务器发出数据库应用请求,这种网络数据库应用系统称为集中式数据库体系结构。

(2) 客户/服务器(C/S)式数据库系统

客户/服务器式的数据库系统是指在客户/服务器计算机网络上运行的数据库系统,在这个计算机网络中,有一些计算机扮演客户,另一些计算机扮演服务者(即客户机/服务器)。客户/服务器体系结构的关键在于功能的分布,一些功能放在客户机上运行,另一些功能则放在服务器上执行。

(3) 分布式数据库系统

分布式数据库系统是指分散存储在计算机网络中多个节点上的数据库在逻辑上统一管理。它是建立在数据库技术与网络技术发展基础之上的。最初的数据库一般是集中管理的,随着网络的扩大,增加了网络的负荷,对数据库的管理也困难了。分布式则可克服这些缺点。分布式数据库可供地理位置分散的用户共享彼此的数据资源。

(6) 并行结构数据库系统

并行数据库系统是在并行机上运行的具有并行处理能力的数据库系统,是数据库技术与并行计算技术结合的产物。并行结构数据库系统使用的是多个物理上连在一起的CPU，而分布式系统是多个地理上分开的CPU。各个承担数据库服务责任的CPU划分它们自身的数据，通过划分的任务以及通过每秒兆位级的高速网络通信完成事务查询，实现数据库操作的并行性。

2. 数据库三级模式体系结构

从数据库管理系统的角度看，数据库系统体系结构一般采用三级模式结构：外模式、模式和内模式。

（1）外模式

外模式（External Schema），亦称子模式，是数据库用户的数据视图。它属于概念模式的一部分，描述用户数据的结构、类型、长度等。所有的应用程序都是根据外模式中对数据的描述而不是根据概念模式中对数据的描述而编写的。在一个外模式中可以编写多个应用程序，但一个应用程序只能对应一个外模式。根据应用的不同，一个概念模式可以对应多个外模式，外模式可以互相覆盖。用户可以通过外模式描述语言来描述、定义对应于用户的数据记录（外模式），也可以利用数据库管理系统提供的数据操纵语言（Data Manipulation Language，DML）对这些数据记录进行处理。

（2）模式

模式（Schema）也称为概念模式或逻辑模式，是数据库的总框架，是对数据库中的全体数据的逻辑结构和特征的描述，以及对数据的安全性、完整性等方面的定义。所有数据都按这一模式进行装配。模式的一个值称为模式的一个实例，同一个模式可以有很多实例。模式不仅仅要描述记录类型，还要描述记录间的联系、操作、数据的完整性、安全性等要求。但是模式不涉及存储结构、访问技术等细节。只有这样，模式才可以算做到了"物理数据独立性"。模式由模式描述语言（Schema Data Definition Language，SDDL）进行描述。

（3）内模式

内模式（Internal Schema），亦称存储模式，是对数据库在物理存储器上具体实现的描述。它规定数据在存储介质上的物理组织方式、记录寻址技术，定义物理存储块的大小和溢出处理方法等。与概念模式相对应。内模式由数据存储描述语言进行描述。

总之，数据按外模式的描述提供给用户，按内模式的描述存储在磁盘上，而概念模式提供了连接这两级模式的相对稳定的中间观点，并使得这两级的任意一级的改变都不受另一级的牵制。数据库体系结构的三级模式结构示意图如图1-1所示。

3. 三级数据视图

数据抽象的三个级别又称为三级数据视图，是不同层次用户从不同角度所看到的数据组织形式。

（1）外部视图

第一层的数据组织形式是面向应用的，是应用程序员开发应用程序时所使用的数据组织形式，是应用程序员所看到的数据的逻辑结构，是用户数据视图，称为外部视图。外部视图可有多个。这一层的最大特点是以各类用户的需求为出发点，构造满足其需求的最佳逻辑结构。

（2）全局视图

第二层的数据组织形式是面向全局应用的，是全局数据的组织形式，是数据库管理人员

图 1-1 数据库体系结构

所看到的全体数据的逻辑组织形式,称为全局视图,全局视图仅有一个。这一层的特点是对全局应用最佳的逻辑结构形式。

（3）存储视图

第三层的数据组织形式是面向存储的,是按照物理存储最优的策略所组织的形式,是系统维护人员所看到的数据结构,称为存储视图。存储视图只有一个。这一层的特点是物理存储最佳的结构形式。

外部视图是全局视图的逻辑子集,全局视图是外部视图的逻辑汇总和综合,存储视图是全局视图的具体实现。

三级视图是用图、表等形式描述的,具有简单、直观的优点。但是,这种形式目前还不能被计算机直接识别。为了在计算机系统中实现数据的三级组织形式,必须用计算机可以识别的语言对其进行描述。DBMS 提供了数据描述语言（Data Description Language,DDL）。我们称用 DDL 精确定义数据视图的程序为模式（Scheme）。三级数据视图与三级模式一一对应,外部视图对应着外模式,全局视图对应着模式,而存储视图对应着内模式。

4. 两层映射

三个数据视图或三个模式之间的联系和转换,需要使用到 DBMS 提供的两层映射。数据库三级模式体系结构中的两层映射如下所述。

（1）外模式/模式映射

通过外模式与模式之间的映射把描述局部逻辑结构的外模式与描述全局逻辑结构的模式联系起来,即把用户数据库与概念数据库联系起来。

（2）模式/内模式映射

通过模式与内模式之间的映射,把描述全局逻辑结构的模式与描述物理结构的内模式联系起来,即把概念数据库与物理数据库联系起来。

5. 数据的独立性

当前许多数据库系统都采用了三级模式体系结构,DBMS 提供了两层映射从而保证了数据独立性。数据独立性是指应用程序和数据库的数据结构之间相互独立,不受影响。数据的独立性包括数据的物理独立性和数据的逻辑独立性。

（1）数据的物理独立性

查看图 1-1 数据库三级模式体系结构,数据的物理独立性是由模式/内模式映射实现的。如果系统维护人员修改了数据库内模式的数据结构,也就是说修改数据库的物理结构,通过修改模式/内模式映射可以保证模式不变。对内模式的修改尽量不影响概念模式,对于外模式和应用程序的影响更小,这样,称数据库达到了物理数据独立性(简称物理独立性)。

（2）数据逻辑独立性

查看图 1-1 数据库三级模式体系结构,数据的逻辑独立性是由外模式/模式映射实现的。如果数据库管理人员修改了数据库模式的数据组织形式,比如增加记录类型或增加数据项,那么只要对外模式/模式映象做相应的修改,可以使外模式和应用程序尽可能保持不变,这样,我们称数据库达到了逻辑数据独立性(简称逻辑独立性)。

任务三　数据库系统

📖 任务描述

数据库技术是数据管理中存储和处理数据最为高效的一种方法,其借助计算机技术成为当前最为重要的一种数据处理的方法。采用数据库技术进行数据管理的计算机系统称为数据库系统。了解数据库系统的组成有利于开发和实施数据库系统,本任务介绍数据库系统的组成。

📖 任务分析

数据库系统(Database Systems,DBS)是一个复杂的系统,它是采用了数据库技术的计算机系统。因此数据库系统的含义已经不仅仅是一组对数据进行管理的软件(即通常称为数据库管理系统 DBMS),也不仅仅是一个数据库。它是一个实际可运行的,按照数据库方式存储、维护和向应用系统提供数据或信息支持的系统;是存储介质、处理对象和管理系统的集合体,通常由数据库、硬件、软件和人员组成。

📖 知识链接

1. 数据库

数据库是长期存储在计算机内、有组织的、可共享的数据集合。通常由两大部分组成:一部分是有关应用所需要的工作数据的集合,称作物理数据库,它是数据库的主体;另一部分是关于各级数据结构的描述,称作描述数据库,通常是由一个数据字典系统管理。

2. 硬件

数据库系统对硬件有一些特殊要求,因为操作系统、数据库管理系统的各功能部件及应用程序需要存储在内存,还有数据库的各种表格、目录、系统缓冲区、各用户工作区及系统通信单元等都要占用内存。所以数据库系统通常要求大容量直接存取存储设备和较高的通道能力,要求处理机有较强的数据处理能力(如变字长运算、字符处理等)。

3. 软件

数据库软件主要包括操作系统、各种宿主语言、实用程序以及数据库管理系统等。数据库管理系统是数据库系统的核心软件,是在操作系统的支持下工作,是在操作系统的文件系统基础上发展起来的,用于解决如何科学地组织和存储数据,如何高效获取和维护数据的系统软件。其主要功能包括数据定义功能、数据操纵功能、数据库的运行管理和数据库的建立与维护。为了开发应用系统,还要有应用开发支撑软件、各种宿主语言(如 COBOL、PL/I、FORTRAN、C 等)及其编译系统,这些语言应与数据库有良好的接口。

4. 人员

管理、开发和使用数据库系统的人员主要包括数据库管理员(Database Administrator,DBA)、系统分析员、应用程序员和终端用户。数据库系统中不同人员涉及不同的数据抽象级别,具有不同的数据视图。

数据库管理员是负责数据库的建立、使用和维护的专门的人员。数据库管理员负责全面管理和控制数据库系统,是数据库系统中最重要的人员,DBA 的素质在一定程度上决定了数据库应用的水平。DBA 的具体职责包括决定数据库中的信息内容和结构;决定数据库的存储结构和存取策略;定义数据库的安全性要求和完整性约束条件;监控数据库的使用和运行;负责数据库的性能改进、数据库的重组和重构,以提高系统的性能。

系统分析员负责应用系统的需求分析和规范说明,他们和用户及数据库管理员一起确定系统的硬件配置,并参与数据库系统的概要设计。

应用程序员负责设计应用系统的程序模块,根据外模式编写应用程序和编写对数据库的操作过程。

终端用户是非数据处理用户,他们具备操作应用系统,通过应用系统的用户界面使用数据库来完成其业务活动。他们没有什么数据处理专业知识,从外部视图看数据,通过应用程序使用数据库的数据。

项目二　数据模型

任务一　概念模型

📖 任务描述

人对事物之间的关系进行抽象描述从而形成相应的数据模型。数据库系统的开发要求开发人员了解系统的数据模型,并采用合适的数据模型构建数据库。本任务主要讲述信息处理的三个层次、概念模型、实体和实体联系等基本概念。

📖 任务分析

在数据库中组织数据应当从全局出发,不仅要考虑到事物内部的联系,还要考虑到事物之间的联系。表示事物以及事物之间联系的模型就是数据模型。数据模型是用来抽象、表示和处理现实世界的数据和信息的工具,也就是现实世界数据特征的抽象。数据模型是数据库系统的核心和基础,目前的数据库系统都是基于某种逻辑数据模型的。数据模型按不同的应用层次分成三种类型:概念数据模型、逻辑数据模型和物理数据模型。数据库设计人员在设计数据库之前需要站在最终客户的角度上,分析现实世界的事物以及事物之间的关系。

概念数据模型(Conceptual Data Model,CDM)是数据库设计人员设计数据库的初始阶段,摆脱计算机系统及 DBMS 的具体技术问题,集中精力分析数据以及数据之间的联系等,与具体的数据管理系统无关。

📖 **知识链接**

1. 信息处理的三个层次

（1）现实世界

现实世界就是存在于人脑之外的客观世界，客观事物及其相互联系就处于现实世界中。客观事物可以用对象和性质来描述。

（2）信息世界

信息世界就是现实世界在人们头脑中的反映，又称概念世界。客观事物在信息世界中称为实体，反映事物间联系的是实体模型或概念模型。现实世界是物质的，相对而言信息世界是抽象的。

（3）数据世界

数据世界就是信息世界中的信息数据化后对应的产物。现实世界中的客观事物及其联系，在数据世界中以数据模型描述。相对于信息世界，数据世界是量化的、物化的。

我们知道，计算机只能处理数据，所以首先要解决的问题是按用户的观点对数据和信息建模，然后再按计算机系统的观点对数据建模。换句话说，就是要解决现实世界的问题如何转化为概念世界的问题，以及概念世界的问题如何转化为数据世界的问题，如图 1-2 所示是现实世界客观对象的抽象过程。

图 1-2　现实世界客观对象的抽象过程

2. 概念模型

概念模型用于信息世界的建模，一方面应该具有较强的语义表达能力，能够方便直接表达应用中的各种语义知识，另一方面它还应该简单、清晰，易于用户理解。概念模型设计，是数据库设计的初始阶段，数据库设计人员先了解用户的需求，然后通过概念模型的描述与用户进行交流，最终形成现实世界的概念模型。概念模型的描述方式比较多，常用的概念模型包括实体-联系模型（E-R 模型）、扩充的 E-R 模型、面向对象模型及谓词模型，其中 E-R 模型是最为常用的概念模型，本书使用 E-R 模型来描述现实世界中事物及事物之间的联系。

实体-联系模型，简称 E-R 模型，基于现实世界，应用实体和实体之间的联系来描述现实世界，它是一种语义模型，其语义主要体现在模型力图表达数据的意义。

3. 实体

客观事物在信息世界中称为实体（Entity），它是现实世界中任何可区分、可识别的事物。实体可以是具体的人或物，也可以是抽象概念。例如，一位教师、一个院系等属于实际事物；一门课程、一场比赛等都是抽象的事物。

（1）实体的属性

实体所具有的某一特性称为属性（Attribute）。一个实体可用若干属性来刻画。每个属性都有特定的取值范围即值域（Domain），值域的类型可以是整数型、实数型、字符型等。例如，教师实体用教师编号、教师姓名、教师性别、学历、职称、政治面貌等属性来描述。

（2）实体型和实体值

实体型就是实体的结构描述，通常是实体名和属性名的集合。具有相同属性的实体，有相同的实体型。如对教师实体的型可以描述为教师（编号，姓名，性别，出生日期，职称，学历，基本工资）。实体值是实体的具体实例。如教师张朋的实体值是（T601，张朋，男，11-10-1953，教授，硕士，3200）。

（3）属性型和属性值

与实体型和实体值相似，实体的属性也有型与值之分。属性型就是属性名及其取值类型，属性值就是属性在其值域中所取的具体值。

（4）实体集

性质相同的同类实体的集合称实体集。例如，一个班的学生。

4. 实体联系

建立实体模型的一个主要任务就是要确定实体之间的联系。常见的实体联系有 3 种：一对一联系、一对多联系和多对多联系。

（1）一对一联系（1∶1）

如果实体集 E1 中每个实体至多和实体集 E2 中的一个实体有联系，反之亦然，那么实体集 E1 和 E2 的联系称为"一对一联系"，如图 1-3 所示。如班长与班级的联系，一个班级只有一个班长，一个班长管理着一个班级。

（2）一对多联系（1∶n）

如果实体集 E1 中每个实体可以与实体集 E2 中任意个（零个或多个）实体间有联系，而 E2 中每个实体至多和 E1 中一个实体有联系，那么称 E1 对 E2 的联系是"一对多联系"，如图 1-4 所示。如班长与学生的联系，一个班长管理着班级里的多个学生，而本班每个学生只对应着一个班长。

（3）多对多联系（$m∶n$）

如果实体集 E1 中每个实体可以与实体集 E2 中任意个（零个或多个）实体有联系，反之亦然，那么称 E1 和 E2 的联系是"多对多联系"，如图 1-5 所示。如教师与学生的联系，一位教师为多个学生授课，每个学生也有多位任课教师。

联系也可能有属性。例如，学生"学"某门课程所取得的成绩，既不是学生的属性也不是课程的属性。由于"成绩"既依赖于某名特定的学生又依赖于某门特定的课程，所以它是学生与课程之间的联系"学"的属性。

图 1-3　一对一的联系　　　　图 1-4　一对多的联系　　　　图 1-5　多对多的联系

任务二 逻辑模型

📖 任务描述

数据库系统的核心是数据库,数据库管理系统支持不同逻辑模型的数据库,在设计数据库时需要考虑逻辑数据模型。本任务主要介绍逻辑数据模型,常用的逻辑数据模型包括层次模型、网络模型和关系模型等。

📖 任务分析

逻辑数据模型(Logic Data Model,LDM)是数据库设计从概念模型转化而来的数据模型。逻辑数据模型是用户从数据库所看到的模型,是具体的 DBMS 所支持的数据模型,如网状数据模型、层次数据模型及关系模型等。此模型既要面向用户,又要面向系统,主要用于数据库管理系统(DBMS)的实现。逻辑数据模型也简称数据模型,从此起,后续章节如没特殊说明,所提及的"数据模型"都表示逻辑数据模型。常见的数据模型有层次模型、网状模型和关系模型。

📖 知识链接

1. 层次模型

用树形结构表示数据及其联系的数据模型称为层次模型,如图 1-6 所示。树是由结点和连线组成,结点表示数据集,连线表示数据之间的联系,树形结构只能表示一对多联系。通常将表示"一"的数据放在上方,称为父结点;而表示"多"的数据放在下方,称为子结点。树的最高位置只有一个结点,称为根结点。根结点以外的其他结点都有一个父结点与它相连,同时可能有一个或多个子结点与它相连。没有子结点的结点称为叶子结点,它处于分枝的末端。

层次模型的基本特点如下。

① 有且仅有一个结点无父结点,称其为根结点;

② 其他结点有且只一个父结点。

层次模型将数据组织成一对多关系的结构,层次结构采用关键字来访问其中每一层次的每一部分,其优点包括:存取方便且速度快;结构清晰,容易理解;数据修改和数据库扩展容易实现;检索关键属性十分方便。其缺点包括:结构呆板,缺乏灵活性;同一属性数据要存储多次,数据冗余大(如公共边);不适于拓扑空间数据的组织。

图 1-6 层次模型

支持层次数据模型的 DBMS 称为层次数据库管理系统,在这种系统中建立的数据库是层次数据库。层次模型可以直接方便地表示一对一联系和一对多联系,但不能用它直接表示多对多联系。

2. 网状模型

用网络结构表示数据及其联系的数据模型称为网状模型。网状模型是层次模型的拓展,网状模型的结点间可以任意发生联系,能够表示各种复杂的联系,如图 1-7 所示。

网状模型的基本特点如下:

① 允许一个以上结点无父结点;

② 至少有一结点有多于一个的父结点。

网状模型和层次模型在本质上是一样的,从逻辑上看,它们都是用结点表示数据,用连线表示数据间的联系;从物理上看,层次模型和网络模型都是用指针来实现两个文件之间的联系。层次模型是网状模型的特殊形式,网状模型是层次模型的一般形式。

图 1-7　网状模型

网状模型是用连接指令或指针来确定数据间的显式连接关系,是具有多对多类型的数据组织方式,其优点包括能明确而方便地表示数据间的复杂关系;数据冗余小。其缺点包括网状结构的复杂,增加了用户查询和定位的困难;需要存储数据间联系的指针,使得数据量增大;数据的修改不方便(指针必须修改)。

支持网状模型的 DBMS 称为网状数据库管理系统,在这种系统中建立的数据库是网状数据库。网络结构可以直接表示多对多联系,这也是网状模型的主要优点。

3. 关系模型

人们习惯用表格形式表示一组相关的数据,既简单又直观,如表 1-1 所示就是一张学生信息表。

这种由行与列构成的二维表格,在数据库理论中称为关系,用关系表示的数据模型称为关系模型。在关系模型中,实体和实体间的联系都是用关系表示的,也就是说,二维表格中既存放着实体本身的数据,又存放着实体间的联系。关系不但可以表示实体间一对多的联系,通过建立关系间的关联,也可以表示多对多的联系。

表 1-1　学生信息表

学号	姓名	性别	民族	政治面貌	出生日期	专业
200901001	吴站橘	男	汉族	党员	1990-11-14	汉语言文学
200901002	孙应万	男	汉族	其他	1990-03-05	汉语言文学
200901003	吴时方	女	回族	群众	1990-11-11	对外汉语
200901004	杨璟丽	女	汉族	预备党员	1991-05-01	对外汉语

关系模型是以记录组或数据表的形式组织数据,以便于利用实体与属性之间的关系进行存储和变换,不分层也无指针,是建立空间数据和属性数据之间关系的一种非常有效的数

据组织方法。其优点包括结构特别灵活,概念单一,满足所有布尔逻辑运算和数学运算规则形成的查询要求;能搜索、组合和比较不同类型的数据;增加和删除数据非常方便;具有更高的数据独立性、更好的安全保密性。其缺点包括数据库大时,查找满足特定关系的数据费时;对空间关系无法满足关系模型是建立在关系代数基础上的,因而具有坚实的理论基础。

与层次模型和网状模型相比,具有数据结构单一、理论严密、使用方便、易学易用的特点,因此,目前绝大多数数据库系统的数据模型,都是采用关系数据模型,使得关系数据模型成为数据库应用的主流。

任务三　物理模型

📖　任务描述

数据库的逻辑模型确定后,需要将数据组织起来并保存到计算机中,一般来说这些工作由数据库管理系统完成。本任务主要介绍数据库的物理数据模型。

📖　任务分析

物理数据模型(Physical Data Model,PDM)是面向计算机物理表示的模型,描述了数据在储存介质上的组织结构,它不但与具体的 DBMS 有关,而且还与操作系统和硬件有关。每一种逻辑数据模型在实现时都有其对应的物理数据模型。DBMS 为了保证其独立性与可移植性,大部分物理数据模型的实现工作由系统自动完成,而设计者只设计索引、聚集等特殊结构。

📖　知识链接

物理数据模型提供了系统初始设计所需要的基础元素,以及相关元素之间的关系,即用于存储结构和访问机制的更高层描述,描述数据是如何在计算机中存储的,如何表达记录结构、记录顺序和访问路径等信息。使用物理数据模型,可以在系统层实现数据库。数据库的物理设计阶段必须在此基础上进行详细的后台设计,包括数据库的存储过程、操作、触发、视图和索引表等。最常用的物理数据模型包括统一模型和框架存储模型等。

物理数据模型(PDM)是由 DBMS 实现的,对不同的 DBMS 物理数据模型的数据类型和操作会有所不同,其主要功能如下:

① 可以将数据库的物理设计结果从一种数据库移植到另一种数据库;

② 可以通过反向工程将已经存在的数据库物理结构重新生成物理模型或概念模型;

③ 可以定制生成标准的模型报告;

④ 可以转换为面向对象模型(OOM);

⑤ 完成多种数据库的详细物理设计,并生成数据库对象的 . sql 脚本。

项目三　关系数据库

任务一　关系模型

📖　任务描述

关系模型是当前数据库广泛应用的逻辑数据模型。关系模型是人最容易理解的数据模型,使用二维表的形式组织数据。本任务主要介绍关系数据库的基本概念,包括二维表、关系术语和关系的特点。

📖 **任务分析**

目前,虽在数据库领域中存在多种组织数据的方式,但关系数据库是效率最高的一种数据库系统。关系数据库系统是采用关系模型作为数据的组织方式。关系数据库是若干个依照关系模型设计的数据表的集合。也就是说,关系数据库是由若干张完整的关系模型设计的二维表组成,所有关系数据库实际上就是二维表的集合。本书后面将要讲到的 Access 就是基于关系模型的数据库系统。关系模型是用二维表的形式来表示实体和实体间联系的数据模型。

📖 **知识链接**

1. 二维表

在关系模型数据库中,数据是以二维表的形式组织的,表示实体及实体之间的联系。二维表是我们认识事物的一种最容易理解和接受的方式。课程的信息使用二维表的形式表示为课程表,如表 1-2 所示。

二维表中,第一行为列标题,从第二行开始表示数据记录,所以每行的数据记录描述一个具体的实体。如第二行描述了高等数学这一课程的信息,记录显示"高等数学"的课程编号为 S0101,课程类别为"必修课",学时为 108,学分为 6。

表 1-2 表示"课程"信息的二维表

课程编号	课程名称	课程类别	学时	学分
S0101	高等数学	必修课	108	6
S0102	计算机网络	必修课	72	4
S0103	计算机原理	必修课	72	4

2. 关系术语

(1) 关系

在 Access 数据库中,一个"表"就是一个关系。一个关系就是一张二维表,通常将一个没有重复行、重复列的二维表看成一个关系,每个关系都有一个关系名。如表 1-2 所示中的"课程"信息表。

(2) 元组

二维表的每一行在关系中称为元组。元组对应表中的一个具体的记录,见表 1-2,(S0101,高等数学,必修课,108,6)表示一个元组。

(3) 属性

二维表的每一列在关系中称为属性,每个属性都有一个属性名,属性值则是各个元组属性的取值。见表 1-2,课程信息中"学时"是课程的属性,而元组(S0101,高等数学,必修课,108,6)中,108 表示属性"学时"的属性值。

(4) 域

属性的取值范围称为域。域作为属性值的集合,其类型与范围具体由属性的性质及其所表示的意义确定。同一属性只能在相同域中取值。

(5) 关键字

关系中能唯一区分、确定不同元组的属性或属性组合,称为该关系的一个关键字。单个属性组成的关键字称为单关键字,多个属性组合的关键字称为组合关键字。需要强调的是,关键字的属性值不能取"空值",所谓空值就是"不知道"或"不确定"的值,因而无法唯一地区分、确定元组。见表1-2,"课程编号"属性可以唯一确定一门课程元组,所以可作为本关系中的关键字。

（6）候选关键字

关系中能够成为关键字的属性或属性组合可能不是唯一的。凡在关系中能够唯一区分、确定不同元组的属性或属性组合,称为候选关键字。

（7）主关键字

在候选关键字中选定一个作为关键字,称为该关系的主关键字。关系中主关键字是唯一的。

（8）外部关键字

关系中某个属性或属性组合并非关键字,但却是另一个关系的主关键字,称此属性或属性组合为本关系的外部关键字。关系之间的联系是通过外部关键字实现的。

（9）关系模式

对关系的描述称为关系模式,它包括关系名、组成该关系的属性名、属性到域的映像。其格式为:

$$关系名（属性名1,属性名2,…,属性名n）$$

关系既可以用二维表格描述,也可以用数学形式的关系模式来描述。一个关系模式对应一个关系的数据结构,也就是表的数据结构。

表1-2中课程信息表的关系模式可表示为:

$$课程信息表（课程编号,课程名称,课程类别,学时,学分）$$

3.关系的特点

虽然说关系模型是一张二维表,但并不是日常工作中所有的表都满足关系模型。在关系模型中,关系必须具有以下特点:

① 关系必须规范化,属性不可再分割;

② 在同一关系中不允许出现相同的属性名;

③ 在同一关系中元组及属性的顺序可以任意;

④ 任意交换两个元组（或属性）的位置,不会改变关系模式。

以上是关系的基本性质,也是衡量一个二维表格是否构成关系的基本要素。在这些基本要素中,有一点是关键,即属性不可再分割,也就是表中不能套表。

任务二　数据库完整性

　📖　**任务描述**

关系模型中保存着大量的数据,关系表之间有着各种的联系,所以会产生有些数据并不完整。如果保存的数据不完整,那么这些数据就属于无效的数据保存在数据库,占用着系统的宝贵资源。为了保证数据库完整性,需要了解数据库中数据的完整性知识。本任务介绍数据库的三方面的数据完整性:实体完整性、参照完整性和用户自定义完整性。

　📖　**任务分析**

为了维护数据库中数据与现实世界的一致性,关系数据库的数据插入、删除与更新操作必须遵循完整性规则。关系数据库完整性是为保证数据库中数据的正确性和相容性,对关系模型提出的某种约束条件或规则。完整性通常包括实体完整性、参照完整性和用户自定义完整性(又称域完整性),其中实体完整性和参照完整性,是关系模型必须满足的完整性约束条件。

📖 **知识链接**

1. 实体完整性

实体完整性是指关系的主关键字不能取"空值"。

一个关系对应现实世界中一个实体集,如表 1-2 所示关系就对应一组学生的集合。现实世界中的实体是可相互区分、识别的,也即它们应具有某种唯一性标识。在关系模式中,以主关键字作唯一性标识,而主关键字中的属性(称为主属性)不能取空值,否则,表明关系模式中存在着不可标识的实体(因空值是"不确定"的),这与现实世界的实际情况相矛盾,这样的实体就不是一个完整实体。按实体完整性规则要求,主属性不能取空值,如主关键字是多个属性的组合,所有主属性均不得取空值。

如表 1-2 所示将"课程编号"列作为主关键字,那么,该列不得有空值,否则无法对应某门具体的课程,这样的表格不完整,对应关系不符合实体完整性规则的约束条件。

2. 参照完整性

参照完整性是定义建立关系之间联系的主关键字与外部关键字引用的约束条件。

关系数据库中通常都包含多个存在相互联系的关系,关系与关系之间的联系是通过公共属性来实现的。所谓公共属性:它是一个关系 R(称为被参照关系或目标关系)的主关键字,同时又是另一关系 K(称为参照关系)的外部关键字。如果参照关系 K 中外部关键字的取值,要么与被参照关系 R 中某元组主关键字的值相同,要么取空值,那么,在这两个关系间建立关联的主关键字和外部关键字引用,符合参照完整性规则要求。如果参照关系 K 的外部关键字也是其主关键字,根据实体完整性要求,主关键字不得取空值,因此,参照关系 K 外部关键字的取值实际上只能取相应被参照关系 K 中已经存在的主关键字值。

如表 1-3 和表 1-4 所示分别对应"课程表"关系与"成绩表"关系。如果将课程表作为被参照关系,成绩表作为参照关系,以"课程编号"作为两个关系进行关联的公共属性,则"课程编号"是"课程"关系的主关键字,是"成绩"关系的外部关键字。如果"成绩表"中某一元组的"课程编号"在"课程表"的"课程编号"属性中找不到相应的值,那么此元组不符合参照完整性。

表 1-3　课程表

课程编号	课程名称	课程类别	学时	学分	课程简介
S0101	高等数学	必修课	108	6	
S0102	计算机网络	必修课	72	4	
S0103	计算机原理	必修课	72	4	
S0104	汇编语言	必修课	72	4	
S0105	软件工程	选修课	72	4	

表 1-4　成绩表

学号	课程编号	分数
200901001	S0101	78
200901001	S0102	68
200901002	S0101	80
200902001	S0103	91
200902001	S0104	75

3. 用户自定义完整性

实体完整性和参照完整性适用于任何关系型数据库系统,主要是对关系的主关键字和外部关键字取值必须有效做出的约束。用户自定义完整性则是根据应用环境的要求和实际的需要,对某一具体应用所涉及的数据提出约束性条件。这一约束机制一般不应由应用程序提供,而应由关系模型提供定义并检验。用户自定义完整性主要包括如下两方面:

① 字段有效性约束。

② 记录有效性约束。

例如,某个属性必须取唯一值、某个属性不能取空值、某个属性的取值范围在 1~100 之间(如学生的考试成绩)等。它们就属于用户自定义完整性说明。

任务三　关系模式的范式

📖 任务描述

关系模型中的关系模式可以通过关系模式范式进行约束和规范。本任务介绍关系模式的范式,对关系模式进行规范化。本任务按照关系模式的范式完成教学管理信息系统中相关信息表的规范化。

📖 任务分析

在进行数据库设计时,如何把现实世界表示成合理的数据库模式一直是人们非常重视的问题。关系数据库的规范化理论就是进行数据库设计时的有力工具。关系模式满足不同程度要求称为不同的范式(Normal Form)。范式既可以作为衡量关系模式规范化程度的标准,又可以看作满足某一程度要求的关系模式的集合。目前有 6 个范式级别,它们分别为:第一范式(简称 1NF)、第二范式(2NF)、第三范式(3NF)、BC 范式(BCNF)、第四范式(4NF)和第五范式(5NF)。

关系规范化的基本思想是逐步消除数据依赖关系中不合适的部分,并使依赖于同一个数学模型的数据达到有效的分离。满足最低要求的称为第一范式,简称 1NF,在第一范式中进一步满足一些要求的称为第二范式,其余范式依此类推。一般来说,最基本的是前三范式,包括第一范式、第二范式和第三范式,越高级的范式对关系模式要求越严格。

📖 知识链接

1. 第一范式

第一范式是关系数据库的关系模式应满足的最起码的条件。在关系模式 R 中,如果每个属性值都是不可再分的最小数据单位,则称 R 是第一范式的关系,简记为 1NF。例如,如表 1-5 所示的关系不符合第一范式,因为从该表可以看出成绩属性还可以分成平时成绩、期末成绩和总成绩,所以其不满足第一范式。

表 1-5　学生成绩表

学号	姓名	课程编号	学分	成绩		
				平时成绩	期末成绩	总成绩
200901001	黄小朋	S0101	6	17	61	78
200901002	张百合	S0101	6	18	66	84
200901003	邓州平	S0103	4	16	60	76
200902001	陈强	S0104	4	16	50	66
200902002	刘兰兰	S0105	4	19	60	79

为了使"学生成绩"关系满足第一范式,可以处理表头,使其成为只有一行表头标题的数据关系表,如表 1-6 所示,其关系模式为:学生成绩表(学号,姓名,课程编号,学分,平时成绩,期末成绩,总成绩)。

表 1-6　满足第一范式的学生成绩表

学号	姓名	课程编号	学分	平时成绩	期末成绩	总成绩
200901001	黄小朋	S0101	6	17	61	78
200901002	张百合	S0101	6	18	66	84
200901003	邓州平	S0103	4	16	60	76
200902001	陈强	S0104	4	16	50	66
200902002	刘兰兰	S0105	4	19	60	79

2. 第二范式

如果关系模式 R 为 1NF,并且 R 中的每一个非主属性都完全依赖于 R 的主关键字,则称 R 满足第二范式,简记为 2NF。即对于满足第二范式的关系,如果给定一个主键,则可以在这个数据表中唯一确定一条记录。但是,一个关系模式如果不满足第二范式,则将会产生插入异常、删除异常、更新异常等复杂问题。例如,如表 1-7 所示的数据表,其表中没有哪一个数据项能够唯一标识一条记录,所以不满足第二范式。

表 1-7　学生选课数据表

学号	姓名	性别	系别	课程编号	课程名称	学分	成绩	任课教师	职称
200901001	黄小朋	男	信息系	S0101	高等数学	6	78	张百同	副教授
200901001	黄小朋	男	信息系	S0102	计算机网络	4	84	林大海	教授
200901003	邓州平	男	信息系	S0103	计算机原理	4	76	陈欣欣	讲师
200902001	刘兰兰	女	信息系	S0102	计算机网络	4	66	林大海	教授

分析该数据表可得出以下缺点。

① 冗余度大。一个学生如果选修了 n 门课,则他的有关信息就要重复 n 遍,这就造成数据的极大冗余。

② 插入异常。在这个数据表中,如果要插入一门课程的信息,但此门课程本学期不开

设,目前无学生选修,则很难将其插入表中。

③ 删除异常。表中某一学生只选了一门课程,如果他不选了,这条记录就要被删除,那么整个记录都随之删除,这样使得他的所有信息都被删除了,造成删除异常。

为了使表 1-7 满足第二范式,则将其分解成以下三个关系模式:

① 学生关系(学号,姓名,性别,系别);

② 学生选课关系(学号,课程编号,成绩);

③ 课程关系(课程编号,课程名称,学分,任课教师,职称)。

这样分解后,学号能唯一标识学生关系表的唯一一条数据记录;在学生选课关系中,学号和课程编号能够唯一标识一条数据记录;在课程关系中,课程编号能够唯一标识一条数据记录,所以这 3 个关系模式符合 2NF。

3. 第三范式

如果关系模式 R 为 2NF,并且 R 中的每一个非主属性都不传递依赖于 R 的任何主关键字,则称 R 是第三范式的,简记为 3NF。

在前面分解中满足第二范式的"课程关系"中,职称属于任课教师,主键"课程编号"不直接决定非主属性"职称","职称"是通过"任课教师"传递依赖于"课程编号"的,所以该关系不满足第三范式,在某些情况下同样会存在插入异常、删除异常和数据冗余等现象。因此,可以将该关系处理成满足第三范式的数据表,结果为以下两个关系:

① 课程关系(课程编号,课程名称,学分);

② 教师关系(任课教师,职称)。

对于数据库的规范化设计的要求是应该保证所有数据表都能满足第二范式,力求绝大多数数据表满足第三范式。除上述的三种范式外,关系范式还有 BC 范式、第四范式、第五范式。通常情况下,只要把关系分解到第三范式就可以了,并非是关系范式等级越高就越好。

项目四　关系运算

在数据库操作时,我们常常要对关系数据库进行查询,通过查询来找到用户关心的数据,此时,需要对关系进行一定的关系运算。关系的基本运算有两类:一类是传统的集合运算(并、差、交等),另一类是专门的关系运算(选择、投影、联接、除法等),有些查询需要几个基本运算的组合,要经过若干步骤才能完成。

任务一　传统的集合运算

📖 任务描述

关系运算是数据集合的运算,所以可以应用传统的集合运算进行处理,从而得到人们所需要的数据。本任务主要介绍关系的传统集合运算。

📖 任务分析

在数据库中,对数据的查询需要运用到传统的集合运算,其中包括并、差、交和广义笛卡儿积。

📖 知识链接

1. 并

设有两个关系 R 和 S,它们具有相同的结构,则 R 和 S 的并是由属于 R 或属于 S 的元组组成的集合,运算符为"∪",记为 T＝R∪S。例如,有两个"学生"关系 R 和 S,分别记录了两个班的学生基本信息,现在把第二个班的学生信息表追加到第一个班的学生信息表后面,这种操作就是这两个关系的并运算。

2. 差

设有两个关系 R 和 S,它们具有相同的结构,则 R 和 S 的差是由属于 R 但不属于 S 的元组组成的集合,运算符为"－"。记为 T＝R－S。例如,在选修课程时,每个学生都可以选修多门课程,这样可形成一张选修"计算机网络"课程的表和一张选修"C 语言程序设计"课程的表,如果要查找选修了"计算机网络"课程而没有选修"C 语言程序设计"课程的学生,其操作就是关系的差。

3. 交

设有两个关系 R 和 S,它们具有相同的结构,则 R 和 S 的交是由既属于 R 又属于 S 的元组组成的集合,运算符为"∩"。记为 T＝R∩S。例如,在选修"计算机网络"课程的表和选修"C 语言程序设计"课程的表中,查找既选修了"计算机网络"课程又选修了"C 语言程序设计"课程的学生,其操作就是关系的交。

4. 广义笛卡儿积

设关系 R 和关系 S 的元组分别为 r 和 s。定义 R 和 S 的笛卡儿积 R×S 是一个 r＋s 元的元组集合,每个元组的前 r 个分量(属性值)来自 R 的一个元组,后 s 个分量是 S 的一个元组,记为 T＝R×S。例如,在学生和必修课程两个关系上,产生选修关系:要求每个学生必须选修所有必修课程。这个选修关系可以用两个关系的笛卡儿积运算来实现。

任务二　专门的关系运算

📖 **任务描述**

数据库的数据记录处理需要有专门的关系运算,本任务介绍专门应用于数据库中关系的运算。

📖 **任务分析**

为了在数据库中查询所需要的数据,数据库管理系统设计了几种专业数据集运算符,包括选择、投影和联接等。

📖 **知识链接**

1. 选择

从关系中找出满足给定条件的那些元组称为选择。其中的条件是以逻辑表达式给出的,值为真的元组将被选取。这种运算是从水平方向抽取元组,经过选择运算得到的结果可以形成新的关系,其关系模式不变,但其中的元组是原关系的一个子集。例如,在如表 1-1 所示中找出性别为"女"的学生记录,所进行的操作就是选择运算,其运算结果如表 1-8 所示。

表 1-8　选择运算结果

学号	姓名	性别	民族	政治面貌	出生日期	专业
200901003	吴时方	女	回族	群众	1990-11-11	对外汉语
200901004	杨璟丽	女	汉族	预备党员	1991-05-01	对外汉语

2. 投影

从关系模式中挑选若干属性组成新的关系称为投影。这是从列的角度进行的运算,相当于对关系进行垂直分解。例如,在表 1-1 中对学号、姓名、出生日期和专业进行投影,得到的新关系如表 1-9 所示。

表 1-9 投影运行结果

学号	姓名	出生日期	专业
200901001	吴站橘	1990-11-14	汉语言文学
200901002	孙应万	1990-03-05	汉语言文学
200901003	吴时方	1990-11-11	对外汉语
200901004	杨璟丽	1991-05-01	对外汉语

投影之后不仅会取消原关系中的某些列,而且还可能取消某些元组,因为取消了某些属性列后,就可能出现重复元组,应取消这些完全相同的元组。

3. 联接

选择和投影运算的操作对象只是一个关系,联接运算需要两个关系作为操作对象,是从两个关系的笛卡儿积中选取属性间满足一定条件的元组。联接运算中最常用的两种是等值联接和自然联接。

联接条件中运算符为比较运算符,当此运算符为“＝”时称为等值联接。它是从两个关系的广义笛卡尔积中选取属性相等的那些元组。

等值联接是指在联接运算中,按照字段值对应相等为条件进行的联接操作。

自然联接是一种特殊的等值联接,它要求两个关系中进行比较的分量必须是相同的属性组,并且在结果中把重复的属性列去掉。

项目五 数据库的设计

在使用数据库管理系统管理数据时,需要对数据库进行设计。数据库设计是建立数据库及其应用系统的核心和基础。它要求对于指定的应用环境,构造出较优的数据库模式,建立数据库及应用,使系统能有效地存储数据,并满足用户的各种应用需求。下面从数据库设计的目标、数据库设计原则、数据库设计步骤三个方面来介绍数据库设计的基础知识,主要掌握数据库设计过程中的概念结构设计和逻辑结构设计的方法。

任务一 数据库设计基础

📖 **任务描述**

数据库设计基础知识是设计数据库的前提。本任务介绍数据库设计的内容、基本目标、设计原则和设计步骤。

📖 **任务分析**

数据库设计是一项综合运用计算机软硬件的技术,同时结合应用领域知识及管理技术在内的系统工程。从事数据库设计的人员,不仅要具备数据库知识和数据库设计技术,还要有程序开发的实际经验,掌握软件工程的原理和方法。数据库设计人员必须深入应用环境,了解用户具体的专业业务,在数据库设计的前期和后期与应用单位人员密切联系,共同开发,才能大大提高数据库设计的成功率,所以需要了解数据库设计的内容、基本目标、设计原则和设计步骤。

📖 **知识链接**

1. 数据库设计的内容

（1）结构特性的设计

结构特性的设计是指设计数据库框架和数据结构,是静态的。设计数据库应用系统,首先应该进行结构特性的设计。它是对用户所关心的模式的汇总和抽象,反映了现实世界实体及实体之间的联系。

（2）行为特性的设计

行为特性的设计是指确定数据库用户的行为和动作,即设计应用程序,事务处理等,它是动态的。用户的行为和动作是通过应用程序对数据库进行的操作,所以总是使用数据库的内容发生改变。

2. 数据库设计的基本目标

① 满足用户的信息需求和处理需求;

② 准确模拟现实世界;

③ 具有数据库管理系统的支持;

④ 具有良好的性能。

3. 数据库设计原则

数据库设计过程中,为了达到数据库设计的基本目标,需要遵守以下基本的设计原则:

① 设计的表保存的数据是最原始的数据;

② 避免表之间出现重复字段;

③ 用外部关键字保证有关联的表之间的联系;

④ 尽量对关系模式进行规范化。

4. 数据库设计的基本步骤

① 需求分析:收集和分析用户对系统的信息需求和处理需求,得到设计系统所必须的需求信息,建立系统说明文档。

② 概念结构设计:概念结构设计是整个数据库设计的关键。它通过对用户的需求进行综合、归纳与抽象,形成一个独立于具体 DBMS 的概念模型。

③ 逻辑结构设计:在概念模型的基础上导出一种 DBMS 支持的逻辑数据库模型,该模型应满足数据库存取、一致性及运行等各方面的用户需求。

④ 物理结构设计:从一个满足用户需求的已确定的逻辑模型出发,在限定的软、硬件环境下,利用 DBMS 提供的各种手段设计数据库的内模式,即设计数据的存储结构和存取方法。

⑤ 数据库实施:运用 DBMS 提供的数据语言及宿主语言,根据逻辑设计和物理设计的结果建立数据库,编制与调试应用程序,组织数据入库,并进行试运行。

⑥ 数据库运行和维护:数据库应用系统经过试运行后,即可投入正式运行。在数据库系统运行过程中必须不断地对其进行评价、调整与修改。

需要指出的是,数据库的设计步骤既是数据库设计的过程,也包括了数据库应用系统的设计过程。书中的数据库操作是基于这一章所设计出来的数据库而进行的。

任务二 数据库的概念结构设计

📖 任务描述

根据教学信息管理系统的需求描述,完成"教学信息管理系统"的概念结构设计,使用实体-关系图描述"教学信息管理系统"的概念结构设计。

📖 任务分析

在开发"教学信息管理系统"时需要设计"教学信息管理系统"的数据库。数据库设计从需求分析开始,然后在了解需求的基础上进行数据库概念结构设计。"教学信息管理系统"是最为常见的管理系统,其概念结构对人们来说都比较熟悉。

📖 知识链接

1. 概念结构设计的方法

将通过需求分析所得到的用户需求抽象为信息结构及概念模型的过程就是概念结构设计。概念结构设计一般有以下 4 种方法。

① 自顶向下:首先定义全局概念结构的框架,然后逐步细化。

② 自底向上:首先定义各局部的概念结构,然后集成得到全局的概念结构。

③ 逐步扩张:首先定义最重要的核心概念结构,然后向外扩充,以迭代的方式逐步生成其他概念结构,直到得到总的概念结构。

④ 混合方式:自顶向下和自底向上相结合,用自顶一步一步设计一个全局概念结构的框架,以它为骨架集成由自底向上设计的各局部的概念结构。

本项目设计的"教学信息管理系统"的数据库使用自顶向下的方法,先通过需求分析收集教学信息系统中的数据和实体,并确定各实体之间的联系。

2. 概念模型的表示方法

在数据库的概念结构设计中,通常使用实体-关系图(Entity-Relationship Diagram,E-R 图)来表示数据库的概念模型。E-R 图主要是由实体、属性及联系 3 个要素构成。

E-R 图中包含了实体(即数据对象)、关系和属性 3 种基本成分,绘制 E-R 图的 4 种基本符号如表 1-10 所示。

表 1-10 E-R 图的符号

图形符号	含义
☐	矩形表示实体,框内填写实体的名称
◇	菱形表示联系,框内填写联系的名称
⬭	椭圆形表示实体或联系的属性,框内填写属性的名称
——	连接以上三种图形,构成概念模型,连接实体和联系是还应该在线上标识实体之间的联系方式,如 1、n 等

人们通常是用实体、联系和属性这 3 个概念来理解现实问题的,因此,ER 模型比较接近人的习惯思维方式。此外,ER 模型使用简单的图形符号表达系统分析员对问题域的理解,不熟悉计算机技术的用户也能理解它,因此,ER 模型可以作为用户与分析员之间有效的交流工具。

3.需求分析

从数据库的设计角度来看,需求分析的任务是对现实世界中要处理的对象进行详细的调查,明确用户的各种需要,在此基础上确定系统功能,这阶段的主要任务如下。

① 调查分析用户的活动:调查组织结构情况,调查用户业务活动的情况。

② 收集和分析需求数据,确定系统边界:保护用户的信息需求、处理需求、安全性和完整性的需求等。

③ 信息需求:目标范围内涉及的所有实体、实体的属性以及实体间的联系等数据对象。

④ 处理需求:用户为了得到需求的信息而对数据进行加工处理的要求。

⑤ 安全性和完整性需求:在定义信息需求和处理需求的同时必须给出相应完全性和完整性约束。

⑥ 收集各种需求数据后,对前面调查结果进行初步分析,确定哪些功能由计算机完成,哪些由人完成。由计算机完成的功能即是新系统应该实现的功能。

在进行需求分析时可以使用自顶向下和自底向上两种方法。其中自顶向下的结构和方法是最简单实用的方法,采用逐层分解的方法,使用数据流图和数据字典来描述系统。

经过这个过程,需求分析人员应该已经了解了对象的组织结构,以及对象中的业务处理活动,明确了用户的信息要求(实体、属性、联系),处理要求(处理过程),安全性、完整性要求。然后按照自顶向下的需求分析方法,用数据流图和数据字典来描述这系统,分离用户完成功能和计算机完成功能,明确系统功能。这一过程所得的文件或报告是数据库概念结构设计的基础。

📖 **任务设计**

1.确定实体、联系和属性

本项目根据现实的教学系统,将"教学信息管理系统"进行简化,假设教学系统拥有教师、学生、课程和院系 4 个实体,实体的属性和联系的属性描述如下。

① 教师的属性包括:教师编号、姓名、性别、籍贯、出生日期、学历、职称、所在系、办公电话、手机、是否在职、电子邮件和照片。

② 课程的属性包括:课程编号、课程名称、课程类别、学时、学分和课程简介。

③ 学生的属性:学号、姓名、性别、民族、籍贯、政治面貌、出生日期、专业、所在系、照片和 E-mail。

④ 院系的属性:系编号、系名称、系主任、系办公室电话和系网址。

⑤ 学生与课程有选修的联系,发生联系后拥有属性"成绩"。

教学系统中实体之间的联系如下。

① 一位教师可以上多门课程,一门课程可以由多位教师进行授课,联系发生时有开课学期、授课地点和授课时间的属性。

② 教师和学生只能从属于指定的一个系；

③ 学生可以选修多门课程，学期结束时有成绩显示，一门课程可以由多名学生选修。

2. 确定局部(分)E-R 图

按照上面的假设，可以绘制出实体的 E-R 图，如图 1-8 所示。图 1-8 中，只绘制了实体的部分属性，在实体 E-R 图中出现下画线的属性是实体的码。

图 1-8 "教学信息管理系统"的实体 E-R 图

项目二中描述了实体之间的联系方式，包括一对一、一对多以及多对多。"教学信息管理系统"中 4 个实体之间的关系为：教师与课程是多对多的"授课"联系；学生与课程是多对多的"选修"联系，并拥有"成绩"的属性；院系与教师是一对多的"属于"联系；院系与学生是一对多的"属于"联系，如图 1-9 所示。图 1-9 中的字母 n、m 都表示多的意思。

图 1-9 "教学信息管理系统"的局部联系 E-R 图

3. 集成完整(总)E-R 图

各局部的 E-R 图绘制完成后，应该将它们集成为完整 E-R 图。在集成时应该注意如下几点：

① 消除不必要的冗余实体、属性和联系；

② 解决各分 E-R 图之间的冲突；

③ 根据实际情况修改或重构 E-R 图。

根据图 1-9 中各局部的 E-R 图，可以绘制出"教学信息管理系统"的完整 E-R 图，如

图 1-10 所示。为了说明需要,图 1-10 只绘制了实体和联系。

图 1-10 "教学信息管理系统"的完整 E-R 图

任务三 数据库的逻辑结构设计

📖 **任务描述**

数据库的逻辑结构设计是在概念结构设计的基础上开展的,将概念结构设计阶段形成的 E-R 图转化为逻辑数据模型表示的逻辑模式。本任务主要是将任务二形成的 E-R 图转化为关系型数据库的关系模式。

📖 **任务分析**

本模块的项目三已定义了什么是关系模式,并描述了其写法。本任务需要将 E-R 图转化为关系模式,这还需要了解如何将 E-R 图中的实体和联系转化为关系模式。

📖 **知识链接**

1. 逻辑设计的步骤

逻辑结构设计是数据库设计过程的第三个阶段,其将概念模型转化为数据库管理系统支持的数据模型(关系模型、对象模型、网状模型和层次模型等)的阶段,其设计步骤如下:

① 将概念结构转化为一般的对象、关系、网状和层次等逻辑数据模型;

② 将所得的逻辑数据模型向选定数据库管理系统 DBMS 支持下的数据模型转化;

③ 运用规范化理论对逻辑数据模型进行优化。

2. 关系模型逻辑设计的过程

现在最常用的逻辑数据模型是关系数据模型,进行关系模型的逻辑设计需要执行以下几个过程:

① 确定实体的关系模式:将 E-R 图中的每个实体转换为一个关系模式,实体名为关系名,实体属性为关系的属性,实体的主码为关系的主键。

② 确定联系的关系模式:将实体之间的每个联系转换为一个关系模式。

3. 联系转换为关系模式

E-R 图中联系类型有 3 种,包括一对一联系、一对多联系以及多对多联系,在项目二任务一中已详述。针对这 3 种联系类型转化为关系模式,需要遵守如下原则。

(1) 1∶1 的联系转化为关系模式

若实体 A 和实体 B 是一对一联系,联系表示为 C,那么将联系 C 的属性和实体 A/B 的主关键字作为字段加入到实体 B/A 中。示意图如图 1-11 所示,关系模式为 A(a1,a2,a3),

B(b1,b2,b3),那么转化为 1∶1 联系后,关系模式修改为 A(a1,a2,a3,b1,c1),B(b1,b2,b3)或 A(a1,a2,a3),B(b1,b2,b3,a1,c1)。

(2)1∶n 的联系转化为关系模式

若实体 A 和实体 B 是一对多联系,联系表示为 C,那么将联系 C 的属性和实体 A 的主关键字作为字段加入到 B 中,或者将联系 C 独立成数据表,将实体 A 和实体 B 的主关键字作为数据表 C 的属性。示意图如图 1-12 所示,关系模式为 A(a1,a2,a3),B(b1,b2,b3),那么转化为 1∶n 联系后,关系模式修改为 A(a1,a2,a3),B(b1,b2,b3,a1,c1)或者 A(a1,a2,a3),B(b1,b2,b3)和 C(c1,a1,b1)。

图 1-11 1∶1 的联系

图 1-12 1∶n 的联系

(3)$n∶m$ 的联系转化为关系模式

若实体 A 和实体 B 是多对多联系,联系表示为 C,那么将联系 C 独立成数据表,并将实体 A 和实体 B 的主关键字作为数据表 C 的字段。示意图如图 1-13 所示,关系模式为 A(a1,a2,a3),B(b1,b2,b3),那么转化为 $n∶m$ 联系后,应该多添加一个联系 C 的关系模式 C(c1,a1,b1)。

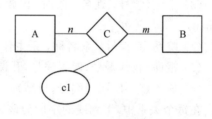

图 1-13 $n∶m$ 的联系

任务设计

1. 实体转化为数据表

按照关系模型的设计过程,可以将任务二中设计的 E-R 图中的实体转化为如下相应的关系模式:

(1)教师(教师编号,姓名,性别,籍贯,出生日期,学历,职称,办公电话,手机,是否在职,电子邮件,照片)

(2)课程(课程编号,课程名称,课程类别,学时,学分,课程简介)

(3)学生(学号,姓名,性别,民族,籍贯,政治面貌,出生日期,专业,照片,E-mail)

(4)院系(系编号,系名称,系主任,系办公室电话,系网址)

2. 联系转化为数据表

《教学信息管理系统》的 E-R 图见图 1-10,图中显示只有 4 种联系:教师与课程、学生与课程、教师与院系以及学生与院系。

(1)教师与课程的联系是多对多的联系,其联系名称为授课,所以此联系独立成数据表,其关系模式如下:

授课(教师编号,课程编号,开课学期,授课地点,授课时间)

(2)院系与教师的联系是一对多的联系,所以将院系的主关键字作为教师的字段,修改后的教师数据表如下:

教师(教师编号，姓名，性别，籍贯，出生日期，学历，职称，办公电话，手机，系编号，是否在职，电子邮件，照片)

(3) 学生与课程的联系是多对多的联系，其联系名称为选修，但是为了与学生经常使用的名称相对应，可将数据表的名称命名为成绩，因此学生与课程的联系转化为数据表的关系模式如下：

成绩(学号，课程编号，分数)

(4) 院系与学生的联系是一对多的联系，所以将院系的主关键字作为学生的字段，修改后的学生数据表如下：

学生(学号，姓名，性别，民族，籍贯，政治面貌，出生日期，所在系，专业，照片，E-mail)

3. 数据库的关系模式

通过上述步骤后，可以得到"教学信息管理系统"的数据库逻辑结构，关系模式表示如下：

(1) 教师(教师编号，姓名，性别，籍贯，出生日期，学历，职称，办公电话，手机，系编号，是否在职，电子邮件，照片)

(2) 课程(课程编号，课程名称，课程类别，学时，学分，课程简介)

(3) 学生(学号，姓名，性别，民族，籍贯，政治面貌，出生日期，系编号，专业，照片，E-mail)

(4) 院系(系编号，系名称，系主任，系办公室电话，系网址)

(5) 授课(教师编号，课程编号，开课学期，授课地点，授课时间)

(6) 成绩(学号，课程编号，成绩)

在每个关系中，下划线的字段为该关系的关键字，波浪线的字段为该关系的外键。到此"教学信息管理系统"的关系模型基本成形。关系的具体存储则是数据库物理结构设计的部分，而对关系进行操作是数据库实现与应用的内容，这些内容将在后续的模块中详细讲述。

习题与实训一

一、选择题

1. 以下的英文缩写中表示数据库管理系统的是( )。

　　(A) DB　　　　　(B) DBMS　　　　(C) DBA　　　　　(D) DBS

2. 负责数据库的建立、使用和维护的专门的人员是( )。

　　(A) 数据库管理员(B) 系统设计员　　(C) 应用程序员　　(D) 最终用户

3. 将两个关系拼接成一个新的关系，生成的新关系中包含满足条件的元组，这种操作称为( )。

　　(A) 选择　　　　(B) 投影　　　　　(C) 联接　　　　　(D) 并

4. 有了模式/内模式映像，可以保证数据和应用程序之间( )。

　　(A) 逻辑独立性　(B) 物理独立性　　(C) 数据一致性　　(D) 数据安全性

5. 现实世界中任何可区分、可识别的客观存在的事物是( )。

　　(A) 实体　　　　(B) 物品　　　　　(C) 物体　　　　　(D) 物质

6. 在概念模型中,将实体所具有的某一特性称为(　　)。
    (A) 外码　　　　(B) 候选码　　　　(C) 属性　　　　(D) 实体型

7. 不属于专门的关系运算符的是(　　)。
    (A) 选择　　　　(B) 投影　　　　(C) 联接　　　　(D) 抽取

8. 下列关于关系数据模型的说法不正确的是(　　)。
    (A) 数据库避免了一切数据重复
    (B) 数据库减少了数据冗余
    (C) 数据库数据可为经 DBA 认可的用户共享
    (D) 控制冗余可确保数据的一致性

9. 数据管理技术发展阶段中,文件系统阶段与数据库系统阶段的主要区别之一是数据库系统(　　)。
    (A) 有专门的软件对数据进行管理　　(B) 采用一定的数据模型组织数据
    (C) 数据可长期保存　　　　　　　　(D) 数据可共享

10. 所谓概念模型,指的是(　　)。
    (A) 实体模型在计算机中的数据化表示
    (B) 将信息世界中的信息数据化
    (C) 客观存在的事物及其相互联系
    (D) 现实世界到机器世界的一个中间层次,即信息世界

11. 数据库的概念模型独立于(　　)。
    (A) DBMS　　　　(B) E-R 图　　　　(C) 数据维护　　　　(D) 数据库

12. 把 E-R 图转换成关系模型的过程,属于数据库设计的(　　)。
    (A) 概念设计　　(B) 逻辑设计　　(C) 需求分析　　(D) 物理设计

13. 如果一个数据表中存在完成一样的元组,则该数据表(　　)。
    (A) 不是关系数据模型　　　　(B) 数据模型采用不当
    (C) 存在数据冗余　　　　　　(D) 数据系统的数据控制功能不好

14. 在数据库三级模式体系结构中,数据的物理独立性是由(　　)实现的。
    (A) 两层映射　　　　　　　　(B) 外模式/模式映射
    (C) 外模式/内模式映射　　　　(D) 模式/内模式映射

15. 在关系模式 R 中,如果每个属性值都是不可再分的最小数据单位,则称 R 是(　　)的关系。
    (A) 第一范式　　(B) 第二范式　　　(C) 第三范式　　　(D) 第四范式

二、填空题

1. _____是信息的具体表现形式,_____是数据有意义的表现。

2. _____就是将数据转换为信息的过程。

3. 数据库领域中,常用的数据模型有_____、网状模型和_____。

4. 关系数据库是采用_____作为数据的组织方式。

5. 对内模式的修改尽量不影响概念模式,当然对于外模式和应用程序的影响更小,这样,称数据库达到了_____。

6. 表之间的联系有 3 种,即一对一联系、_____和_____。

7．E-R 图主要是由＿＿＿＿＿、＿＿＿＿＿及＿＿＿＿＿三个要素构成。

8．对关系的描述称为＿＿＿＿＿，它包括关系名、组成该关系的属性名、属性到域的映像。

9．＿＿＿＿＿是数据库设计过程的第三个阶段，其是将概念模型转化了数据库管理系统支持的数据模型的阶段。

10．＿＿＿＿＿是指关系的主关键字不能取"空值"。

三、上机实训

任务一　设计"图书管理系统"数据库

📖　**实训目的**

1．了解关系型数据库的基本概念。

2．熟悉数据库设计的方法。

3．掌握数据库设计步骤。

📖　**实训内容**

为某高等学校设计一个"图书管理系统"数据库。建立"图书管理"数据库的主要目的是通过管理图书的信息，方便图书管理员将图书借阅给教师或学生。因此"图书管理"数据库具有以下功能。

1．录入和维护管理员的基本信息

需要记录管理员的信息有：管理员（职工编号，姓名，性别，民族，籍贯，出生日期，工龄，文化程度，管理员照片）。

2．办理借书证

为教师或学生办理借书证，借书证需要记录的信息有：借书证（借书证号，借书证类型，姓名，单位名称，职务，性别，出生日期，证件类型，联系电话，办证时间，有效时间）。

借书证应该有借书证类型，分为教师借书证和学生借书证。不同的借书证类型，其最大借阅数和借阅最长时间不同。

3．管理图书

管理员将图书馆的图书信息录入系统中，并对图书进行分类存放，所以图书的信息有：图书库存（图书编号，图书名称，图书类别，作者，出版社，出版日期，价格，数量，入库时间，图书介绍）。

图书分类存放在图书馆的书架上，图书类别参考国家的图书分类进行划分的。

4．师生借阅图书

师生借阅图书是通过借书证由管理员执行借书和还书完成的。师生借还图书时，管理员需要登记所借阅书籍的数量、借书时间或还书时间。

5．要求：

（1）根据上述 1～4 的需求描述及实际工作需求进行需求分析，设计出"图书管理系统"数据库的 E-R 图；

（2）根据要求（1）所绘制的 E-R 图写出合适的关系模式。

模块二　数据库的创建与维护

学习目标

- 熟悉 Access 2010 的安装、启动与退出；
- 了解 Access 2010 的工作环境；
- 重点掌握 Access 数据库的创建；
- 熟悉数据库的打开与关闭操作；
- 了解数据库的维护工作。

Access 2010 数据库管理系统是 Office 2010 办公软件套中的一款数据管理软件，其用户界面与 Office 2010 办公套件中其他软件的设计是一致的。Office 2010 是 Office 2007 的一个改进，是 Office 2003 的全新版本。

Access 2010 是 Office 2010 办公软件套件的一个重要组成部分，主要用于数据库管理。使用它可以高效地完成各种类型的中小型数据库管理工作，它可以广泛应用于财务、行政、金融、经济、教育、统计和审计等众多的管理领域，使用它可以大大提高数据处理的效率。尤其是它特别适合非 IT 专业的普通用户开发自己工作所需要的各种数据库应用系统。其功能强大、界面友好、易学易用。

项目一　Access 2010 的操作环境

任务一　Access 2010 的安装与运行

📖　任务描述
本书的所有操作都是基于 Access 2010 数据库软件，所以在应用 Access 2010 数据库软件之前先要安装它。本任务是安装 Access 2010 数据库软件，并运行它。

📖　任务分析
Access 2010 数据库软件是 Microsoft Office 2010 办公套件中的一款数据库管理软件，所以安装 Microsoft Office 2010 软件包即可。现在的计算机在安装 Office 2010 的时候会自动附带安装 Access 2010，如果没有自动安装，用户可以通过执行 Office 2010 的安装程序引导安装 Access 2010。

📖　知识链接
1. Microsoft Access 2010 简介
Access 2010 不仅继承和发扬了以前版本的功能强大、界面友好、易学易用的优点，而且它又发生了新的巨大变化。Access 2010 所发生的变化主要包括智能特性、用户界面、创建 Web 网络数据库功能、新的数据类型、宏的改进和增强、主题的改进、布局视图的改进以及生成器功能的增强等几个方面。这些改进使得原来十分复杂的数据库管理、应用和开发工作变得更简单、更轻松、更方便,同时更加突出了数据共享、网络交流、安全可靠。下面列出其中最主要的改进。

（1）更多的数据库模板

最终用户可以根据自己的需要在 Access 2010 的社区功能中应用他人共享的数据库模板,同时也可以将自己设计的数据库共享给其他人使用。

（2）用户界面

Access 2010 用户界面的三个主要组件是功能区、Backstage 视图和导航窗格。功能区是一个包含多组命令且横跨程序窗口顶部的带状选项卡区域,其代替了传统的菜单和工具栏。Backstage 视图是功能区的"文件"选项卡上显示的命令集合。导航窗格是 Access 程序窗口左侧的窗格,用户可以在其中使用数据库对象。导航窗格取代了 Access 2007 中的数据库窗口。这三个元素提供了用户创建和使用数据库的环境。

各个按钮分布在窗口顶部且以分组形式显示相关功能的选项卡、按钮分门别类地组合在一起,用户不必再寻找命令,因为所需命令会呈现在使用者眼前而且触手可及。同时,不会让包含命令的隐藏工具栏隐藏在菜单或单独的窗格中,而是提供了一个控制中心,它将各种要素集中在一起,使得它们极易被看到,按钮也不会消失,它们总是显示在相应位置,这样操作起来更加简单。

（3）共享 Web 网络数据库

这是 Access 2010 的新特色之一。它极大地增强了通过 Web 网络共享数据库的功能。另外,它还提供了一种将数据库应用程序,作为 Access Web 应用程序部署到 SharePoint 服务器的新方法。

SharePoint Services 是用作企业门户站点以及内部协同办公的基于 Web 方式的平台,它和 Microsoft Office 紧密结合在一起,提供功能强大的包含文档、数据管理在内的各类信息管理。

Access 2010 与 SharePoint 技术紧密结合,它可以基于 SharePoint 的数据创建数据表,还可以与 SharePoint 服务器交换数据。

（4）Web 数据库开发工具

Access 2010 提供了两种数据库类型的开发。一种是标准桌面数据库类型。另一种是 Web 数据库类型。使用 Web 数据库开发工具可以轻松方便地开发出网络数据库。

（5）表达式生成器的智能特性

Access 2010 的智能特性表现在各个方面,其中表达式生成器最值得炫耀,用户不用花费很多时间来考虑有关语法错误和设置相关的参数等,因为当用户输入表达式的时候,表达式生成器的智能特性为用户提供了所需要的全部信息。

（6）布局视图的改进

在 Access 2010 中布局视图的功能更加强大。在布局视图中,窗体实际正在运行。因此看到的数据与使用该窗体时显示的外观非常相似。布局视图的可贵之处是用户还可以在此视图中对窗体设计进行更改。由于可以在修改窗体的同时看到运行的数据,因此,它是非常有用的视图。在这个视图中,可以设置控件大小或执行几乎所有其他影响窗体的外观和可用性的任务。特别需要指出,布局视图是唯一可用来设计 Web 数据库的窗体的视图。

允许用户类似于拆分、合并单元格一样拆分、合并字段。尤其在报表中，这种对字段进行拆分和合并，给数据的重新组织带来了极大的方便。布局视图支持层叠表格——组控件。使用这种组控件可以方便地重新布置字段、行、列和整个布局。在布局视图中，还可以方便地移去字段或设置字段。在 Access 2010 中，设计视图用来完成更细致的设计工作。

（7）更快速地设计宏

Access 2010 提供了一个全新的宏设计器，它比以前版本的宏设计视图可以更轻松地创建、编辑和自动化数据库逻辑。使用这个宏设计器，可以更高效地工作，减少编码错误，并轻松地组合更复杂的逻辑以创建功能强大的应用程序。通过使用数据宏将逻辑附加到用户的数据中来增加代码的可维护性，从而实现源表逻辑的集中化。在 Access 2010 中，提供了支持设置参数查询的宏，这样用户开发参数查询就更灵活。

Access 2010 重新设计并整合宏操作，通过操作目录窗口把宏分类组织，使得用户运用宏操作更加方便，可以说在 Access 2010 中宏发生了质的变化。

2. 获取安装包

用户可以从购买微软的 Microsoft Office 2010 家庭或学生版本，还可以在网上查找一些试用版本。

📖 **任务设计**

1. 安装 Microsoft Access 2010

Microsoft Access 2010 软件是 Microsoft Office 2010 办公软件套件中的一款数据库管理软件，一般来说安装 Microsoft Office 2010 时就会默认安装 Microsoft Access 2010。如果用户在安装 Microsoft Office 2010 办公软件套件时没有选择安装 Microsoft Access 2010 时，可以通过如下操作完成安装。

① 双击 Microsoft Office 2010 办公软件套件中的安装程序"setup.exe"，系统自动检测是否安装了 Microsoft Office 2010 办公软件套件，然后弹出"更改 Microsoft Office Professional Plus 2010"对话框，如图 2-1 所示。

图 2-1 "更改 Microsoft Office Professional Plus 2010 的安装"对话框

② 选择"添加或删除功能"选项,然后单击"继续"按钮,进入"自定义 Microsoft Office 程序的运行方式"对话框,如图 2-2 所示,单击"Microsoft Access"选项前的下拉按钮 ,从弹出菜单中选择"从本机运行"菜单项,然后单击"继续"按钮,Microsoft Office 2010 安装程序按照用户自定义的方式进行添加 Microsoft Access 数据库管理软件。

图 2-2 自定义 Microsoft Office 程序的运行方式

用户还可以通过"控制面板"中"添加或删除程序"功能,找到 Microsoft Office Professional Plus 2010 应用程序选择项,然后单击"更改"按钮,系统自动弹出如图 2-2 所示的对话框,接下来的操作同上。

2. 启动 Microsoft Access 2010

启动 Access 2010 的方法有很多种,其中最常用的方法如下。

(1)"开始"菜单启动。单击"开始"→"程序"→"Microsoft Office"→"Microsoft Access 2010"命令按钮,如图 2-3 所示。

图 2-3 从"开始"菜单启动 Access 2010

(2)通过打开数据库文件启动 Access 2010。打开文件浏览器,找到需要打开的数据库文件,双击需打开的数据库文件,从而启动 Access 2010,同时该数据库文件也被打开。

3. 退出 Microsoft Access 2010

退出 Access 2010 有以下几种常见的方法。

(1)单击"文件"菜单进入 Backstage 视图,然后单击"退出"命令。

(2)单击窗口标题栏右边的"关闭"按钮。

（3）按<Alt＋F4>组合键。

（4）双击标题栏左边的 office access 的图标。

需要注意的是，无论何时退出，Microsoft Access 都将自动保存对数据的更改。但如果在上一次保存之后，又更改了数据库对象的设计，Microsoft Access 将在关闭之前会询问是否保存这些更改，如果意外地退出 Microsoft Access，可能会损坏数据库。

任务二 Access 2010 工作环境设置

📖 任务描述

熟悉 Access 2010 的工作界面提高工作效率，本任务需要完成修改默认文件格式，自定义功能区，自定义快速访问工具栏，设置导航窗格等操作。

📖 任务分析

Access 2010 提供了友好的用户界面，还为用户的操作提供了方便，用户界面简洁，操作简单。Access 2010 对操作界面的设置更加符合用户友好性的要求。Access 2010 为不同的用户、不同的操作需要设置不同命令以使得用户能够快速执行命令。这种个性化设置使 Access 2010 更符合用户自己的应用习惯，并提高了用户的工作效率。

📖 知识链接

1. Access 2010 的工作界面

Access 2010 提供了用户友好的工作界面，启动 Access 2010 后显示 backstage 视图，然后打开一个数据库后，显示工作界面如图 2-4 所示。

图 2-4 Access 2010 的工作界面

（1）标题栏

标题栏位于应用程序窗口的最上方，包含系统程序图标（控制菜单按钮）、快速访问工具栏、数据库的信息显示和窗口控制按钮。数据库的信息显示会显示当前应用程序的名称、编辑的数据库名称和数据库保存的格式。

（2）快速访问工具栏

只要单击快速访问工具栏中的命令图标即可执行命令。快速访问工具栏中只显示了常用的命令，其中默认显示命令包括："保存"、"撤销"和"恢复"等。用户还可以根据自己的需要自定义快速访问工具栏。

（3）功能区及其构成

功能区是菜单和工具栏的主要替代部分，并提供了 Access 2010 中主要的命令界面。功能区的主要优势之一是，它将通常需要使用菜单、工具栏、任务窗格和其他用户界面组件才能显示的任务或入口点集中在一个地方。这样一来，用户只需在一个位置查找命令，而不用四处查找命令。

功能区由一系列包含命令的命令选项卡组成。在 Access 2010 中，主要的命令选项卡包括"文件"、"开始"、"创建"、"外部数据"和"数据库工具"。其中"文件"选项卡则进入到 Backstage 视图。每个选项卡都包含多组相关命令，这些命令组展现了其他一些新的 UI 元素（例如样式库，它是一种新的控件类型，能够以可视方式表示选择）。功能区上提供的命令仅涉及当前处于活动状态的对象，其他与当前处于活动对象无关的命令并不会显示。

选项卡是位于功能区的顶部，选项卡下命令是按照一定的分类规则进行划分，同一类的命令都会使用命令组包含在一起。见图 2-4，"开始"选项卡是默认显示的选项卡，其下包含有"视图"、"剪贴板"、"排序和筛选"、"记录"、"查找"、"文本格式"和"中文简繁转换"等命令组，在"文本格式"命令组中用户可以直接使用字体设置的命令。各主选项卡的包含的功能如表 2-1 所示。

工具选项卡是在用户打开相应的数据库对象时才出现的选项卡，其为不同的数据库对象提供了更多合适的命令。见图 2-4，打开了"课程"数据表，那么显示了"表格工具"组，其中包括了"字段"和"表"两个上下文选项卡。当关闭或没有选中数据库对象时，上下文选项卡自动隐藏。

表 2-1 各主选项卡的功能

命令选项卡	可以执行的常用操作
开始	选择不同的视图
	从剪贴板复制和粘贴
	设置当前的字体特性
	设置当前的字体对齐方式
	对备注字段应用格式文本格式
	使用记录（刷新、新建、保存、删除、汇总、拼写检查及更多）
	对记录进行排序和筛选
	查找记录

续 表

命令选项卡	可以执行的常用操作
创建	插入新的空白表
	使用表模板创建新表
	在 SharePoint 网站上创建列表,在链接至新创建的列表的当前数据库中创建表
	在设计视图中创建新的空白表
	基于活动表或查询创建新窗体
	创建新的数据透视表或图表
	基于活动表或查询创建新报表
	创建新的查询、宏、模块或类模块
外部数据	导入或链接到外部数据
	导出数据
	通过电子邮件收集和更新数据
	创建保存的导入和保存的导出
	运行链接表管理器
数据库工具	将部分或全部数据库移至新的或现有 SharePoint 网站
	启动 Visual Basic 编辑器或运行宏
	创建和查看表关系
	显示/隐藏对象相关性
	运行数据库文档或分析性能
	将数据移至 Microsoft SQL Server 或 Access(仅限于表)数据库
	管理 Access 加载项
	创建或编辑 Visual Basic for Applications（VBA）模块

　　组或命令组是在选项卡内部进行划分命令的单元,组内包含多个功能命令。在一些组中,还会在组的右下角出现"对话框启动器"的图标▣,单击此图标,用户可以使用传统的对话框对指定的对象进行详细的设置。见图 2-4,"开始"选项卡下的"文本格式"组右下角就有一个"对话框启动器",单击此图标用户即可对字体进行详细的设置。

　　命令的表现形式有框、菜单或按钮,它们被放置在某个组内。例如,"开始"选项卡中的"剪贴板"组包含了"粘贴"、"剪切"和"复制"命令。当用户将鼠标移动到某命令上时,会出现智能屏幕提示,这些提示包括该命令的名称、快捷键及其详细的功能等。

　　（4）Backstage 视图

　　Backstage 视图占据功能区上的"文件"选项卡,并包含很多以前出现在 Access 早期版本的"文件"菜单中的命令。Backstage 视图还包含适用于整个数据库文件的其他命令。在打开 Access 但未打开数据库时,可以看到 Backstage 视图,如图 2-5 所示。

　　在 Backstage 视图中,可以创建新数据库、打开现有数据库、通过 SharePoint Server 将数据库发布到 Web,以及执行很多文件和数据库维护任务。Access 2010 将帮助信息和应用程序的设置选项也放置在这个 Backstage 视图中,用户需要使用帮助信息和设置 Access的相关参数可到 Backstage 视图进行操作。

图 2-5　Backstage 视图

（5）导航窗格

在打开数据库或创建新数据库时，数据库对象的名称将显示在导航窗格中。导航窗格取代了早期版本的 Access 中所用的数据库窗口（如果在以前版本中使用数据库窗口执行任务，那么现在可以使用导航窗格来执行同样的任务）。例如，如果要在数据表视图中将行添加到表，则可以从导航窗格中打开该表。通过导航窗格，用户可以快速进入需要编辑的数据库对象，在工作时，也可以在导航窗格中分类显示指定的数据库对象，从而将重点放在需要操作的对象身上。

（6）工作区

工作区是 Access 2010 工作界面中最大的部分，用来显示数据库中的各种对象，是使用 Access 进行数据库操作的主要工作区域。Access 2010 的工作区使用选项卡方式来显示多个数据库对象文档。

（7）状态栏

状态栏位于程序窗口的底部，用于显示当前选中对象的状态信息。状态栏右侧包括了当前编辑的数据库对象多种视图的切换按钮。

2. 数据库对象的视图

Access 2010 版本的数据库对象包括数据表、查询、窗体、报表、宏和模块等 6 个数据库对象。Access 2010 为这些数据库对象各自设计了多种不同的视图，以方便编辑各个数据库对象，不同对象所具有的主要视图如表 2-2 所示。

表 2-2 Access 2010 数据库对象的主要视图

对象名称	视图
数据表	数据表视图、数据透视表视图、数据透视图视图、设计视图
查询	数据表视图、数据透视表视图、数据透视图视图、SQL 视图、设计视图
窗体	窗体视图、布局视图、设计视图
报表	报表视图、打印预览视图、布局视图、设计视图
宏	设计视图
模块	Visual Basic 编辑器

选中数据库对象时,Access 会自动跳到指定对象的默认视图让用户进行编辑对象。如打开表对象后,Access 显示表对象的数据表视图。用户可以通过"视图切换按钮"切换对象的各种视图。

　　📖 **任务设计**

1. 修改默认文件格式

首次安装 Access 2010 后,默认文件格式为 ACCDB。可更改 Access 的默认文件格式,以便 Access 2010 创建与旧版本 Access 兼容的 MDB 文件,用户可以选用的文件格式为 Access 2000, Access 2002-2003 和 Access 2007。如果将默认文件格式设置为老版本中的任意文件格式时,虽然可以利用 Access 2010 改进的开发环境,但不能向所创建的文件中添加任何 Access 2010 新功能,如多值查阅字段、计算字段。修改默认文件格式的操作步骤如下。

① 打开 Access 2010 应用程序,切换到"文件"选项卡,在 Backstage 视图中的导航菜单中执行"选项"命令,弹出"Access 选项"对话框,如图 2-6 所示。

图 2-6 设置默认的文件格式

② 在"常规"设置选项框中,在"创建数据库"中,从"空白数据库的默认文件格式"下拉列表中选择需要的文件格式,然后单击"确定"按钮完成设置。

2. 功能区的自定义和使用

功能区是 Access 2010 的用户友好性的一个体现。功能区能够让用户自行设置在选项卡显示的命令,具体操作如下。

① 切换"文件"选项卡,进入 Backstage 视图,执行"选项"命令,打开"Access 选项"对话框,切换到"自定义功能区"设置选项框,如图 2-7 所示。

图 2-7 自定义功能区

② 用户可以将指定位置上的命令添加到"自定义功能区"的选项框中。添加操作为:在"从下列位置选择命令"下拉列表选择需要的分类,如"不在功能区中的命令",然后在下面的列表框中选中需要添加到功能区的命令,在"自定义功能区"的框中,先单击"新建选项卡"按钮,为主选项卡上添加一个新的选项卡,在此设置选项卡的名称为"帮助"。

③ 在新建的选项卡下系统自动创建了一个名为"新建组(自定义)"的组,右击该级,选择右击菜单中的"重命名"命令,将该组命名为"帮助",然后,单击"添加"按钮,将"不在功能区中的命令"列表框里的帮助命令,添加到"主选项卡"列表框下的"帮助"选项卡下的"帮助"组中,如图 2-8 所示。单击"确定"按钮完成自定义功能区的操作。

在图 2-7 中,用户还可以使用上移图标 ▲ 和下移图标 ▼ 改变功能区中各选项卡的位置。Access 2010 为方便用户执行命令和编辑数据库对象,还可以对功能区进行如下的操作。

(1)功能区最小化

在主工作界面上,单击功能区右上角的"功能区最小化"图标 ⌃ 即可。如果需要显示功能区,则再单击同一个位置的"展开功能区"图标

图 2-8 添加"帮助"命令到自定义的选项卡中

⌄ 。还可以右击功能区,在右击菜单中选择"功能区最小化"命令。

（2）功能区快捷键的使用

如果需要提高工作效率,用户可以使用快捷键执行功能区的命令。在主工作界面上,键入<Alt>键,功能区上显示选项卡的快捷键字母,如图2-9所示。如果需要切换到"创建"选项卡,则在键上键入<C>键,则显示"创建"选项卡下的命令快捷键,如图2-10所示。如果创建表可以依次键入<T+N>键。当前用户熟悉后,可键入<Alt+C>组合键显示"创建"选项卡下命令的快捷键。

图2-9 键入<Alt>键显示快捷键

图2-10 键入<C>键显示快捷键

3. 自定义快速访问工具栏

Access允许用户向"快速访问工具栏"添加命令按钮,用户可以通过"快速访问工具栏"右侧按钮,向快速访问工具栏中添加按钮,已在"快速访问工具栏"中的命令会在下拉菜单中以打勾"√"形式来表示,再选择一次,表示删除指定命令显示在"快速访问工具栏"中。用户还可以添加其他命令,操作为:单击"快速访问工具栏"右侧按钮,在下拉菜单中选择"其他命令"命令,弹出"Access选项"对话框,显示"快速访问工具栏"选项框,如图2-11所示,其他的操作方法与自定义功能区一致,此处不详述。

图2-11 自定义快速访问工具栏

4. 导航窗格的使用

使用导航窗格可以使分工很细的数据库设计工作更加有效,提高数据库系统相关人员的工作效率。导航窗格基本操作包括以下几项。

（1）以对象类型浏览对象

只显示 Access 数据库中的表对象，操作如下。

① 在导航窗格顶部，单击按钮 ，出现下拉菜单如图 2-12 所示。勾选"对象类型"命令，导航窗格中显示所有数据库对象，如图 2-13 所示。

② 再次打开下拉菜单，在"按组筛选"下选择"表"命令，此时导航窗格中显示所有表对象。

图 2-12　导航窗格下拉菜单

图 2-13　导航窗格显示所有 Access 对象

（2）以自定义类型浏览对象

用户可以自定义分组来管理数据库对象，设置自定义类型的操作步骤如下。

① 打开下拉菜单，见图 2-12，在"浏览类别"组中选择"自定义"命令，系统自动生成一个"自定义组 1"和一个"未分配的对象"组。

图 2-14　导航窗格自定义类型分组

② 修改自定义组的名称。选中"自定义组 1"，然后右击，在弹出的快捷菜单中选择"重命名"，然后输入自定义的名称，如"学生管理"，然后将与学生信息有关的数据库对象从"未分配的对象"组中拖动到"学生管理"组中。结果如图 2-14 所示。

③ 添加自定义分组。右击导航窗格空白处，在右击菜单中选择"导航选项"命令，弹出"导航选项"对话框，如图 2-15 所示。在"类型"列表框中选中"自定义"选项，在"自定义"组列表框中显示了当前一个分组和一个默认的未分配的对象。单击"添加组"按钮，即可向"自定义"组中添加分组。完成设置后，单击"确定"按钮即可。

（3）收展导航窗格

为了增大工作区，可以收起导航窗格，操作步骤为：在导航窗格右上角，单击"百叶窗开/关"按钮 ，即可收起导航窗格。展开导航窗格操作步骤为：单击"百叶窗开/关"按钮 ，即可展开导航窗格。

图 2-15 导航窗格的"导航选项"对话框

5. 对象视图的切换

Access 2010 为不同的数据库对象设置了多种视图,如数据表视图、SQL 视图、透视表视图、透视图视图、窗体视图、布局视图和设计视图等。对于这些数据库对象,切换多种视图的方式是一致的。以当前正在编辑的"课程"表为例,讲述对象视图的切换,有多种方法可以切换对象视图,常见的有如下几种。

① 当前编辑"课程"表,切换到"开始"选项卡,在"视图"组中单击下拉按钮，下拉菜单如图 2-16 所示,用户选定指定的视图进行切换即可。

② 右击工作区顶部的选项卡文档中显示的选项卡"课程",弹出如图 2-17 所示的快捷菜单。

③ 单击工作区右下角的"视图切换按钮"即可切换到所需要的视图中。

用户根据编辑数据库对象的需要进行切换视图。

图 2-16 "视图"组下的切换命令

图 2-17 右击菜单切换视图

项目二　Access 数据库的创建与维护

数据库系统中主要的组成部分是数据库,其处理的数据来自数据库。数据库保存着基础数据,是系统运行的基础。当前是大数据时代,数据库人员维护数据库的能力显得特别的重要。本项目实现数据库的创建与维护。

任务一　创建数据库

📖　任务描述

在数据库开发时,需要先创建一个数据库,然后再向数据库添加内容。本任务创建一个名为"教学信息管理系统"的数据库。

📖　任务分析

启动 Access 2010 后,用户需要操作数据库,必须先有数据库。如果需要操作的数据库已经创建好,则直接将其打开,否则就要创建。Access 2010 提供了多种创建数据库的方法。"教学信息管理系统"是一个桌面应用程序的关系型数据库,所以创建一个空白的数据库,将其命名为"教学信息管理系统"。

📖　知识链接

1. 创建数据库的方法

Access 2010 提供了多种创建数据库的方法,包括创建一个空白的数据库、按照 Web 共享的模板创建数据库和应用自己创建的模板进行创建等。

(1) 空白数据库

Access 2010 中,一个数据库对应着一个数据库文件,所以创建数据库也就是创建一个数据库文件。为了创建一个数据库文件,用户先指定保存数据库文件的文件夹,然后在文件夹中鼠标右击,在弹出的快捷菜单中选择"新建"命令,新建一个 Access 数据库文件,然后使用 Windows 的"重命名"功能,将新建的数据库文件重命名为所需要的数据库名称。

对于一个数据库应用软件来说,创建一个数据库文件是最为简单的操作。用户可以先启动 Access 2010 应用程序,然后进入 Backstage 视图,按照向导的指示进行设置保存数据库文件的文件夹位置,对数据库文件进行命名,即可创建一个空白数据库。

空白数据库是指数据库中没有任何的数据库对象,除了一个系统自动创建的"表 1"数据表对象。基于空白数据库,用户可以创建其他数据库对象。

(2) 按照模板创建

Access 2010 提供了多款模板供用户按照自己的需求快速构建数据库系统。这些内置的数据库模板的创建可以通过 Backstage 视图的向导进行创建。

2. 数据库模板

Access 2010 数据库模板是一个完整的跟踪应用程序,其中包含预定义表、窗体、报表、查询、宏和关系。这些模板能够立即使用,方便使用者快速开始工作。Access 2010 已经内置了很多款模板供选择,用户能够轻松根据需要选择合适的模板。如果这些模板不能满足用户的需要,还可能直接连接到 office.com 下载更多的模板,再根据自己的需求进行自定义。

📖 **任务设计**

创建一个名为"教学信息管理系统"的空白数据库,其操作步骤如下。

① 启动 Access 2010 应用程序。

② 切换到"文件"选项卡,进入"Backstage 视图",单击"新建"按钮,进入新建数据库的操作界面,如图 2-18 所示。

③ 单击"空白数据库"按钮,然后在右边的预览框中的"文件名"位置,单击"浏览文件夹"图标 📁 ,选择保存数据库的位置,并将"文件名"文本框中的默认名称"Database1.accdb"修改为所需要的数据库名称"教学信息管理系统.accdb"。

④ 设置完毕后,单击图 2-18 中的"创建"图标按钮,完成操作,系统自动创建一个名为"表 1"的数据表。

图 2-18 "新建"数据库

任务二 维护数据库

📖 **任务描述**

对"教学信息管理系统"数据库进行备份、还原等日常维护数据库的操作,对数据库文件进行加密保护操作。

📖 **任务分析**

数据库日常维护工作是系统管理员的重要职责,Access 2010 数据库维护是数据库系统后期使用的时候需要进行日常事务,一般维护指的是备份和还原。所以系统管理员应该掌握如何备份还原数据库。

知识链接

1. 数据库的备份

Access 2010 的数据库文件是保存在计算机中的，再好的硬件和软件都会有系统故障和软件故障，为了保证数据库中的数据得到保护，系统管理员需要将数据库进行备份工作。Access 2010 可以将数据库保存为其他格式的数据库，可以将数据库或者数据库对象进行单独备份，也可以将后端数据库和前端数据库进行拆分数据库进行备份，还可以将数据库保存到 Web 的共享服务器 SharePoint 中。

2. 数据库的还原

当数据库系统出现故障，数据不完整或丢失时，可以使用已备份的完整的正确的数据库备份进行还原。Access 2010 提供了还原数据库和数据库对象的功能。

任务设计

1. 打开数据库

打开数据库是维护数据库的开始，打开数据库的具体操作如下：启动 Access 2010 应用程序，切换到"文件"选项卡进入"Backstage 视图"，然后单击"打开"按钮，弹出"打开"对话框，指定文件夹，然后选择所需打开的数据库文件，然后单击"打开"右边的下拉列表的图标
，在下拉列表中选择"打开"命令，则打开数据库。下拉列表中还拥有如下几种打开方式。

① 以只读方式打开：用户不能修改数据库中的内容。

② 以独占方式打开：只有当前的 Access 2010 可以编辑数据库的内容，其他应用程序和用户不能打开和访问数据库，只有关闭数据库后，其他应用程序和用户才可以访问。

③ 以独占只读方式打开：只有当前的 Access 2010 以只读方式打开数据库，其他应用程序和用户不用访问数据库。

2. 备份数据库

备份已打开数据库"教学信息管理系统.accdb"的具体操作步骤如下。

① 打开"教学信息管理系统.accdb"数据库文件，然后切换到"文件"选项卡，进入 Backstage 视图，单击"保存并发布"按钮，然后在"文件类型"框中选中"数据库另存为"选项，在"数据库另存为"框下的"高级"区域选择"备份数据库"选项，如图 2-19 所示。

② 接着单击右下角的"另存为"按钮，系统会为备份数据库文件命名，在原数据库文件名后加上执行的时间作为备份数据库的名称，设置备份数据库的保存位置，操作完成。

3. 还原数据库

还原数据库有两种形式：还原数据库和还原数据库对象。

（1）还原数据库

还原数据库可以说是一种文件的复制和覆盖操作的组合完成的，其具体操作步骤为：将备份的数据库文件"教学信息管理系统_2013-10-03.accdb"重命名为原数据库文件名"教学信息管理系统.accdb"；再将其复制到原数据库文件的文件夹中，系统提示是否覆盖原来的文件，确定覆盖即可。

（2）还原数据库对象

如果在维护数据库的过程中，系统管理员只需要恢复一部分数据库对象，那么可以使用这种方法进行数据的恢复。具体的操作步骤如下。

① 打开"教学信息管理系统.accdb"数据库文件，切换到"外部数据"选项卡，在"导入并链接"组中单击"Access"命令，弹出"获取外部数据-Access 数据库"对话框，如图 2-20 所示。

图 2-19　备份数据库

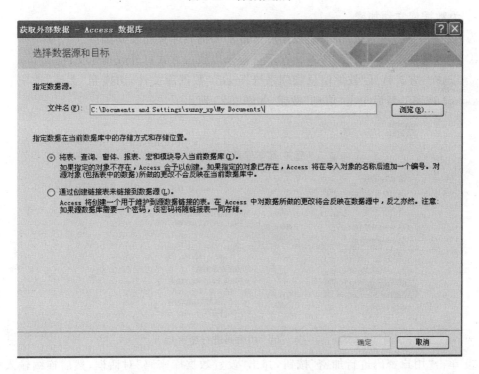

图 2-20　"获取外部数据-Access 数据库"对话框

② 单击"浏览"找到备份数据库文件,然后单击"打开";选择"将表、查询、窗体、报表、宏和模块导入当前数据库"选项,然后单击"确定"按钮。

③ 弹出"导入对象"对话框,单击与要还原的对象类型相对应的选项卡,如图 2-21 所示。例如,如果要还原表,应切换到"表"选项卡,然后在"表"选项卡的列表框中单击对象名称进行选择,如果需要设置所导入对象的参数,可以单击"选项"按钮,显示如图 2-22 所示的设置参数。完成设置后,单击"确定"按钮完成操作。

图 2-21 "导入对象"对话框

图 2-22 "导入对象"对话框中的"选项"

4. 为数据库文件加密

为"教学信息管理系统.accdb"数据库文件加密的具体操作步骤如下。

① 在对数据库文件加密时,系统管理员应该以独占方式打开数据库文件。

② 以独占方式打开"教学信息管理系统.accdb"数据库文件,切换到"文件"选项卡进入"Backstage 视图",然后单击"信息"按钮,如图 2-23 所示。

图 2-23 用密码进行加密

③ 单击"用户密码进行加密"按钮,弹出"设置数据库密码"对话框,然后连续输入用户的密码,接着单击"确定"按钮完成设置。下次打开数据库的时候,系统提示输入密码,输入

密码后可对数据库的内容进行操作。

如果不需要使用密码,同样以独占方式打开数据库,然后进入"Backstage"视图,单击"信息"按钮,单击"解除密码"按钮,在弹出的对话框中输入密码,单击"确定"按钮即可。

5. 关闭数据库

关闭数据库的方法有如下几种。

① 关闭数据库:在 Backstage 视图中单击"关闭数据库"按钮从而关闭数据库而不退出 Access 2010 应用程序。

② 退出 Access 2010 应用程序:退出 Access 2010 应用程序,也可以关闭数据库。退出 Access 2010 应用程序可以单击标题栏右边的"关闭"窗口控制按钮;可以右击标题栏的空白处,从右击菜单中选择"关闭"命令;可以按下<Alt+F4>组合键;还可以双击标题栏左边的 Office Access 图标。

习题与实训二

一、选择题

1. Access 数据库文件的扩展名是(　　)。

　　(A) .dbf　　　　　　(B) .accdb　　　　　　(C) .mdb　　　　　　(D) .adp

2. 以下无法关闭数据库的操作是(　　)。

　　(A) 单击"数据库"窗口右上角"关闭"按钮

　　(B) 双击"数据库"窗口左上角"控制"菜单图标

　　(C) 单击"数据库"窗口左上角"控制"菜单图标,从弹出菜单中选择"关闭"命令

　　(D) 单击"数据库"窗口右上角"最小化"按钮

3. 在 Access 数据库对象中,不包括(　　)对象。

　　(A) 窗体　　　　　(B) 表　　　　　　(C) 工作簿　　　　　(D) 报表

4. Access 数据库中存储和管理数据的基本对象是(　　),它是具有结构的某个相同主题的数据集合。

　　(A) 窗体　　　　　(B) 表　　　　　　(C) 工作簿　　　　　(D) 报表

5. (　　)是一个完整的跟踪应用程序,其中包含预定义表、窗体、报表、查询、宏和关系。

　　(A) 数据库模板　　　　　　　　　　(B) Sharepoint 共享中心

　　(C) 数据库模块　　　　　　　　　　(D) 数据库备份

二、填空题

1. Access 是功能强大的_____系统,具有界面友好、易学易用、开发简单、接口灵活等特点。

2. Access 2010 版本的数据库对象包括_____、_____、_____、_____、_____和模块等 6 个数据库对象。

3. 在 Access 2010 中,数据表具有_____、_____、_____和_____ 4 种视图。

4. 数据库维护中,常见的工作是_____和_____。

5. 在对数据库文件加密时,系统管理员应该以_____数据库文件。

三、上机实训

任务一　Access 2010 的基本操作

📖　**实训目的**

1. 掌握 Access 2010 的启动与退出；

2. 了解 Access 2010 数据库管理系统的工作环境；

3. 了解数据库基本对象及相应的视图；

4. 掌握 Access 2010 数据库的创建方法和步骤；

5. 掌握设置数据库属性和默认文件格式的方法；

6. 掌握 Access 2010 的选项设置；

7. 掌握打开数据库的基本方法。

📖　**实训内容**

1. 采用多种方法启动和退出 Access 2010。

2. 采用多种方法打开和关闭"教学信息管理系统"数据库。

3. 自定义一个名为"常用"的选项卡，并在"常用"选项卡中添加一个包含有"帮助"命令的"帮助"组。

4. 打开"图书管理系统"数据库，完成展开和收缩导航窗格的操作和对象视图的切换操作。

5. 将"新建"命令在快速访问工具栏上显示。

6. 设置 Access 2010 的默认文件格式为 Access 2007。

任务二　创建和维护数据库

📖　**实训目的**

1. 了解 Access 2010 数据库窗口的基本组成。

2. 熟悉 Access 2010 的工作环境。

3. 了解数据库对象的基本操作。

4. 掌握创建数据库的方法。

5. 理解数据管理的意义，掌握数据库管理的方法。

📖　**实训内容**

1. 在"E:\Access 上机"文件夹中创建一个名为"图书管理系统.accdb"的空数据库文件。

2. 使用 Access 提供的"学生"模板创建一个"学生.accdb"数据库。

3. 对"学生.accdb"数据库进行备份。

4. 恢复"学生.accdb"数据库中的"学生"数据表对象。

5. 为"学生.accdb"数据库文件进行加密和解密。

模块三　表的创建与应用

学习目标

- 了解表的概念及特点；
- 掌握字段的命名规则及数据类型；
- 掌握表结构的设计；
- 掌握表的创建；
- 掌握字段属性的设置；
- 掌握表的基本操作；
- 熟悉表与表之间的关系。

表是 Access 数据库中最基本、最重要的对象，是所有查询、窗体、报表的数据来源。一个数据库中可以有多个数据表，它们包含了数据库的所有数据信息。表中数据的冗余度、共享性及完整性的高低，直接影响到数据库的整体性能。因此，要想使用 Access 进行数据处理与操作，用户需要先了解表的结构及其基本操作。

在 Access 中，表有 4 种视图：一是设计视图，主要用于创建和修改表的结构；二是数据表视图，主要用于浏览、编辑和修改表中的数据；三是数据透视图视图，主要用于以图形的方式显示数据；四是数据透视表视图，主要用于按照不同的方式组织和分析数据。其中，设计视图和数据表视图是表的最基本也是最常用的视图。

1. 表与主题

在关系数据库中，表是具有相同主题的数据集合。依据每个不同的主题创建相应的表，存放不同的数据。例如学生表主要是关于学生信息的主题，包括学号、姓名、性别等信息。

根据前面模块对"教学信息管理系统"数据库的需求分析，列出该数据库所涉及的主题和对应的表，如表 3-1 所示。

表 3-1　"教学信息管理系统"数据库中的主题和表

主题	表	主题	表
院系基本信息	院系	学生基本信息	学生
教师基本信息	教师	课程基本信息	课程
授课基本信息	授课	成绩基本信息	成绩

2. 表结构设计的原则

用户在设计数据表结构时应遵循以下规则。

① 字段的唯一性：每张表中不能有相同的字段名，即不能出现相同的列。如学生表中

不能有两个学号字段。

② 字段的无关联性:表中每个字段是最小逻辑存储单元,即不能再划分为两个字段。

③ 数据类型的一致性:表中同一列的数据类型必须相同。如学生表中的"学号"字段,在该字段中只能输入代表学生学号的字符型数据,不能输入学生的出生日期。

④ 记录的唯一性:每张表中不能有重复的记录,即不能出现相同的行。如学生表中同一个学生的基本信息不能出现两次。

3. 表结构的设计步骤

表结构的设计步骤如下。

① 创建一张新表。

② 定义每个字段的字段名、数据类型和说明。

③ 定义每个字段的属性。

④ 定义表的主键。

⑤ 为必要的字段建立索引。

⑥ 保存表结构的设计。

项目一　设计表结构

数据表是由表结构和记录两部分组成,先建立表结构,然后根据表结构再输入相应的数据。表结构设计主要包括定义字段和设置字段属性。

任务一　表结构的设计

📖 **任务描述**

数据表的结构是指数据表的框架,其结构设计包括以下几个方面。

① 字段名称:用于标识表中的一列,数据表中的一列称为一个字段,而每一个字段均具有唯一的名称,称为字段名称。一个数据表包含若干个字段。

② 字段类型:根据关系数据库理论,数据表中同列数据必须具有相同的数据特征,称为字段的数据类型。

③ 字段大小:指数据表中的一列所能容纳的字符或数字个数,也称作列宽,在 Access 中称为字段大小,采用字节数表示。不同数据类型的字段大小表示方式也不同。

📖 **任务分析**

字段是数据表的基本存储单元,数据表中的一列称为一个字段,为字段命名方便用户引用,而每个字段都拥有自己的数据类型,字段的数据类型决定了该字段可以存储何种数据。

📖 **知识链接**

1. 字段的命名规则

在 Access 2010 中,字段名称应遵循如下命名规则。

① 长度最多可达 64 个字符。

② 可以包含字母、汉字、数字和空格,以及除句号(。)、惊叹号(!)、重音符号(·)和方括号([])外的所有特殊字符。

③ 不能使用前导空格或控制字符(即 ASCⅡ值从 0~31 的字符)。

④　不能以空格开头。

2. 字段的数据类型

Access 2010 中共有文本、数字、日期/时间、查阅向导、附件、计算和自定义型等 13 种数据类型。其中,自定义型是在 Access 2010 中新增加的数据类型。

（1）文本型

文本型是指字母或数字的组合。

用法:用于存储不超过 255 个字符的文本,例如姓名、地址;也可以是不需要计算的数字,例如电话号码、邮政编码。

（2）备注型

备注型是指字母、数字字符或具有 RTF 格式的文本。

用法:用于存储长度超过 255 个字符并且是格式化文本的文本块,最多可存储 65 535 个字符。如注释、较长的说明。但是备注型的数据不允许进行排序操作,也不允许设定索引。

（3）数字型

数字型是指数值(整数或小数)。

用法:用于存储非货币值的数值。数值的大小可以自己设定,通过使用"字段大小"属性来设置存储容量。

（4）日期/时间型

日期/时间型是指日期和时间的值。

用法:用于存储基于日期、时间或日期时间一起的数据,字段大小固定为 8 个字节。

（5）货币型

货币型是指货币值。

用法:用于存储货币值,大小为 8 个字节,在计算过程中不进行四舍五入。

（6）自动编号型

自动编号型是指添加记录时 Access 2010 自动插入的一个唯一的数值。

用法:用于生成可作为主键的唯一值,值的大小为长整型。自动编号有递增和随机两种选择。递增以值 1 开始,并为每条新记录增加 1;随机是以随机值开始,并向每条新记录分配一个随机值。

自动编号数据类型一旦被指定,就会永久地与记录连接。如果删除了表中含有自动编号字段的一个记录,并不会对表中自动编号型字段重新编号。当添加某一记录,不再使用已被删除的自动编号型字段值,按递增的规律重新赋值。

（7）是/否型

是/否型是指布尔值。

用法:用于存储布尔值,例如"是/否"、"真/假"、"开/关"。

（8）OLE 对象型

OLE 对象型是指在其他程序中使用 OLE 协议创建的对象。如 Microsoft Word 文档、Microsoft Excel 电子表格、图像、声音或其他二进制数据。

用法:用于存储 OLE 对象,最大为 1 GB。

（9）超链接型

超链接型是指超级链接,是链接至 Internet 资源。

用法:用于存储超级链接地址,可以是 UNC 路径或 URL 地址,最多存储 64 000 个字符。

(10) 附件型

附件型是指图片、图像、二进制文件或 Office 文件。

用法:用于存储数字图像和任意类型二进制文件的首选数据类型。对于压缩的附件大小为 2 GB;对于未压缩的附件大小,大约是 700 KB,具体取决于附件的可压缩程度。

(11) 查阅向导型

查阅向导型实际上不是数据类型,而是调用"查阅向导"功能。查阅向导将会启动,可以创建查阅字段。查阅字段的数据类型是"文本"或"数字",具体取决于在该向导中所做的选择。

用法:显示从表或查询中检索到的一组值,或显示创建字段时指定的一组值。

(12) 计算型

计算型是指计算的结果。计算必须引用同一张表中的其他字段。可以使用表达式生成器创建计算。

任务设计

根据模块二对"教学信息管理系统"数据库的需求分析,依据表 3-1 所列出的主题表,设计出各个数据表的结构,设计出的表结构如表 3-2~表 3-7 所示。

表 3-2 "院系"表结构

字段名	字段类型	长度	是否为空	主键	索引
系编号	文本	15	否	√	有(无重复)
系名称	文本	30	是		
系主任	文本	10	是		
系办公室电话	文本	13	是		
系网址	超链接	100	是		

表 3-3 "学生"表结构

字段名	字段类型	长度	是否为空	主键	索引
学号	文本	15	否	√	有(无重复)
姓名	文本	10	是		
性别	文本	2	是		
民族	文本	10	是		
籍贯	文本	20	是		
政治面貌	文本	50	是		
出生日期	日期/时间	短日期	是		
专业	文本	50	是		
系编号	文本	15	否		
照片	OLE 对象		是		
E-mail	文本	50	是		

表 3-4　"教师"表结构

字段名	字段类型	长度	是否为空	主键	索引
教师编号	文本	15	否	√	有(无重复)
姓名	文本	10	是		
性别	文本	2	是		
籍贯	文本	20	是		
出生日期	日期/时间	短日期	是		
学历	文本	20	是		
职称	文本	20	是		
系编号	文本	15	否		
办公电话	文本	13	是		
手机	文本	12	是		
是否在职	是/否		是		
电子邮件	文本	50	是		
照片	OLE 对象		是		

表 3-5　"课程"表结构

字段名	字段类型	长度	是否为空	主键	索引
课程编号	文本	15	否	√	有(无重复)
课程名称	文本	30	是		
课程类别	文本	20	是		
学时	数字	整型	是		
学分	数字	单精度型	是		
课程简介	备注		是		

表 3-6　"授课"表结构

字段名	字段类型	长度	是否为空	主键	索引
教师编号	文本	15	否	√	无
课程编号	文本	15	否	√	
学期	文本	30	是		
授课时间	文本	30	是		
授课地点	文本	30	是		

表 3-7　"成绩"表结构

字段名	字段类型	长度	是否为空	主键	索引
学号	文本	15	否	√	
课程编号	文本	15	否	√	
分数	数字	单精度型	是		

项目二 创 建 表

设计好表结构,接下来让我们开始创建表。Access 2010 提供了以下几种方法来创建表;通过空白表的方式创建表;通过表设计视图创建表;通过导入外部文件创建表;根据表模板创建表;使用 Sharepoint 列表创建表。

单击"创建"选项卡,可以看到如图 3-1 所示的"表格"组,包括各种创建表的按钮。下面通过 5 个任务来介绍创建表的方法。

图 3-1 "表格"组

任务一 使用空白表创建表

📖 任务描述

用户可以利用空白表的创建方式,一步一步向表中添加和定义字段。下面通过具体实例介绍如何使用空白表创建"学生"数据表。

📖 任务分析

在实施任务之前,先让我们熟悉"创建"选项卡上"表格"组中的"表"按钮功能。接着通过具体实例学会使用空白表创建数据表。

📖 知识链接

单击"创建"选项卡上"表格"组中的"表"按钮,在 Access 2010 应用程序功能区增加一个"表格工具"选项卡,包含"字段"和"表"两个子选项卡,如图 3-2 和图 3-3 所示。

图 3-2 "表格工具"中的"字段"选项卡

图 3-3 "表格工具"中的"表"选项卡

1."字段"选项卡的功能介绍

下面简要介绍"表格工具"中"字段"选项卡上不同组中常用的功能。

①"视图"按钮组:单击该按钮的下拉列表,有"数据表视图"和"设计视图"两种选择,"数据表视图"选项是用于浏览和编辑数据,"设计视图"选项是用于设计和修改表结构。

②"添加和删除"按钮组:主要是用于添加或删除不同数据类型的字段。

③"属性"按钮组:主要是用于设置字段的属性。

④"格式"按钮组:主要是用于设置字段的数据类型。

⑤"字段验证"按钮组：主要是用于设置字段的数据验证。

2."表"选项卡的功能介绍

下面简要介绍"表格工具"中"表"选项卡上不同组中常用的功能。

① 表格属性按钮：主要是用于排序依据和筛选依据的设置。

②"前期事件"按钮组：主要是用于编写或调用一个数据宏程序，使其发生在表记录的删除或更改事件之前立即运行。

③"后期事件"按钮组：主要是用于编写或调用一个数据宏程序，使其发生在表记录的插入、更新、删除这三种事件中的任一种事件之后运行。

④"已命名的宏"按钮组：主要是用于创建新的宏、调用或删除已有的宏。

⑤"关系"按钮组：主要是用于创建表与表之间的关联关系。

📖 **任务设计**

1.创建"学生"表结构

在"教学信息管理系统"数据库中，根据表3-3所示的"学生"表结构，使用空白表创建表的方法来创建学生表。其操作步骤如下。

① 打开"教学信息管理系统"数据库，单击"创建"选项卡上"表格"组中的"表"按钮，将会创建名为"表1"的新表，并在"数据表视图"中打开，如图3-4所示。

 说明

ID 字段默认数据类型为"自动编号"。

② 选择"ID"字段列，单击"字段"选项卡上"属性"组中的"名称和标题"按钮，打开"输入字段属性"对话框，如图3-5所示。在"名称"文本框中输入"学号"，单击"确定"按钮完成字段的定义；或者双击"ID"字段列，直接输入"学号"即可。

图3-4　创建空白表　　　　　图3-5　"输入字段属性"对话框

③ 在字段列上单击"单击以添加"下拉列表，选择"文本"数据类型，Access 自动添加一个名称为"字段1"的新字段，将字段名重命名为"姓名"。

④ 重复步骤③，依次输入"性别"、"民族"、"籍贯"，"政治面貌"、"出生日期"、"专业"、"系编号"、"照片"、"E-mail"等字段，结果如图3-6所示。

图3-6　"设置字段名称"窗口

⑤ 单击"快速访问工具栏"中的"保存"按钮，打开如图 3-7 所示的"另存为"对话框。在在表名称文本框中输入"学生"，单击"确定"按钮，完成"学生"表的创建。此时，在 Access 导航窗格的表对象列表中会显示"学生"表。

图 3-7 "另存为"对话框

任务二 使用设计视图创建表

📖 任务描述

使用空白表创建表的方法虽然简单、直接，但是不灵活，而使用设计视图创建表是一种十分灵活、方便的方法，也是创建表的最常用方法。一般较复杂的表都是在设计视图中创建的。下面通过具体实例介绍如何使用设计视图创建"教师"表。

📖 任务分析

在实施任务之前，先让我们熟悉"设计"选项卡上各选项的功能。接着通过具体实例学会使用设计视图创建数据表。

📖 知识链接

单击"创建"选项卡上"表格"组中的"表设计"按钮，Access 2010 应用程序功能区会增加一个"设计"选项卡，如图 3-8 所示。

图 3-8 "设计"选项卡

下面简要介绍"设计"选项卡上不同组中常用的功能。

① "视图"按钮组：单击该组按钮的下拉列表，有"数据表视图"、"数据透视表视图"、"数据透视图视图"和"设计视图"4 个选项。

- "数据表视图"：主要是用于浏览、编辑和修改表中的数据。
- "数据透视表视图"：主要是用于按照不同的方式组织和分析数据。
- "数据透视图视图"：主要是用于图形的方式显示数据。
- "设计视图"：主要是用于创建和修改表的结构。

② "工具"按钮组：主要是用于数据表主键的设置、有效性规则的设置、字段的插入和删除等。

③ "显示/隐藏"按钮组：主要是用于显示和隐藏属性表。

④ "字段、记录和表格事件"按钮组：主要是用于创建或删除数据宏。

⑤ "关系"按钮组：主要是用于创建表与表之间的关联关系。

📖 任务设计

1. 创建"教师"表结构

根据表 3-4 所示的"教师"表结构，使用设计视图创建教师表。其操作步骤如下。

① 打开"教学信息管理系统"数据库,单击"创建"选项卡上"表格"组中的"表设计"按钮,将会创建名为"表1"的新表,并在"设计视图"中打开,如图3-9所示。

图3-9 "设计视图"窗口

② 在"字段名称"列中输入字段名;在"数据类型"中选择相应的数据类型;在"常规"选项卡中设置字段大小,依据表3-4所示的表结构,创建好的表结果如图3-10所示。

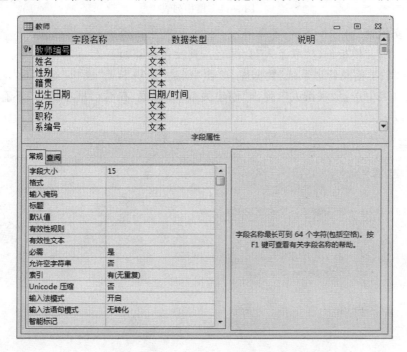

图3-10 "教师"表的设计视图

③ 设置主键。选择"教师编号"字段,右击,在弹出的快捷菜单中选择"主键"命令;或者单击"设计"选项卡上"工具"组中的"主键"按钮,在教师编号字段的选定器上显示钥匙图形。

④ 单击保存按钮,以"教师"为数据表名称保存表。

任务三 使用模板创建表

📖 任务描述

使用模板创建数据表是一种快速建表的方式,这是由于Access在模板中内置了一些常见的模板示例表,虽然运用模板创建表要比其他方式更加方便和快捷,但是局限性很大。

📖 **任务分析**

在 Access2010 中提供了联系人、批注、任务、问题、用户等模板选项,这些模板表中都包含了足够多的字段名,用户可以根据需要在数据表中添加和删除字段。

📖 **知识链接**

单击"创建"选项卡上"模板"组中的"应用程序部件"按钮,模板列表在"快速入门"列表中,如图 3-11 所示。其中就包括"联系人"、"批注"、"任务"、"问题"、"用户"模板。

图 3-11　模板列表

📖 **任务设计**

根据"联系人"模板创建"联系人"数据表。其操作步骤如下。

① 打开"教学信息管理系统"数据库,单击"创建"选项卡上"模板"组中的"应用程序部件"按钮,从列表中选择"联系人",弹出"创建关系"对话框,在对话框中选择"不存在关系",如图 3-12 所示。

图 3-12　创建模板表

② 单击"创建"按钮,在"导航"窗格中会显示有关"联系人"表的对象以及窗体对象,可

以通过设计视图查看或修改"联系人"表结构，如图 3-13 所示。

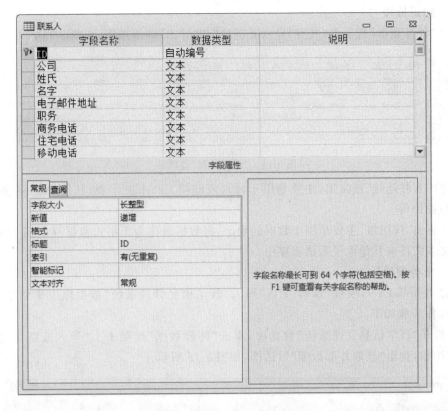

图 3-13　"联系人"表结构视图

任务四　通过导入或连接方式创建表

📖 任务描述

在 Access2010 中，可以通过导入或链接到其他存储位置上的外部数据来创建表。例如可以导入或链接到 Excel 工作表、Windows SharePoint Services 列表、XML 文件、其他 Access 数据库、Microsoft Office Outlook 文件夹等文件中的数据。

📖 任务分析

数据共享是加快信息流通，提高工作效率的要求。Access 提供的导入和链接功能就是用来实现数据共享的工具。

导入数据是指在当前数据库的新表中创建外部数据源的副本。当外部数据源发生变化时（例如修改或删除数据）不会影响已经导入的数据，反之，对导入的数据更改时也不会影响外部数据源。

链接数据是指在当前数据库中创建一个链接表，该链接表与其他位置所存储的数据建立一个活动链接。更改链接表中的数据时，会同时更改数据源中的数据；反之，更改数据源的数据时，同时也会更改链接表。当用户要使用链接表时，都必须能够连接到数据源，否则就不能使用。应注意的是，用户不能更改链接表的设计。

在实施任务之前，先让我们熟悉"外部数据"选项卡上的各项功能。接着通过具体实例学会使用导入和链接方式创建数据表。

📖 **知识链接**

单击"外部数据"选项卡,共有"导入并链接"和"导出"两组按钮,如图 3-14 所示。

图 3-14 "外部数据"选项卡

① "导入并连接"按钮组:主要是用于导入或链接 Excel 工作表、其他 Access 数据库、ODBC 数据库等。

② "导出"按钮组:主要是用于数据的导出,将数据表作为无格式数据导出到 Microsoft Excel、文本文件或其他电子表格程序中。

📖 **任务设计**

通过将外部 Excel 文件"课程. xlsx"导入"教学信息管理系统"数据库中来创建"课程"表。其操作步骤如下。

① 打开"教学信息管理系统"数据库,单击"外部数据"选项卡上"导入或链接"组中的"Excel"按钮,弹出"获取外部数据"对话框,如图 3-15 所示。

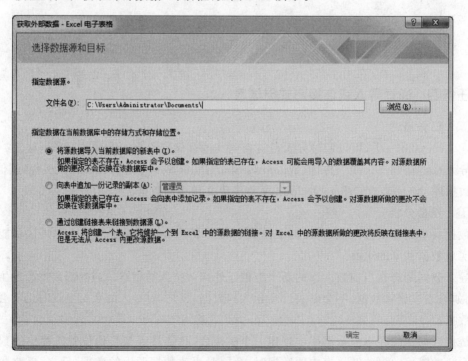

图 3-15 "获取外部数据"对话框

② 在对话框中,有两个指定:第一指定要导入或链接的数据源;第二指定数据在当前数据库中的存储方式和存储位置,即导入或链接方式。

在本例中,首先单击"浏览"按钮,弹出如图 3-16 所示的"打开"对话框,在该对话框中,从指定数据源中选择要导入的数据文件"课程.xlsx";然后选择第一个单选按钮来指定数据导入方式。

图 3-16　"打开"对话框

③ 单击"确定"按钮,弹出"请选择合适的工作表或区域"对话框,显示当前"课程.xlsx"文件中的工作表数据,如图 3-17 所示。

图 3-17　"选择工作表"对话框

④ 单击"下一步"按钮,弹出"请确定指定第一行是否包含列标题"对话框,选中"第一行包含标题"复选按钮,如图 3-18 所示。

图 3-18　"指定第一行包含列标题"对话框

⑤ 单击"下一步"按钮,弹出"修改字段名称及数据类型设置"对话框,在"字段选项"框内可以为每一个字段修改字段信息,包括字段名称、数据类型等,如图 3-19 所示。

图 3-19　"修改字段名称及数据类型"对话框

依据表 3-5 所示的"课程"表结构,在数据区内单击"课程名称",字段名称为"课程名称",类型为"文本",索引为"有(无重复)",依次设置其他字段。

⑥ 单击"下一步"按钮,弹出"为新表定义一个主键"对话框,选择"我自己选择主键"选项,并在右边的下拉列表框中选择"课程编号"为主键,如图 3-20 所示。

图 3-20　"定义主键"对话框

⑦ 单击"下一步"按钮,弹出"保存新表"对话框,在"导入到表"文本框中输入"课程",单击"完成"按钮,则在数据库的所有对象中添加一个新的"课程"表对象。如图 3-21 所示。

图 3-21　"保存导入表"对话框

项目三　设置字段属性

一个好的数据库管理系统,关键是要确保所输入数据的完整性和准确性,Access 提供了很多验证输入数据有效性的手段。

数据类型通常属于第一层验证。数据表中每个字段的数据类型限制用户可以输入哪些数据。例如,日期/时间型字段只接受日期和时间数据,货币型字段只接受货币数据等。

字段属性属于第二层验证。比如设置字段大小、输入掩码、有效性规则等属性。例如,姓名字段的字段大小为 20,则表示该字段最多只接受 20 个字符。

表设计器的下半部分都是用来设置数据表的"字段属性",分为常规属性和查阅属性两种。常规属性包括字段大小、格式、输入法模式、标题等,其中字段大小、格式和索引是 3 个最基本的属性,也是常用的属性;查阅属性主要是利用控件来实现数据的输入。

Access 为每一个字段指定一些默认属性,用户可以改变这些属性。字段的常规属性选项卡如表 3-8 所示。

表 3-8　字段的常规属性选项卡

属性	说明
字段大小	设置文本、数字和自动编号类型的字段中数据的范围,可设置的最大字符数为了 255
格式	控制显示和打印数据格式,选项预定义格式和输入自定义格式
小数位数	指定数据的小数位数,默认值为"自动",范围为 0~15
输入掩码	用于指导和规范用户输入数据的格式
标题	在各种视图中,可以通过对象的标题向用户提供帮助信息
默认值	指定数据的默认值,自动编号和 OLE 数据类型无此项属性
有效性规则	一个表达式,用户输入的数据必须满足该表达式
有效性文本	当输入的数据不符合有效性规则时,要显示的提示性信息
必需	该属性决定是否出现 Null 值
允许空字符串	决定文本和备注字段是否可以等于零长度字符("")
索引	决定是否建立索引及索引的类型
输入法模式	确定当焦点移至该字段时,准备设置的输入法模式
Unicode 压缩	指定是否允许对该字段进行 Unicode 压缩

任务一　设置字段大小和格式

📖 任务描述

字段大小是指存放该字段内容所需的存储空间,用户根据实际情况设定,原则上是不溢出、不浪费。字段格式是用来限制字段数据在数据表视图中的显示格式,只影响数据的显示和打印,而不影响数据在表中的存储。

📖 任务分析

设置字段大小和格式之前,先掌握字段大小和格式相关的设置说明,然后通过实例学会设置字段大小和格式。

📖 知识链接

1. 字段大小

字段大小主要是限制"文本"、"数字"或"自动编号"3 种数据类型所存储数据的取值范围。

① 文本类型的字段大小范围为 1~255 个字符,系统默认值为 255。

② 自动编号的字段大小可设置为"长整型"或"同步复制 ID"。

③ 数字类型的字段大小的设置及其值的关系如表 3-9 所示,系统默认是长整型。

表 3-9　数字型字段大小的属性取值

设置	说明	小数精确度	存储空间大小
字节	0～255 且无小数位的数字	无	1 个字节
整型	−32 768～32 767 且无小数位的数字	无	2 个字节
长整型	−2 147 483 648～2 147 483 647 且无小数位的数字	无	4 个字节
单精度型	负值:−3.402 823 E38～−1.401 298 E−45 正值:1.401 298 E−45～3.402 823 E38	7	4 个字节
双精度型	负值:−1.797 693 134 86E 308～−4.940 656 458 4E−324 正值:4.940 656 458 4E−324～1.797 693 134 86E 308	15	8 个字节
同步复制 ID	全局唯一标识符（GUID）（GUID:在 Access 数据库中,一种用于建立同步复制唯一标识符的 16 字节字段。GUID 用于标识副本、副本集、表、记录和其他对象。在 Access 数据库中,GUID 是指同步复制 ID。）	不适用	16 个字节

2. 字段格式

字段格式是用来设置文本、数字、日期和是/否型字段的数据显示或打印格式,如表 3-10 所示列出了 Access 2010 提供的所有格式类型。

表 3-10　常用数据类型的字段格式

类型	格式类型与示例
文本/备注型	@:要求文本字符（字符或空格） &:不要求文本字符
数字/货币型	常规数字（默认值）:3 456.789
	货币:¥3 456.789
	美元:＄3 456.789
	固定:3 456.79
	标准:3 456.79
	百分比:123.00％
	科学计数:3.46E＋03

续 表

类型	格式类型与示例
日期/时间型	常规日期(默认设置):2013/8/12 10:40:30
	长日期:2013 年 8 月 12 日
	中日期:13-08-12
	短日期:2013/8/12
	长时间:10:40:30
	中时间:上午 10:40
	短时间:10:40
是/否型	真/假:True(−1)/False(0)
	是/否:Yes(−1)/No(0)
	开/关:On(−1)/Off(0)

📖 **任务设计**

根据"教学信息管理系统"数据库,将"学生"表中"学号"的字段大小设置为 15;"姓名"的字段大小设置为 10;"性别"的字段大小设置为 2;"出生日期"字段的格式设置为"长日期"。其操作步骤如下。

① 在"教学信息管理系统"数据库窗口中,以"设计视图"打开"学生"表,如图 3-22 所示。

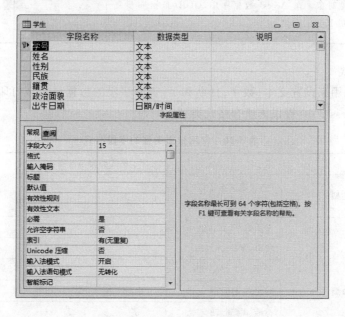

图 3-22 "学生"表设计视图

② 在设计视图窗口中,单击"学号"字段行,然后在"常规"选项卡的字段大小中输入 15,依次为姓名和性别字段设置字段大小为 10 和 2。

 说明

一般情况下字段大小根据实际情况设置,避免产生多余的存储空间,例如中文姓名最长

5个汉字,所以设置字段大小为10。

③ 在设计视图窗口中,单击"出生日期"字段行,然后在"常规"选项卡中选择"格式"属性,单击右侧下拉列表箭头,从列表框中选择"长日期"格式,保存设计视图。通过格式属性设置可以使数据的显示美观一致。

任务二 设置字段输入掩码

📖 任务描述

在数据库管理工作中,有时常常要求以指定的格式和长度输入数据,例如输入邮政编码、身份证号码、电话号码等,既要求以数字的形式输入,又要求输入完整的位数,不能多也不能少。Access提供的输入掩码就可以实现上述要求。

📖 任务分析

Access提供了预定义输入掩码模板和自定义输入掩码。对于一些常用的邮政编码、身份证号码和日期等,可以直接使用预定义方式设置,如果预定义没有,可以采用自定义方式设置。

设置输入掩码的最简单方式是使用Access提供的"输入掩码向导"指定输入掩码格式,可以保证输入数据的格式正确,避免输入数据时出现错误。

📖 知识链接

输入掩码是指使用字符和符号为字段中的数据输入提供一种固定格式,规范用户输入数据,还可以控制文本框以及组合框控件的输入值。

定义输入掩码属性时所使用的字符及含义如表3-11所示。

表3-11 输入掩码属性所使用的字符含义

字符说明	含义
0(数字)	必选项;必须输入数字0~9(不允许使用号(+)和减号(一))
9(数字或空格)	非必选项;可以输入一个数字或者空格,不允许使用加号和减号
#(数字或空格)	非必选项;可以输入一个数字或者空格,也可以不输入内容;空白将转换为空格,允许使用加号和减号
L(字母)	必选项;必须输入一个字母A~Z
?(字母)	可选项;可以输入一个字母A~Z
A(字母或数字)	必选项;必须输入一个字母或者数字
&(任一字符或空格)	必选项;必须输入一个字符或者空格
C(任一字符或空格)	可选项;可以输入一个字符或者空格;也可以不输入内容
. ,:;-/	小数点占位符、千位、日期和时间分割符
<	将所有的字符转换为小写
>	将所有的字符转换为大写
!	输入掩码从右到左显示,而不是从左向右的。可以在输入掩码的任意位置包含叹号
\	使其后的字符显示为原义字符。可用于将该表中的任何字符显示为原义字符(例如:\A显示为A)
密码(Password)	将"输入掩码"属性设置为"密码",以创建密码项文本框。文本框中键入的任何字符都按字面字符保存,但显示为星号(＊)

输入掩码示例如表 3-12 所示。

表 3-12　输入掩码的示例

输入掩码定义	允许值示例
(000)000-0000	(020)253-5678
(999)999－999	(020)253-5678 (　　)253－5678
(000)AAA-AAA	(020)tel-5678
(999)999-9999	(020)253-5678
(000)AAA-AAAA	(　　)253-5678
>L0L0	A5C9
ISBN 0-&&&&&&&&&-0	ISBN 7-302-18926-8 ISBN 7-302-21185-3

📖 任务设计

1. 使用预定义输入掩码

根据"教学信息管理系统"数据库，使用输入掩码向导为"教师"表中的"出生日期"字段设置"长日期"掩码格式。其操作步骤如下。

① 在"教学信息管理系统"数据库窗口中，以"设计视图"打开"教师"表，如图 3-23 所示。

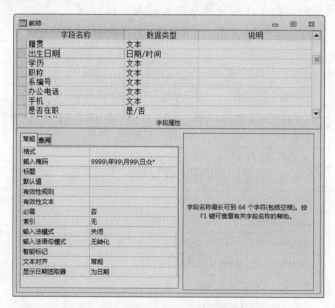

图 3-23　"教师"表设计视图

② 在设计视图中，单击"出生日期"字段行，然后在"常规"选项卡中选择"输入掩码"属性，单击文本框右侧的⋯按钮，弹出"输入掩码向导"对话框，在掩码列表中选择"长日期(中文)"选项，如图 3-24 所示。

③ 单击"下一步"按钮，弹出"是否更改输入掩码"对话框，在"占位符"下拉列表框中选择"＊"号作为占位符，单击"尝试"文本框可以来验证输入掩码的有效性，如图 3-25 所示。

④ 单击"完成"按钮,生成输入掩码,并添加到输入掩码属性文本框中,见图3-23。

⑤ 最后保存表设计视图。

图3-24　选择"输入掩码列表"　　　　　　　　图3-25　设置"掩码占位符"

2. 使用自定义输入掩码

根据"教学信息管理系统"数据库,使用自定义输入掩码为"手机号码"字段设置11位数字掩码。其操作步骤如下。

① 在"教师"表的设计视图中,单击"手机"字段行,然后在"常规"选项卡中选择"输入掩码"属性,单击文本框右侧的 ⋯ 按钮,弹出"输入掩码向导"对话框,如图3-26所示。

② 在对话框中,单击"编辑列表"按钮,打开"自定义'输入掩码向导'"对话框,在下部导航条中单击" ▶* (新空白记录)"按钮,生成一条空白记录。

在"说明"文本框中输入"手机号码";在"输入掩码"文本框中输入"00000000000";在"示例数据"文本框中输入"13800000000",如图3-27所示。

图3-26　"输入掩码向导"对话框　　　　　图3-27　自定义"输入掩码向导"对话框

③ 单击"关闭"按钮,此时自定义的"手机号码"会添加到掩码列表,如图3-28所示。

④ 在输入掩码列表中选择"手机号码",单击"完成"按钮,生成输入掩码,并添加到输入掩码属性文本框中,如图3-29所示。

⑤ 最后保存表设计视图。

图 3-28 "输入掩码向导"列表显示

图 3-29 "教师"表设计视图

 说明

如果某个字段定义了输入掩码,同时又设置了格式属性,则格式属性在数据显示时优先于输入掩码的设置。

任务三 设置有效性规则和有效性文本

📖 **任务描述**

在数据库管理工作中,有时还要求某些数据满足一定的范围规则,例如学生的成绩只能在[0,100]之间,如果超出取值范围,数据就没有实际意义。Access 提供的有效性规则和有效性文本可用来实现对数据的规则设置。

"有效性规则"用于指定对输入到记录、字段或控件中的数据的要求。当用户在字段中输入数据时,通过字段有效性规则属性可以检查所输入的字段值是否符合要求。

📖 **任务分析**

规则是指限制性条件,当输入的内容不符合规则时,系统就会给出相应的错误提示信息。Access 提供了有效性规则和有效性文本两种属性。

有效性规则是指用于限制用户输入的数据必须满足表达式。当输入的数据违反了"有效性规则",则根据"有效性文本"的内容提示相应信息。

📖 **知识链接**

有效性规则主要是通过条件表达式来实现。

条件表达式主要由运算符和操作数构成,常用的运算符如表 3-13 所示。

有效性文本主要是配合有效性规则使用的,如果违反了有效性规则,给出明确的提示性信息。

有效性规则和有效性文本的示例如表 3-14 所示。

表 3-13 运算符的说明

运算符	说明
＜	小于
＜＝	小于等于
＞	大于
＞＝	大于等于
＝	等于
＜＞	不等于
In	所输入数据必须等于列表中的任意成员
Between	"Between A and B"表示所输入的值必须介于 A 和 B 之间
Like	必须符合与之匹配的标准文本样式

表 3-14 有效性规则和有效性文本的示例

有效性规则	含义	有效性文本
＞＝♯1980-1-1♯	1980 年 1 月 1 日以后出生的	日期只能输入 1980 年 1 月 1 日以后出生的
＜＞0	不等于 0	请输入一个非零值
＞＝0and＜＝100 或 Between 0 and 100	在[0,100]之间	输入的值必须是 0 到 100 之间的数
Is not NULL	不允许为空	不允许空值
Like"数据库＊"	字符串任何位置含有"数据库"字样	字段值必须包含"数据库"的字符串

📖 任务设计

根据"教学信息管理系统"数据库,为"成绩"表中的"分数"字段设置有效性规则:要求分数在[0,100],如果不符合规则,则给出相应的提示信息。其操作步骤如下。

① 在"教学信息管理系统"数据库中,以"设计视图"打开"成绩"表。

② 在视图中单击"分数"字段行,然后在"常规"选项卡中选择"有效性规则",单击文本框右侧的 按钮,弹出"表达式生成器"对话框,如图 3-30 所示。

图 3-30 "表达式生成器"对话框

③ 在表达式文本框中输入:分数≥0 and 分数≤100 或者分数 Between 0 and 100,单击"确定"按钮,即生成条件表达式;在"有效性文本"属性文本框中输入:分数只能在 0～100 之间,请重新输入。如图 3-31 所示。

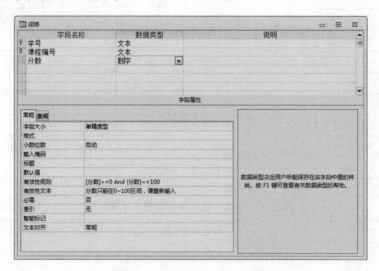

图 3-31 "教师"表设计视图

④ 最后保存表设计视图。

如果表中有数据,则会根据新的有效性规则进行测试,不符合规则时系统会弹出消息框,询问用户是否坚持使用新的有效性规则,如图 3-32 所示。单击"是"按钮,则根据新规则对表中已有数据进行测试。

如果在"分数"字段中输入 0～100 区间外的数值,就会弹出信息提示框,如图 3-33 所示。

图 3-32 "询问用户是否坚持使用新的有效性规则"对话框   图 3-33 "错误"提示框

说明

在表达式中所涉及的任何符号一律采用英文符号,如果是中文符号,系统自动生成错误的表达式。

任务四 设置标题和默认值

📖 任务描述

在数据库设计中为了保持数据维护的便利性,表的字段名通常比较简短,为了使字段名的意义更加明确,可以通过标题来作为字段列显示的文本。而默认值是为了提高输入数据的效率。

📖 任务分析

在设计数据表字段时,字段名称通常采用中文或英文命名的简写,用户可以通过"标题"

属性为字段设置显示文本。而在输入数据时,经常会遇到某些字段的值是相同的,用户可通过默认值来提高输入数据的效率。例如,"性别"字段的值只有"男"和"女",如果男生人数较多的情况下,可设置默认值为"男",当输入性别时,系统自动填入"男",对于少数女生信息则只需进行修改即可。

📖 **知识链接**

标题是字段的别名,如果设置了标题,表和查询字段列的显示文本就是标题;如没有设置标题,表和查询字段列的显示文本就是字段名称。

默认值是指在数据表中增加新记录时在相应的字段里自动填充"默认值"所指定的数据,默认值可以是常量或表达式,表达式的值一定要与数据类型相匹配。

📖 **任务设计**

根据"教学信息管理系统"数据库,设置"学生"表中"性别"字段的默认值为"男";标题为"SEX"。其操作步骤如下。

① 在"教学信息管理系统"数据库中,以"设计视图"打开"学生"表。

② 在视图中单击"性别"字段行,然后在"常规"选项卡中选择"默认值"属性,在对应的文本框中输入"男";在"标题"属性文本框中输入"SEX",如图 3-34 所示。

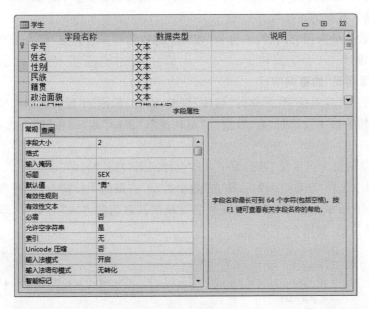

图 3-34　设置"默认值"和"标题"

③ 最后保存表设计视图,打开的数据表视图如图 3-35 所示。

图 3-35　"标题"设置的结果显示

任务五　设置查阅字段

📖　任务描述

在数据库管理工作中,数据的冗余是不可避免的。这些冗余体现在不同表之间存在相同的字段。例如,"学生"表中有学生的学号,"成绩"表中同样也有学号字段,而该字段的值应该是来自学生表中学号的值;同一个表内,字段内也会出现大量重复的数据,例如,"性别"字段的值为"男"和"女"。这些数据在输入的过程中,不仅繁琐,且容易造成数据的不一致性,破坏数据的完整性。

Access 提供了查阅属性功能,该属性是使用列表框或组合框进行数据的选择性输入,即方便输入,又保证了数据的一致性,减少了错误数据的输入。

📖　任务分析

实现查阅属性的最简单方法是通过将"字段"的数据类型设置为"查阅向导"。

📖　知识链接

"查阅向导"是一种建立在某个数据集合中选择数据值的关系,当设置完字段的查阅属性后,该字段输入数据时就可以直接从一个列表中选择数据,这样既加快了数据输入的速度,又保证了输入数据的正确性。

查阅字段数值的来源有两种:来自表/查询中的数值和来自创建"值列表"的数值。

📖　任务设计

1. 创建"值列表"的查阅字段

在"教学信息管理系统"数据库的"教师"表中,设置"职称"字段的数据类型为查阅向导,以实现用户在输入该字段值时,有"教授"、"副教授"、"讲师"和"助教"四个选项供选择。其操作步骤如下。

① 在"教学信息管理系统"数据库中,以"设计视图"打开"教师"表。

② 在视图中选择"职称"字段行,单击"数据类型"右侧的下拉箭头,在列表中选择"查阅向导",如图 3-36 所示。弹出"请确定查阅字段获取其数值的方式"对话框,选择"自行键入所需的值"单选按钮,如图 3-37 所示。

图 3-36　"查阅向导"数据类型　　　　　　　图 3-37　确定查阅字段数据来源

③ 单击"下一步"按钮,弹出"请确定在查阅字段中显示哪些值"对话框,在列表中依次输入"教授、副教授、讲师、助教",如图 3-38 所示。

④ 单击"下一步"按钮,弹出"请为查阅字段指定标签"对话框,在"指定标签"文本框中输入"职称",如图 3-39 所示。

图 3-38　输入查阅字段的数据值　　　　图 3-39　为查阅字段指定标签

⑤ 单击"完成"按钮完成设置,在字段属性中"查阅"属性会显示设置的结果,如图 3-40 所示。

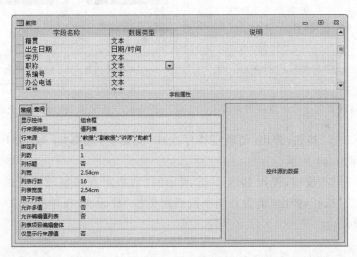

图 3-40　查阅属性结果

完成设置后,在教师的数据表视图中,职称字段值的右侧会增加下拉列表,单击下拉列表进行职称列表的选择。如图 3-41 所示。

图 3-41　查阅字段的显示效果

2. 设置来自"表/查询"的查阅字段

在"教学信息管理系统"数据库的"成绩"表中,设置"学号"字段为查阅向导,数据来源于"学生"表的学号字段值。其操作步骤如下。

① 在"教学信息管理系统"数据库中,以"设计视图"打开"成绩"表。

② 在视图中选择"学号"字段,单击"数据类型"右侧的下拉箭头,在列表中单击"查阅向导",弹出"请确定查阅字段获取其数值的方式"对话框,选中"使用查询字段获取其他表或查询中的值"单选按钮,见图 3-37 所示。

③ 单击"下一步"按钮,弹出"请选择为查阅字段提供数值的表或查询"对话框,在列表框中选择"表:学生",如图 3-42 所示。

④ 单击"下一步"按钮,弹出"选定学生的哪个字段值变成查阅字段中的列"对话框,在"可用字段"列表框中选择"学号",单击 按钮或者双击"学号"列表项,将"学号"字段添加到"选定字段"列表框中,即选中数据来源的列,如图 3-43 所示。

图 3-42 选择查询字段的数据表来源　　　图 3-43 选定源表中列作为查阅字段中的列

⑤ 单击"下一步"按钮,弹出"请确定排序次序"对话框,选择"学号"为升序作为显示的数据值排序,如图 3-44 所示。

⑥ 单击"下一步"按钮,弹出如图 3-45 所示的"请指定查阅字段中列的宽度"对话框。直接单击"下一步"按钮,弹出"请为查阅字段指定标签"对话框,在标签的文本框中输入"学号",如图 3-46 所示。

图 3-44 确定排序次序　　　　　　　图 3-45 指定查阅字段中列的宽度

⑦ 单击"完成"按钮,弹出"创建关系之前必须先保存该"对话框,如图 3-47 所示。单击"是"按钮,设置完成,则在字段属性中"查阅"属性会显示设置的结果,如图 3-48 所示。

图 3-46　为查阅字段指定标签　　　　　　图 3-47　提示信息

图 3-48　"查阅"属性会显示设置的结果

说明

创建从表或查询中查阅数据,实际上是在两个表之间建立关系。查阅的数据来源其实就是一条 SQL 查询语句,有关查询将在模块四中作详细介绍。

任务六　设置主键和索引

📖　任务描述

Access 数据库中的表是依据关系模型设计的,每个表分别反映现实世界中某个具体实体集的信息,如果想将这些现实中存在关系的表连接起来,就必须建立关系。关系的建立是以主键或索引为依据的。

📖 **任务分析**

主键主要是用来唯一标识一条记录，也是用来和其他表进行关联的。而索引是帮助 Access 快速查找和排序记录，如果没有建立索引，数据库系统只能按照顺序查找所需要的记录。

📖 **知识链接**

1. 主键

主键（Primary Key）是表中的一个或多个字段的集合，这些字段值可以唯一地标识表中每一条记录。当字段被设置为主键，其值不能为空，也不能重复，并且不能随意修改其值。

在 Access 中可以定义 3 种类型的主键："自动编号"主键、单字段主键和多字段主键。

（1）"自动编号"主键

当向表中添加每一条记录时，可将"自动编号"字段设置为自动输入连续数字的编号。如果在保存新表之前没有设置主键，则 Access 会询问是否要创建主键，如果单击"是"按钮，将创建"自动编号"字段并将其设置为主键。

（2）单字段主键

如果数据表中包含有唯一值的字段，例如"学生"表中的"学号"字段，则可以将该字段作为主键。如果选择的字段有重复值或 Null 值，Access 将不会设置其为主键。

 说明

如果通过编辑数据仍然不容易消除这些重复项，可以添加一个自动编号字段并将它设置为主键或定义多字段主键。

（3）多字段主键

在不能保证任何单字段包含唯一值时，可以将两个或多个字段的组合作为主键。这种情况经常出现在用于多对多关系中关联另外两个表的表。例如，"成绩"表与"学生"表和"课程"表之间都有关系，因此该表的主键包含两个字段：学号和课程编号。"成绩"表列出了所有学生的所有课程的成绩，但是对于每个学生而言，每门课程只能出现一次，所以在"成绩"表中将"学号"和"课程编号"字段的组合作为主键。

2. 索引

索引简单来说就像图书的目录一样，是一个记录数据存放地址的列表。索引本身也是一个文件，一个用来专门记录数据地址的文件。查找某个数据时，先在索引中找到数据的位置。可以基于单个字段或多个字段来创建索引，多字段索引能够区分第一个字段值相同的记录。

索引的主要优点如下。

① 提高数据查询速度。

② 保证数据唯一性。

③ 加快表连接的速度。

一般对经常查询的字段、要排序的字段或要在查询中联接到其他表中的字段设置索引。表的主键将自动设置索引，而数据类型为 OLE 对象的字段则不能设置索引。

索引属性值分为有重复值和无重复值两种。

① 有重复值：指索引字段中的值允许出现重复的情况。

② 无重复值：指索引字段中的值不允许出现重复的情况。

在 Access 中，索引分为三种类型：主索引、唯一索引和常规索引。

① 主索引：只有在主键上创建的索引才是主索引，所以一个表只有一个主索引。

② 唯一索引：与主索引很相似，但是一个表可以有多个唯一索引。

③ 常规索引：主要作用就是加快查找和排序的速度，一个表可以有多个常规索引。

📖 **任务设计**

1. 设置主键

在"教学信息管理系统"数据库的"学生"表中，设置"学号"字段为主键。其操作步骤如下。

① 在"教学信息管理系统"数据库中，以"设计视图"打开"学生"表。

② 在视图中选择"学号"字段行，单击"设计"选项卡上"工具"组中的"主键"按钮，或者鼠标右击，在弹出的快捷菜单中选择"主键"命令，则选定的字段设定为主键，并在字段名前加上一个图标，如图 3-49 所示。

图 3-49 "主键"设置

 说明

如果要创建多字段主键，创建时要一次将这些字段都选中后再单击主键按钮。

2. 设置索引

在"教学信息管理系统"数据库的"学生"表中，给"姓名"字段创建索引。其操作步骤如下。

① 在"教学信息管理系统"数据库中，以"设计视图"打开"学生"表。

② 在视图中选择"姓名"字段，在字段属性的"常规"选项卡中单击"索引"属性右侧的下拉箭头，选择"有(有重复)"选项，如图 3-50 所示。

图 3-50 "学生"设计视图

③ 单击在"设计"选项卡上"显示/隐藏"组中的"索引 "按钮,弹出"索引"对话框,显示两个索引:一个是已经设置为主键的"学号"字段为主索引,在"索引名称"列默认为"PrimaryKey";另一个是名为"姓名"的常规索引,如图 3-51 所示。

图 3-51 创建"索引"对话框

④ 保存表设计视图。

 说明

索引创建成功后,索引的内容会在保存表时自动保存,其内容会根据对应数据的更改、删除或添加自动更新。

项目四 表的基本操作

Access 数据表的基本操作包括添加记录、删除记录、修改记录、查找数据、数据排序与数据筛选等操作,这些操作都是在数据表视图中进行的。

任务一 表结构的操作

📖 任务描述

在使用表之前,应该再仔细检查表的结构,查看表的设计是否合理,然后才能向表中输入数据,或者基于表创建其他数据库对象。

📖 任务分析

在数据表中,对表结构的操作可以在"设计视图"和"数据表"视图中实现。下面通过实例学习在"设计视图"中对字段的基本操作。

📖 知识链接

表结构的操作主要包括添加字段、修改字段和删除字段等操作,在修改之前必须要注意以下几点。

① 如果数据表中已经存在数据,则不能添加一个非空的字段。

② 修改字段名称并不会影响该字段的数据值,但是会影响到基于该表创建的其他数据库对象,需要在其他数据库对象中对表中该字段的引用做相应的修改才可生效。

📖 任务设计

在"教学信息管理系统"数据库中,为"学生"表添加"家庭地址"字段,字段类型为文本,大小为 50;修改"照片"字段名称为"Image"。其操作步骤如下。

①　在"教学信息管理系统"数据库中,以"设计视图"打开"学生"表。

②　在视图中,把光标定位在最后一个字段之后,或者单击"设计"选项卡上"工具"组中的"输入行"按钮,则在当前光标的位置会添加一个空字段,在字段名称中输入"家庭地址",数据类型设为"文本",字段大小设为"50"。

③　在设计视图中选择"照片"字段,直接输入"Image"新字段名,如图 3-52 所示,保存所作的修改。

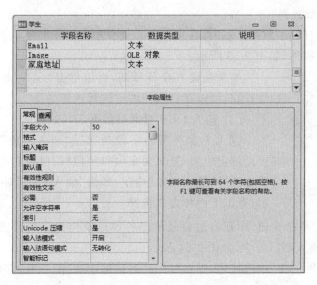

图 3-52　添加新字段

任务二　表记录的操作

📖　**任务描述**

数据表的结构只是为数据的存储制定规则,一个完整的数据表还应该拥有内容,也就是记录。记录的输入和编辑操作是数据库应用中最基本的操作。

📖　**任务分析**

记录的输入主要实现不同数据类型的数据输入,而记录的编辑涉及记录的修改、删除等操作。用户可在数据表视图中实现这些基本操作。

📖　**知识链接**

1. 添加新记录

添加新记录有下列 4 种方法。

①　直接将光标定位在表的最后一行。

②　单击"记录指示器 记录: ⁗ 第1项(共57项 ▶ ▶ ▶)"上最右侧的"新(空白)记录"按钮。

③　单击"开始"选项卡上"记录"组中的"新建"按钮。

④　将鼠标移动到某条记录的"记录选定器"上,当指针变成箭头➡时,鼠标右击,在弹出快捷菜单中选择 ▦ 新记录(W) 按钮。

2. 输入数据

添加新记录后开始输入数据,由于字段的数据类型和属性的不同,对不同的字段输入数据时会有不同的要求,输入的数据必须满足这些要求才能输入成功。

(1) 输入文本型数据

文本型数据最多只能输入 255 个字符,对于姓名、地址等常见的文本类型,应该按照比实际需要大一点来设置文本字段大小,以节约数据库的空间,例如,姓名一般设置 10 个字符大小,可容纳 5 个汉字。

(2) 输入日期型数据

当光标定位到日期型数据字段时,在字段的右侧会出现一个日期选择器图标,单击该图标将打开"日历"控件,如图 3-53 所示。

图 3-53　日期选择器

如果是输入今日日期,直接单击"今日"按钮;如果是输入其他日期,可以在日历控件中进行选择。

(3) 输入 OLE 对象型数据

OLE 对象类型的字段是通过"插入对象"的方式实现输入。当光标定位到 OLE 对象类型字段时,鼠标右击,在弹出的快捷菜单中选择"插入对象"命令,弹出"插入对象"对话框,如图 3-54 所示,有以下两种方式选择。

① 选择"新建"单选按钮,则在右边会显示出各种对象类型的列表选项,选择某种类型创建新的对象,并插入到字段中,如图 3-54 所示。

② 选择"由文件创建"单选按钮,则在"打开"对话框中选择一个已存储的外部图片文件插入到字段中,如图 3-55 所示。

图 3-54　"插入对象"对话框　　　　　　　图 3-55　"文件选择"对话框

3. 修改记录

在数据表视图中,用鼠标直接单击需要修改记录的数据时,对应的字段值会出现文本框,并在对应记录的左边会显示 标记,则表示正在修改记录。

4. 删除记录

在进行删除记录操作时,首先选中需要删除的记录,单击"开始"选项卡上"记录"组中的 按钮实现记录的删除。

如果需要同时删除多个记录且连续的,则先选中第一条记录,按住 Ctrl 键,再选择最后一条记录,然后右击鼠标,在弹出的快捷菜单中选择"删除记录"命令。

5. 查找和替换字段

在操作数据时，如果需要查找或修改多处相同的数据，用户可以使用"查找和替换"的功能来实现，这样效率更高。有下列 2 种实现方法。

① 在记录指示器的"搜索 搜索　　　"栏中，输入要查找的数据，则光标会定位到所查找的数据位置，如需替换，直接输入替换文本数据。

② 单击"开始"选项卡上"查找"组中的 🔍 和 替换 按钮，弹出"查找与替换"对话框，如图 3-56 所示。"查找内容"文本框用来输入要查找的数据；"替换为"文本框用来输入要替换查找的数据；"查找范围"列表框是用于确定在哪个字段中查找数据。在查找之前，最好把光标定位在查找的字段上，查找的效率会提高；"匹配"列表框用以确定匹配方式，包括"整个字段"、"字段的任何部分"和"字段开头"；"搜索"列表框用以确定搜索方式，包括"向上"、"向下"和"全部"3 种方式。

图 3-56 "查找/替换"对话框

📖 **任务设计**

在"教学信息管理系统"数据库的"学生"表中，添加一条新记录，其数据内容为："201206001，王红，女，汉，江西，党员，1993 年 12 月 12 日，计算机科学，09"；查找所有政治面貌为"群众"的记录并修改为"团员"；删除姓名为"杨可可"的记录。其操作步骤如下。

① 在"教学信息管理系统"数据库中，以"数据表视图"打开"学生"表。

② 单击记录指示器的 ▶ 按钮，光标会自动跳到记录的最后一行，在相应的字段位置输入记录的值。

③ 把光标定位在"政治面貌"字段上，单击 替换 按钮，弹出"查找与替换"对话框，在"查找内容"文本框里输入"群众"，在"替换为"文本框里输入"团员"，"查找范围"选择当前字段，"匹配"选择整个字段，然后单击"全部替换"按钮。弹出"不能撤消该替换操作"对话框，如图 3-57 所示。单击"确定"按钮，实现所有的替换，并在状态栏上会显示共替换多少次。

图 3-57 "不能撤消替换操作"对话框

④ 利用"查找"功能，查找到姓名为"杨可可"的记录，单击"开始"选项卡上"记录"组中的 ✕ 删除 ▾ 按钮，弹出"确定要删除记录"对话框。单击"是"，完成删除。

任务三　数据的排序与筛选

📖 **任务描述**

数据表主要是用来存放数据,如何在海量的数据中查看所需的数据呢?假如想查看成绩表中的最高分或者查看不及格的学生信息等,我们可以利用排序和筛选来实现。

📖 **任务分析**

排序是一种组织数据的方式,是指按一定规则对数据进行整理、排列。一个好的排序方法可以有效提高排序速度,提高排序效果。在数据表中默认是以表中定义的主关键字段排序,如果表中没有主关键字段,则以输入的次序排序记录。

筛选是指对记录进行筛选,选择符合准则的记录。准则是一个条件集,用来限制某个记录子集的显示。从意义上来讲也就是查询的一种。

📖 **知识链接**

在"开始"选项卡上"排序和筛选"组中提供了 Access 的排序和筛选的功能,如图 3-58 所示。

图 3-58　"排序和筛选"组

（1）排序及其方式

排序分为升序 ![升序图标] 和降序 ![降序图标] 两种方式。

排序是根据当前表中的一个或多个字段的值对整个表中的所有记录进行重新排列。排序时可按升序或降序排序。

排序记录时,不同的字段类型,排序规则有所不同,具体规则如下。

① 英文按字母顺序排列,大、小写视为相同,升序时按 A～Z 排序,降序时按 Z～A 排序。

② 中文按拼音字母的顺序排列,升序时按 A～Z 排序,降序时按 Z～A 排序。

③ 数字按数字的大小排序,升序时从小到大排序,降序时从大到小排序。

④ 日期和时间字段,按日期的先后顺序排序,升序时按从前到后的顺序排序,降序时按从后向前的顺序排序。

若要对多个字段排序,应先在设计网格中按照希望排序执行的次序来排列字段。Access 首先对最左侧字段排序,当该字段具有相同值时,然后对其右侧的下一个字段排序,以此类推。直到按全部指定的字段排好序为止。

在保存数据表时,Access 将保存该排序次序,并在重新打开数据表时,自动重新应用排序。也可以通过单击 ![取消排序图标] 按钮取消排序,数据表恢复默认排序。

（2）筛选

筛选是在众多的记录中只显示满足条件的数据记录而把其他记录隐藏起来。包括以下4 种筛选方式。

① 筛选器:提供了一种灵活的方式,根据选定的字段列中所有不重复的值以列表显示出来,用户可以逐个选择需要的筛选内容。筛选列表取决于所选字段的数据类型和值。

② 选择筛选:提供了用户筛选的字段值,该值由光标所在的位置来决定。选择筛选又细分为"等于"、"不等于"、"包含"和"不包含"筛选。

③ 按窗体筛选:是一种快速筛选方式,使用它不需要浏览整个数据表的记录,且可以同时对多个字段值进行筛选。

④ 高级筛选：是一种多条件的筛选，可以筛选出复杂的条件记录。筛选条件就是一个条件表达式。

在设置筛选后，如果不再需要筛选时应该将它清除，否则影响下一次筛选。单击"排序和筛选"组中"高级"按钮，在下拉菜单中选择 ▭清除所有筛选器(C) 命令即可实现所有筛选的清除。

📖 **任务设计**

1. 数据排序

（1）单字段排序

在"教学信息管理系统"数据库中，"成绩"表中的记录按"分数"降序排列。其操作步骤如下。

① 在"教学信息管理系统"数据库中，以"数据表视图"打开"成绩"表。

② 单击"分数"字段名称右侧的下拉列表，如图 3-59 所示。在列表中选择 ▦ 命令，按降序排序，在"分数"的字段名旁边增加向下的黑箭头，即表明分数字段执行了降序排序。

③ 排序后的结果如图 3-60 所示，即可以直接通过排序结果查看到成绩的最高分。以此方法，也可以通过升序排序查看成绩的最低分。

图 3-59　"排序"列表项

图 3-60　"排序"结果

（2）多字段排序

在"教学信息管理系统"数据库中，"学生"表按"系编号"和"学号"升序排序。其操作步骤如下。

① 在"教学信息管理系统"数据库中，以"数据表视图"打开"学生"表。

② 进行多字段排序时，如果两个字段并不相邻，可以调整两个字段位置为相邻，且把第一排序字段置于最左侧。选中"系编号"字段列，然后拖拽到"学号"字段左侧分隔线处松开。

③ 选中"系编号"和"学号"两个字段列，单击"开始"选项卡上"排序和筛选"组中的"升序"按钮，即实现两个字段的升序。如果两个字段的排序方式不相同，需要单独对字段进行选择排序方式。

④ 排序后的结果如图 3-61 所示。

系编号 ⸣	学号 ⸣	姓名 ▾	SEX ▾	民族 ▾	籍贯 ▾	政治 ⸣
⊞ 01	200901002	孙应万	女	汉族	山东	其他
⊞ 01	200901003	孙苣呋	男	汉族	广东	群众
⊞ 01	200901004	吴时方	女	汉族	广东	其他
⊞ 01	200901005	杨憬丽	女	汉族	广东	预备
⊞ 01	200901006	吴战橘	男	汉族	天津	群众
⊞ 02	200902001	高磊平	男	回族	北京	群众
⊞ 02	200902002	马天东	男	白族	广东	群众
⊞ 02	200902003	张兰	女	汉族	西藏	预备
⊞ 02	200902004	潘星	女	汉族	云南	群众
⊞ 02	200902005	陈文欣	男	回族	山东	群众
⊞ 02	200902006	祝天津	女	汉族	河南	预备
⊞ 02	200902007	杨大肖	男	回族	广东	群众
⊞ 02	200902008	王晓伟	女	汉族	广东	群众
⊞ 02	200902009	黄骄天	女	汉族	广东	群众
⊞ 02	200902010	张磊磊	男	回族	山东	群众
⊞ 02	200902011	陈刁政	女	汉族	广东	群众
⊞ 02	200902012	冉丁丁	男	回族	广东	群众
⊞ 03	200903001	钟舒琪	女	汉族	云南	预备
⊞ 03	200903002	王滨	女	回族	广东	群众
⊞ 03	200903003	江建钢	男	汉族	河南	群众
⊞ 03	200903004	璐娜梅	女	回族	广东	群众

记录: ◄ 第 1 项(共 57 项) ► ►► ▾ 未筛选 搜索

图 3-61 "排序"结果

2. 数据筛选

（1）基于选择器筛选

在"教学信息管理系统"数据库中，在"学生"表中，筛选出所有是"团员"的学生记录。其操作步骤如下。

① 在"教学信息管理系统"数据库中，以"数据表视图"打开"学生"表。

② 把光标定位在所要筛选内容"团员"的某个单元格中，单击"开始"选项卡上"排序和筛选"组中的"选择"按钮，打开下拉菜单，单击 等于 "团员"(E) 命令；或者直接在光标所在的位置鼠标右击，在弹出的快捷菜单中选择 等于 "团员"(E) 的命令，如图 3-62 所示。

③ 筛选结果如图 3-63 所示。

等于 "团员"(E)

不等于 "团员"(N)

包含 "团员"(T)

不包含 "团员"(D)

图 3-62 "选择"筛选

图 3-63 "选择"筛选结果

说明

筛选完成后,不满足条件的记录只是被隐藏起来。如果要将数据表中的数据恢复到筛选前的状态,可以单击"排序和筛选"组中的 切换筛选 按钮来实现。

（2）基于筛选器筛选

在"学生"表中,筛选出"人力资源管理"专业的学生记录。其操作步骤如下。

① 在"教学信息管理系统"数据库中,以"数据表视图"打开"学生"表。

② 把光标定位在"专业"字段列,单击"排序和筛选"组中的"筛选"按钮,或者单击"专业"字段右侧的下拉箭头,打开如图 3-64 所示的下拉列表,默认情况下列表中所有的专业都被勾选中,可以取消其他的专业,只剩下"人力资源管理"选项被选中,或者先取消"全选"列表项,再选中"人力资源管理"列表项。

③ 筛选结果如图 3-65 所示。

图 3-64　"筛选器"筛选列表　　　　　　　　　　　图 3-65　"筛选器"筛选结果

（3）按窗体筛选

在"教师"表中,筛选出职称为"教授"且性别为"男"的教师记录。其操作步骤如下。

① 在"教学信息管理系统"数据库中,以"数据表视图"打开"教师"表。

② 单击"排序和筛选"组中的"高级"按钮,在下拉列表中选择"按窗体筛选"命令,数据表视图立即转变为单一记录,在"性别"字段列表中选择"男";在"职称"字段列表中选择"教授",如图 3-66 所示。

图 3-66　"窗体"筛选

③ 单击"排序和筛选"组中的 切换筛选 按钮,返回到数据表视图,其筛选结果如图 3-67 所示。

图 3-67　按"窗体筛选"结果

（4）高级筛选

在"学生"表中，筛选出生日在 1 月份的学生记录。其操作步骤如下。

① 在"教学信息管理系统"数据库中，以"数据表视图"打开"学生"表。

② 单击"排序和筛选"组中的"高级"按钮，单击下拉列表的 高级筛选/排序(S)... 命令，打开如图 3-68 所示的设计窗口，窗口分为两个窗格，上部分窗格显示"学生"表，下部分窗格用于设置筛选条件，在第一列的字段单元格中选择"出生日期"，条件单元格中输入"Month（[出生日期]）＝1"。

③ 单击 切换筛选 按钮，显示如图 3-69 所示的筛选结果。

图 3-68 "高级筛选"条件定义 　　　　　图 3-69 "高级筛选"的筛选结果

④ 如果想要保存筛选结果，则在"高级筛选"中单击 另存为查询(A) 按钮，打开"另存为查询"对话框，如图 3-70 所示，输入筛选结果名称，单击"确定"按钮进行保存。

图 3-70 "另存为查询"对话框

 说明

高级筛选实际上是创建了一个查询，但是筛选属于表对象里的一个子对象，是对一个数据表的临时查询，不会保存筛选结果（即关闭表后筛选结果随即消失）；而查询是 Access 数据库的一个单独数据库对象，可以依据查询条件对数据表进行准确的查询，并且查询结果能够永久保存。

任务四　数据表的复制、删除与重命名

任务描述

数据表创建完成后，如果需要对数据表作备份，或者用户不再使用数据表时，可以通过对数据表进行复制、删除和重命名等操作来实现。

📖 任务分析

表的复制、删除和重命名主要是针对整个数据表而言，不是对记录的操作。

📖 知识链接

① 表的复制：可用来实现表的备份也可以用来建立新表。表的复制有以下3种类型。

- 仅结构：只是将所选的表的结构复制形成一个新表。
- 结构和数据：将所选的表的结构及其全部数据记录一起复制，形成一个新表。
- 将数据追加到已有表：将所选的表的全部数据记录追加到一个已存在的表中，但要求确实有一个已存在的表且此表的结构和被复制的表的结构相同，才能保证复制数据的正确性。

② 表的删除：如果数据表在数据库中已经不再使用，可以将其删除掉。

③ 表的重命名：如果表的命名不合理或不符合要求时，可以对其进行重命名。

📖 任务设计

在"教学管理信息系统"数据库中，为"学生"表创建一个完整备份。其操作步骤如下。

① 在"教学信息管理系统"数据库中，在"导航窗格"中单击"学生"表。

② 单击"开始"选项卡上"剪切板"组中的 复制 按钮或者按＜Ctrl＋C＞快捷键。

③ 单击"剪切板"组中的 粘贴 按钮或者按＜Ctrl＋V＞快捷键，弹出"粘贴表方式"对话框，如图3-71所示。选择"结构和数据"，在表名称文本框中输入"StudentBackup"，单击"确定"按钮，即保存新表，在导航窗格中显示新表名。

图 3-71 "粘贴表方式"对话框

任务五 数据表格式的设置

📖 任务描述

数据表视图下的数据格式是默认格式，可以通过对数据表的外观样式设置来美化数据表的显示效果。

📖 任务分析

数据表的外观样式包括行高、列宽、表格样式、字体、字段列等。

📖 知识链接

① 行高和列宽：行高是指记录之间行的距离，而列宽是字段之间的距离。

② 字体样式：Access默认字体是5号宋体，可以通过字体设置改变数据的显示格式，在"开始"选项卡上的"文本格式"组中包括对字体的基本设置。如图3-72所示。

图 3-72 "文本格式"组

③ 数据表样式：数据表视图默认表格样式为白底、黑字、细表格线形式，在"开始"选项卡的"文本格式"组中包括设置表格的背景颜色、网格样式等。

字段列样式：包括隐藏/撤销隐藏列、冻结/解冻列。

① 隐藏/撤销隐藏列：查看数据时，如果表中字段太多，需要通过调整窗体下方的横向

滚动条才能查看;需要打印某个数据表时,有些列是不需要打印的,此时可以暂时将某些不需要的字段隐藏起来,需要时撤销隐藏即可。

② 冻结/解冻列:查看数据时,若想让某些字段始终在窗体中显示,可以通过冻结列的方法,使某些列始终在窗体的左端,不会受滚动条的影响。即在滚动字段时,这些列在窗体的左端是固定不动。一般冻结主键以及比较重要的字段。

◆ 任务设计

对"学生"表进行样式设置:行高为 20,字体设置为"幼圆、小五号",隐藏"家庭地址"字段列,冻结"学号"和"姓名"字段,为数据表设置一种表格样式。其操作步骤如下。

① 在"教学信息管理系统"数据库中,以"数据表视图"打开"学生"表。

② 把光标定位在记录选定器的分隔处,光标会变成双箭头,上下拖动鼠标,即可改变行高;或者在记录选定器鼠标右击,在弹出的快捷菜单中选择 行高(R)… 命令,弹出"行高"对话框,在文本框中输入"20",单击"确定"按钮。

③ 在"开始"选项卡上"文本格式"组中,设置字体为"幼圆",大小为"小五"号字。同样还可设置字体的颜色等。

④ 在字段列表中选择"家庭地址"字段,鼠标右击,在弹出的快捷菜单中选择 隐藏字段(F) 命令,如图 3-73 所示。即在数据表中看不到该字段。如果需要显示出来,则单击 取消隐藏字段(U) 命令即可。

⑤ 在字段列表中选中"学号"和"姓名"字段,鼠标右击,在弹出的快捷菜单中选择 冻结字段(Z) 命令,则"学号"和"姓名"字段自动会在最左侧,此时拖动水平滚动条时,这两个字段始终显示在窗口的最左侧。如果不再需要冻结,则单击 取消冻结所有字段(A) 命令即可。

⑥ 在 Access 中,数据表视图是一种交替颜色显示,即单记录和双记录的颜色不同设置。单击"开始"选项卡上"文本格式"组中的 按钮,弹出"调色板"对话框,如图 3-74 所示,主要设置单记录行的颜色;单击 按钮,弹出"调色板"对话框,主要设置双记录行的颜色;单击 按钮,弹出"网格线"对话框,主要设置网格线的样式,如图 3-75 所示。设置结果如图 3-76 所示。

图 3-73　快捷菜单　　　图 3-74　"调色板"对话框　　　图 3-75　"网格线"对话框

学生								
系编号	学号	姓名	SEX	出生日期	民族	籍贯	政治面貌	
01	200901002	孙应万	女	1990年3月5日	汉族	山东	其他	
01	200901003	孙喜晓	男	1990年11月11日	汉族	广东	团员	
01	200901004	吴时方	女	1991年3月7日	汉族	广东	其他	
01	200901005	杨博丽	女	1990年5月1日	汉族	广东	预备党员	
01	200901006	黄战橘	男	1990年11月14日	汉族	天津	团员	
02	200902001	高磊平	男	1991年9月10日	回族	北京	团员	
02	200902002	马天东	男	1990年11月3日	白族	广东	团员	
02	200902003	张兰	女	1990年11月4日	汉族	西藏	预备党员	
02	200902004	潘星	女	1990年11月5日	汉族	云南	团员	
02	200902005	陈文欣	男	1990年11月6日	回族	山东	团员	
02	200902006	杭天津	女	1990年11月7日	汉族	河南	预备党员	
02	200902007	杨大周	男	1990年11月8日	回族	广东	团员	
02	200902008	王晓伟	女	1991年3月1日	汉族	广东	团员	
02	200902009	黄新天	女	1990年3月2日	汉族	广东	团员	

记录：第1项(共57项) 无筛选器 搜索

图 3-76 样式的效果图

项目五 设置数据表间的关系

通常一个关系数据库中多个数据表之间并不是孤立的，表和表之间存在着一定意义上的关联，即表间关系。数据库系统利用这些关系，把多个表连接成一个整体。关系对于整个数据库的性能及数据的完整性起着关键的作用。

任务一 表间关系的定义与创建

📖 任务描述

在数据库中，不同表中的数据之间都存在一种关系，这种关系将数据库里各张表中的每条数据记录都和数据库中唯一的主题相联系，使得对一个数据的操作都成为数据库的整体操作。例如"教学信息管理系统"数据库中，学生选课主题涉及学生、课程和教师之间存在关系；学生的成绩涉及学生、课程和成绩之间存在关系等。

📖 任务分析

表间的关系分为 3 种：一对一、一对多和多对多关系，在 Access 中，在两个表之间建立一对一和一对多关系，而多对多关系则需要通过一对多关系来实现。

1．一对一关系

一对一关系，即在两个数据表中选一个相同属性字段作为关键字段，把其中一个数据表中的关键字段称为主关键字段，该字段值是唯一的，而另一个数据表中的关键字段称为外关键字段，该字段值也是唯一的。即 A 表中的每一条记录在 B 表中仅能有一条记录与之匹配，同样 B 表中的每一条记录也只能在 A 表中有一条匹配记录。

2．一对多关系

一对多关系是关系中最常用的类型。在一个表中的一条记录可对应另一个表中的多条记录，这种关系就是一对多的关系。例如，"学生"表中的一个学生可能对应"成绩"表中多门课程的成绩记录。

3. 多对多关系

在多对多关系中,A 表中的记录能与 B 表中多条记录匹配,反过来 B 表中的一条记录也能与 A 表中的多条记录匹配。这种关系类型仅能通过第 3 个表(称为联接表)来达成。它的主键包含两个字段,即来源于 A 表和 B 表两个表的外键。例如,"学生"表和"课程"表之间存在一个多对多关系,它们是通过"成绩"表和"学生"表、"课程"表之间的两个一对多关系来创建的。

表之间的关系是通过表的主键和外键来建立的,两张表相互关联的字段在一个数据表中是主主关键字,它对每一条记录提供唯一标识,而在另一个相关联的数据表中的关联字段通常称为外部关键字。创建关系的两个字段必须具有相同的数据类型,名称则可以不同。

📖 **知识链接**

单击"数据库工具"选项卡上"关系"组中的 按钮,如图 3-77 所示。Access 应用程序窗口中会增加一个"关系工具"选项卡,包括"工具"和"关系"两个组,如图 3-78 所示。

① "工具"组:主要是编辑表间关系。

② "关系"组:主要是添加表以及查看表间关系。

图 3-77 "关系"组

图 3-78 "关系工具"选项卡

📖 **任务设计**

根据"教学信息管理系统"数据库,建立"学生"、"课程"、"成绩"表之间的关系。其操作步骤如下。

① 打开"教学信息管理系统"数据库,单击"数据库工具"选项卡上"关系"组中的 按钮,打开"关系工具"选项卡。

② 单击"关系"组中的"显示表"按钮 ,弹出如图 3-79 所示的"显示表"对话框,在对话框的"表"选项卡上列出了当前数据库所有的表。

③ 把"学生"表、"课程"表、"成绩"表添加到关系窗口中。选中"学生"表中的"学号"字段,按住左键将其拖动到"成绩"表中的"学号"字段上,弹出如图 3-80 所示的"编辑关系"对话框,然后单击"创建"按钮,完成关系的建立。此时用户在关系窗口中就能看到"学生"和"成绩"两张表之间出现了一条关系线,如图 3-81 所示。

④ 按照上述的方法建立"课程"表和"成绩"表之间的关系,建好的表间关系结果如图 3-81 所示。

⑤ 保存关系布局图。

图 3-79 "显示表"对话框

图 3-80 "编辑关系"对话框

图 3-81 "关系"窗口

任务二 设置参照完整性

📖 任务描述

创建表间关系之后,还需要确保表间数据的一致性和准确性,防止意外删除或更新相关数据,通过设置参照完整性来实现。

📖 任务分析

参照完整性是一个规则,Access 使用这个规则来确保相关表中记录之间关系的有效性。在符合下列全部条件下才可以设置参照完整性。

来自于主表的匹配字段是主关键字字段或具有唯一的索引。(两张表建立一对多关系后,"一"方的表称为主表,"多"方的表称为子表)。

两个表中相关联的字段都有相同的数据类型(如"学生"表和"成绩"表的"学号"字段数据类型要相同)

使用参照完整性时,必须遵守以下几条规则。

① 在相关表的外部关键字字段中,除空值(NULL)外,不能有在主表的主键中不存在的数据。

② 如果在相关表中存在匹配的记录,不能只删除主表中的这条记录。

③ 如果某条记录有相关的记录,不能在主表中更改主关键字。

④ 如果需要 Access 为某个关系实施这些规则,在创建关系时,选中"实施参照完整性"复选框。如果出现了破坏参照完整性规则的操作,系统将自动出现禁止提示。

📖 知识链接

在我们建立表之间的关系时,"编辑关系"对话框中有一个"实施参照完整性"复选框,当用户选定了该复选框,则"级联更新相关字段"和"级联删除相关字段"两个复选框才可以使用。

"级联更新相关字段"复选框:用于当更新父表的数据时,Access 就会自动更新子表对应的行数据。例如,修改学生的学号时,成绩表对应的学号也自动更改。

"级联删除相关字段"复选框:用于当删除父表的记录时,子表的记录也会跟着删除。例如,删除学生的某条记录时,在"成绩"表中会同时删除与该学生相关的所有记录。

📖 任务设计

根据任务一建立的"学生"、"课程"、"成绩"表之间的关系,设置参照完整性。其操作步骤如下。

① 打开"教学信息管理系统"数据库,单击"数据库工具"选项卡上"关系"组中的 按钮,打开"关系"窗口。

② 在"关系"窗口中,双击两个表之间的连线,弹出"编辑关系"对话框,选中"实施参数完整性"、"级联更新相关字段"和"级联删除相关字段"复选框,如图 3-82 所示。

③ 单击"确定"按钮。此时,"学生"表的一方显示"1","成绩"表的一方显示"∞",即表示"学生"表与"成绩"表之间是"一对多"的关系("一"方表中的字段称为主键,"多"方表中的字段称为外键),如图 3-83 所示。

④ 保存关系布局图。

图 3-82 "编辑关系"对话框

图 3-83 "关系"结果图

习题与实训三

一、选择题

1. Access 数据库的核心与基础对象是( )。

    (A) 表   (B) 宏   (C) 报表   (D) 查询

2. Access 中表和数据库之间的关系是( )。

    (A) 一个数据库可以包含多个表

(B) 数据库就是数据表

(C) 一个表可以包含多个数据库

(D) 一个表只能包含两个数据库

3. 下面数据类型中,不能作为主键的数据类型是(　　)。

(A) 文本型　　　　(B) 自动编号型　　　　(C) 数字型　　　　(D) 是/否型

4. 表是数据库的核心和基础,它存放着数据库的(　　)。

(A) 全部数据　　　　　　　　　　(B) 部分数据

(C) 全部对象　　　　　　　　　　(D) 全部数据结构

5. Access 2010 一共提供了 11 种数据类型,其中用来存储多媒体对象的数据类型是(　　)。

(A) 文本　　　　　　　　　　　　(B) 查阅向导

(C) 备注　　　　　　　　　　　　(D) OLE 对象

6. 邮政编码是由 6 位数字组成的字符串,为邮政编码设置输入掩码,正确的是(　　)。

(A) 000000　　　　　　　　　　　(B) 999999

(C) CCCCCC　　　　　　　　　　(D) LLLLLL

7. Access 数据库中,为了保持表之间的关系,要求在子表中添加记录时,如果主表中没有与之相关的记录,则不能在子表中添加该记录。为此需要定义的关系是(　　)。

(A) 输入掩码　　　　　　　　　　(B) 有效性规则

(C) 默认值　　　　　　　　　　　(D) 参照完整性

8. 在"学生"表中,"姓名"字段的字段大小为 10,在此列输入数据时,最多可输入的汉字数和英文字符数分别是(　　)。

(A) 5 5　　　　　(B) 5 10　　　　　(C) 10 10　　　　　(D) 10 20

9. 对数据表进行筛选操作,结果是(　　)。

(A) 只显示满足条件的记录,将不满足条件的记录从表中删除

(B) 显示满足条件的记录,并将这些记录保存在一个新表中

(C) 只显示满足条件的记录,不满足条件的记录被隐藏

(D) 将满足条件的记录和不满足条件的记录分为两个表进行显示

10. 在 Access 的数据表中删除一条记录,被删除的记录是(　　)。

(A) 可以恢复到原来位置　　　　　　(B) 被恢复为最后一条记录

(C) 被恢复为第一条记录　　　　　　(D) 不能恢复

11. 一个工作人员可以使用多台计算机,而一台计算机可被多个人使用,则实体工作人员、与实体计算机之间的联系是(　　)。

(A) 一对一　　　　　　　　　　　(B) 一对多

(C) 多对多　　　　　　　　　　　(D) 多对一

12. 下列对主关键字的叙述,错误的是(　　)。

(A) 数据库中的每个表都必须有一个主码字段

(B) 主关键字是唯一的

(C) 主关键字可以是一个字段,也可以是一组字段

(D) 主关键字中不许有重复值和空值

13. 在 Access 的数据类型中,不能建立索引的数据类型是(   )。

    (A) 文本型　　　　　(B) 备注型　　　　　(C) 数字型　　　　　(D) 货币型

14. 关于 Access 字段名,下面叙述错误的是(   )。

    (A) 字段名长度为 1~255 个字符

    (B) 字段名可以包含字母、汉字、数字、空格和其他字符

    (C) 字段名不能包含名号(.)、惊叹号(!)、方括号([])

    (D) 字段名能重复出现

15. 假设数据库中表 A 与表 B 建立"一对多"关系,表 B 为"多方",则下述说法正确的是(   )。

    (A) 表 A 中的一条记录能与表 B 中的多条记录匹配

    (B) 表 B 中的一条记录能与表 A 中的多条记录匹配

    (A) 表 A 中的一个字段能与表 B 中的多条记录匹配

    (A) 表 B 中的一个字段能与表 B 中的多条记录匹配

16. 定义字段默认值的含义是(   )。

    (A) 不得使该字段为空

    (B) 不允许字段的值超出某个范围

    (C) 在未输入数据之前系统自动提供的数据

    (D) 系统自动把小写字母转换为大写字母

17. 下列说法中,错误的是(   )。

    (A) 文本型字段,最长为 255 个字符

    (B) 要得到一个计算字段的结果,仅能运用总计查询来完成

    (C) 在创建一对一关系时,要求两个表的相关字段都是主码

    (D) 创建表之间的关系时,正确的操作是关闭相关已打开的表

18. 下面关于 Access 表的叙述中,错误的是(   )。

    (A) 在 Access 表中,可以对备注型字段进行"格式"属性设置

    (B) 若删除表中含有自动编号型字段的一条记录后,Access 不会对表中自动编号型字段重新编号

    (C) 创建表之间的关系时,应关闭所有打开的表

    (D) 可以在 Access 表的设计视图"说明"列中,对字段时行具体的说明

19. 在 Access 中,参照完整性规则不包括(   )。

    (A) 更新规则　　　　(B) 查询规则　　　　(C) 删除规则　　　　(D) 插入规则

20. 在已经建立的数据表中,若在显示表中内容时使某些字段不能移动显示位置,可以使用的方法是(   )。

    (A) 排序　　　　　　(B) 筛选　　　　　　(C) 隐藏　　　　　　(D) 冻结

二、填空题

1. Access 2010 中,创建表的方法有 _____ 种,主要有 _____ 、_____ 、_____ 。

2. 表的组成包 _____ 和 _____ 。

3. 子表是相对于主表而言的,它是一个嵌在 _____ 中的表。

4. 关系是通过两张表之间的_____字段建立起来的,一般情况下,一张表的主键是另外一张表的_____。

5. 在数据库系统中,数据的完整性包括_____完整性、_____完整性和_____完整性。

三、上机实训

根据"图书管理系统"数据库,完成下列实训任务。

任务一　数据表的创建

📖 实训目的

1. 熟练掌握数据表的各种创建方法;

2. 掌握字段数据类型的定义。

📖 实训内容

下列表3-1~表3-6列出了"图书管理系统"数据库中所有表的表结构。

表 3-1　"图书类型"表结构

字段名	字段类型	长度	是否为空	主键	索引
图书类型编号	文本	5	否	√	有(无重复)
类别名	文本	50	是		

表 3-2　"图书库存"表结构

字段名	字段类型	长度	是否为空	主键	索引
图书编号	文本	50	否	√	有(无重复)
图书名称	文本	50	是		
图书类型编号	文本	5	否		有(有重复)
作者	文本	50	是		
出版社	文本	50	是		
出版日期	日期/时间	长日期	否		
价格	货币	-	是		
数量	数字	长整型	否		
入库时间	日期/时间	长日期	否		
图书介绍	超链接		是		

表 3-3　"借书证类型"表结构

字段名	字段类型	长度	是否为空	主键	索引
借书证类型	文本	50	否	√	有(无重复)
最大借阅数	数字	长整型	是		
借出最长时间	数字	长整型	是		

表 3-4 "借书证"表结构

字段名	字段类型	长度	是否为空	主键	索引
借书证编号	文本	50	否	√	有(无重复)
借书证类型	文本	50	否		有(有重复)
姓名	文本	50	是		
单位名称	文本	50	是		
职务	文本	50	是		
性别	文本	2	是		
出生日期	日期/时间	长日期	是		
证件类型	文本	50	是		
联系电话	文本	50	是		
办证时间	日期/时间	长日期	是		
有效时间	日期/时间	长日期	是		

表 3-5 "管理员"表结构

字段名	字段类型	长度	是否为空	主键	索引
职工编号	文本	50	否	√	有(无重复)
姓名	文本	50	是		
性别	文本	50	是		
民族	文本	50	是		
籍贯	文本	50	是		
出生日期	日期/时间	长日期	是		
工龄	数字	长整型	是		
文化程序	文本	整型	是		
管理员照片	OLE 对象	-	是		

表 3-6 "图书借阅"表结构

字段名	字段类型	长度	是否为空	主键	索引
编号	自动编号	长整型	否	√	有(无重复)
借书证号	文本	50	否		有(有重复)
图书编号	文本	50	否		有(有重复)
数量	数字	长整型	是		
借阅时间	文本	50	是		
管理员编号	文本	50	否		有(有重复)
还书日期	日期/时间	长日期	是		

1. 依据表 3-1 的表结构,利用向导创建"图书类型"表。

2. 依据表 3-2 的表结构,利用空白表创建"借书证类型"表。

3. 通过导入数据的方法创建"图书库存"表,数据来源是"图书库存.xlsx"。导入完成后依据表 3-3 的表结构修改"图书库存"表。

4. 依据表 3-4、表 3-5、表 3-6 所示的表结构,利用设计视图创建"借书证"表、"管理员"表、"图书借阅"表。

任务二　数据表的字段属性设置

📖 **实训目的**

1.熟练掌握数据表的字段属性设置。

📖 **实训内容**

1. 设置"图书类型"表中"货币"字段的格式为"￥＃,＃＃0.00;￥-＃,＃＃0.00"。

2. 设置"借书证"表中"联系电话"字段的输入掩码为:"(020)"00000000C9999。

3. 设置"借书证"和"管理员"表中"性别"字段的默认值为"男";并设置字段有效性规则为:只能是"男"或"女",有效性文本为"性别值只能是男或女"。

4. 设置"图书库存"的"图书类型编号"字段为查阅字段,查阅字段值为"图书类型"表的"图书类型编号"字段。

5. 设置"借书证"中"借书证类型"字段为查阅字段,查阅字段值为"借书证类型"表的"借书证类型"字段。

6. 设置"图书借阅"的"借书证号"字段为查阅字段,查阅字段值为"借书证类型"表的"借书证编号"字段;"图书编号"字段为查阅字段,查阅字段值为"图书库存"表中的"图书编号"字段;"管理员编号"字段为查阅字段,查阅字段值为"管理员"表中的"职工编号"字段。

7. 冻结"图书库存"表中的"图书编号"和"图书名称"两个字段;隐藏"图书介绍"字段。

8. 为"管理员"表增加一个字段,字段名称为 E-mail,数据类型为文本型,字段大小为50,且在 E-mail 字段中填入每个管理员的邮箱地址:E-mail＝职工编号＋@126.com。

9. 依据任务一所创建的 6 张表,分别为每个数据表设置主键和索引。

任务三　数据表的操作

📖 **实训目的**

1. 熟练掌握数据表的记录操作:插入、删除、更新等操作;

2. 掌握表的数据排序与索引、筛选等操作;

3. 熟悉表的样式设置;

4. 掌握表之间关系的建立。

📖 **实训内容**

1. 给"图书类型"表添加一条新记录,数据内容为:图书编号(022)、图书类型名(计算机技术)。

2. 为"借书证"数据表创建一份备份,备份表名为"teacher_back",并删除"职务"是"学生"的所有记录。

3. 在"借书证"表中,先按"借书证类型"升序排序,当借书证类型相同时再按"借书证号"降序排序。

4. 在"图书库存"表中筛选出"出版社"是"中国水利水电出版社"的图书信息。

5. 为"图书库存"表设置样式,字体、字号和颜色分别设置为幼圆、10 号和蓝色;表格中的单记录行颜色为粉色,双记录行颜色为绿色。

6. 建立"图书管理系统"数据库中 6 张数据表的表间关系,并设置参照完整性。

模块四 查询的设计与创建

 学习目标

- 了解查询的功能、类型；
- 学会使用向导创建查询；
- 学会使用设计视图创建查询；
- 掌握选择查询的创建；
- 熟悉查询条件的设置；
- 掌握交叉表查询的创建；
- 掌握参数查询的创建；
- 学会创建操作查询；
- 掌握 SQL 查询的创建。

使用 Access 的主要目的是通过对数据库中的数据进行分析和处理，从而获得有用的信息。查询是 Access 对数据进行处理和分析的工具，利用查询用户可以按照不同的方式查看、统计和分析数据库中的数据，以及将查询结果作为查询、窗体和报表等数据库对象的数据源。在 Access 中可以创建的查询类型有 5 种，分别是选择查询、参数查询、交叉表查询、操作查询和 SQL 特定查询。在查询中，重要的是设置查询条件，以便获取所需要的数据。本模块先介绍查询的基本功能和分类，接着介绍创建各种类型的查询，然后介绍如何在查询中设置查询条件和在查询中进行汇总计算。

查询是 Access 数据库的一个对象，使用查询可以让用户根据设置的查询条件和参数，将一个或多个数据表/查询中符合指定条件的记录组合到一起，形成一个动态数据集，并以数据表的形式显示查询结果。

查询结果会随着数据源中数据的变化而更新。实质上查询也是一种筛选，是固定化的筛选任务。但是查询和筛选有明显的区别，筛选只能对一个数据表进行操作，而查询可以对多个数据表/查询进行操作；另外查询不仅可以筛选数据，还可以向数据表中批量插入、删除和修改数据。在 Access 中，使用查询可以实现下列功能。

1. 选择字段

在查询中，可以选择只显示数据源中的部分字段，如建立一个查询，只显示"课程"表中每门课程的课程名称、课程类别、学分和学时。通过联接查询可从一个或多个数据表/查询中获取数据。

2. 选择记录

根据用户设置的查询条件，检索符合指定条件的记录。如建立一个查询，只显示"课程"

表中"课程类别"为"限选课"且学分为"2"的课程信息。

3．修改数据

在 Access 中,利用查询可以添加、修改和删除数据表中的记录。如建立一个查询,将"成绩"表中成绩不及格且"课程编号"为"S0120"的成绩加上 10 分。

4．记录排序

使用查询可以将数据表中的数据按指定的条件进行排序,如将"学生"表中的学生信息按"专业"降序排列。

5．数据计算

可以在查询中创建计算字段,对数据源中的数据进行汇总、计算,如计算每位学生的总学分,根据"学生"表中的"出生日期"字段计算每位学生的年龄。

6．创建新表

使用查询得到的结果可以构造一个新的数据表,如将"学生"表中"专业"为"会计学"的学生查找出来,并存放到一个新表中。

7．数据来源

查询结果可以作为查询、窗体或报表等其他数据库对象的数据源。

项目一　创建选择查询

选择查询是最常用的查询类型,包括基本查询、多表查询、条件查询、计算方式查询等,它可以根据查询条件从一个或多个数据表/查询中获取数据,并在"数据表视图"中显示查询结果。也可以用来对记录进行分组,以及对分组记录进行汇总计算。如查找"学生"表中1991 年出生的男学生、统计不同籍贯的学生人数等。查询返回的结果只是一个临时的动态数据表。

任务一　使用向导创建查询

📖　任务描述

用户通过 Access 2010 提供的向导功能可以快速、便捷的创建简单查询对象。Access提供了 4 个创建查询的向导:简单查询向导、交叉表查询向导、查找重复项查询向导、查找不匹配项查询向导。有关"交叉表查询向导"的使用将在后面的项目中作介绍,本任务只介绍使用其他 3 种查询向导来创建选择查询。

📖　任务分析

创建查询之前先让我们熟悉查询分类、查询视图和创建查询的方法。然后通过 4 个实例学会使用简单查询向导、查找重复项查询向导、查找不匹配项查询向导来创建查询。

📖　知识链接

1．查询类型

在 Access 中有下列几种类型的查询:选择查询、参数查询、交叉表查询、操作查询和SQL 查询,这 5 类查询的应用目标不同,对数据源的操作方式和操作结果也有所不同。

(1) 选择查询

选择查询是指根据指定的查询条件,从一个或多个数据表/查询中检索数据,并在"数据表视图"中显示查询结果。

（2）参数查询

参数查询是一种交互式查询，运行查询时会显示对话框，提示用户输入查询条件，然后根据输入的条件值检索记录。由于用户输入的查询条件可以随时变化，所以查询的运行结果并不固定，会随输入的条件值不同而变化。因此参数查询可以看作是条件可变的选择查询的特殊类型。

（3）交叉表查询

交叉表查询能够汇总数据字段的内容，汇总计算的结果显示在行与列交叉的单元格中。交叉表查询主要用于计算数据的总计、平均值、最大值、最小值等，将查询结果进行重新组织后，将数据分为两组：一组排列在数据表的左侧，另一组排列在数据表的顶端，以"二维表格"的形式显示出来。如统计"学生"表中每个专业男女学生的人数，此时将"专业"字段作为交叉表的行标题，"性别"字段作为交叉表的列标题，统计的人数显示在交叉表行与列交叉的单元格中。

（4）操作查询

操作查询与选择查询类似，两者都需要指定查询条件，但选择查询是检索符合指定条件的一组记录，而操作查询是在一次查询操作中对检索到的记录进行修改操作，如对数据库中的数据进行删除、更新、追加及生成新表。当修改选择查询中的记录时，一次只能更改一条记录，而在操作查询中，一次可以更改多条记录。因此操作查询使得用户对数据表中数据的维护更加方便。

（5）SQL 查询

结构化查询语言（Structured Query Language，SQL）是用来查询、更新和管理关系数据库的语言。SQL 查询就是使用 SQL 语句创建的查询。在 Access 2010 中，所有查询都是基于 SQL 语句的，即不管是使用向导还是使用设计视图所创建的查询，系统都会在后台为查询建立一个等效的 SQL 语句。

2. 查询视图

Access 提供了数据表视图、设计视图、SQL 视图、数据透视表视图和数据透视图视图等5 种查询视图，其中前三种是常用的查询视图。

（1）数据表视图

查询的数据表视图是以行和列的形式显示来自查询结果中的数据。在数据表视图中，用户可以对查询结果进行编辑、添加和删除数据，也可以对查询结果进行排序、筛选和检查记录，以及通过调整行高、列宽和单元格的值改变显示风格。

打开查询的数据表视图有如下几种方法。

① 在查询对象的导航窗格中，选中并双击要打开的查询。

② 右击要打开的查询，在快捷菜单中选择"打开"命令。

③ 如果查询已经以设计视图方式打开，单击"开始"/"设计"选项卡上"视图"组中 的选项，或单击 Access 状态栏上的"数据表视图"按钮 。

④ 如果查询已经以设计视图方式打开，右击设计视图的标题栏，在弹出的快捷菜单中选择 选项。

打开的数据表视图如图 4-1 所示。

（2）设计视图

查询的"设计视图"用于创建和修改查询，它是查询设计器的图形化表示。用户使用"设计视图"可以创建各种结构复杂、功能完善的查询。

打开查询的"设计视图"有如下几种方式。

① 在查询对象的导航窗格中，右击要以设计视图方式打开的查询，在弹出的快捷菜单中选择"设计视图"命令。

② 如果查询已经以数据表视图方式打开，单击"开始"/"设计"选项卡上"视图"组中的 ✎ 设计视图(D) 选项，或单击 Access 状态栏上的"设计视图"按钮 ✎。

③ 如果查询已经以数据表视图方式打开，右击数据表视图的标题栏，在弹出的快捷菜单中选择 ✎ 设计视图(D) 选项。

打开的设计视图如图 4-2 所示。

图 4-1 查询的"数据表视图"　　　　图 4-2 查询的"设计视图"

从图 4-2 可知查询的"设计视图"界面由上、下两部分构成：上半部分的窗口为数据环境，即显示当前查询的数据来源，数据源可以是当前数据库中已有的表或查询，如果数据源来自多个表，同时显示表之间的联系；下半部分的窗口称为"设计网格"，用于设置查询结果显示的字段、查询条件等选项。

（3）SQL 视图

SQL 视图是用于显示当前查询的 SQL 语句或对 SQL 语句进行编辑的窗口。用户也可以直接在 SQL 视图中输入 SQL 语句创建 SQL 查询。

打开查询的"SQL 视图"有如下几种方式。

① 以"数据表视图"或"设计视图"方式打开查询，右击标题栏，在弹出的快捷菜单中选择 SQL SQL 视图(Q) 选项。

② 以"数据表视图"或"设计视图"方式打开查询，单击"开始"/"设计"选项卡上"视图"组中的 SQL SQL 视图(Q) 选项，或单击 Access 状态栏上的"SQL 视图"按钮 SQL。

打开的"SQL 视图"如图 4-3 所示。

3. 创建查询的方法

在 Access 2010 窗口的"创建"选项卡上"查询"组中,用户可以看到"查询向导"和"查询设计"两个按钮,说明用户可以使用"查询向导"和"设计视图"两种方法来创建查询。

单击"查询向导"按钮,则打开"新建查询"对话框,如图 4-4 所示。"新建查询"对话框中显示 4 种查询向导。

图 4-3　SQL 视图　　　　　　　　　图 4-4　"新建查询"对话框

① 简单查询向导:可以从一个表或多个表/查询中选择字段,主要用于创建选择查询。

② 交叉表查询向导:用于计算所有行与列总值的查询向导,用于创建交叉表查询。

③ 查找重复项查询向导:用于确定数据源中是否有重复记录的查询向导。

④ 查找不匹配项查询向导:用于确定数据源中的记录是否和相关表中的记录无关的查询向导。

使用"查询向导"创建查询的操作较为简单,用户可以在向导对话框的提示下选择数据源中的字段,即可快速完成查询的创建。但对于需要指定条件或参数的查询,则无法实现。而使用"设计视图"方法,则用户在"设计视图"窗口中可以设置各种查询条件、定义计算方式,以及对已有查询进行修改,操作起来很灵活,适用于创建较为复杂的查询。

📖 **任务设计**

1. 使用"简单查询向导"创建单表查询

根据"教学信息管理系统"数据库,创建一个名称为"项目 1-1-1 课程信息"的查询,用于检索课程基本信息,查询结果显示课程编号、课程名称、课程类别、学时和学分。其操作步骤如下。

① 打开"教学信息管理系统"数据库,在如图 4-5 所示的导航窗格下拉列表中选择"查询"对象。

② 单击图 4-6 所示的"创建"选项卡上"查询"组的"查询向导"按钮,打开"新建查询"对话框,见图 4-4。

③ 在"新建查询"对话框中选择"简单查询向导"选项,单击

图 4-5　"浏览类别"列表框

图 4-6 "创建"选项卡

"确定"按钮,打开"简单查询向导"对话框。

④ 在"简单查询向导"对话框的"表/查询"下列拉列表中选择查询的数据源,此处选择"课程"表,如图 4-7 所示。然后在"可用字段"列表框中依次将课程编号、课程名称、课程类别、学时和学分等字段添加到"选定字段"列表框中,如图 4-8 所示。

图 4-7 选择查询数据源

图 4-8 选择查询字段

⑤ 单击"下一步"按钮。如果在"选定字段"列表框中包含数值型字段,则此时会打开如图 4-9 所示的对话框,在该对话框中询问用户是采用明细查询还是汇总查询。若选择"明细"单选按钮,则查询结果显示每条记录的详细字段信息;而若选择"汇总"单选按钮,单击"汇总选项"按钮,则会打开如图 4-10 所示的"汇总选项"对话框,此时可以对数值型字段计算汇总值。如果在"选定字段"列表框中没有数值型字段,则此时打开如图 4-11 所示的对话框。

图 4-9 确定采用明细查询还是汇总查询

图 4-10 "汇总选项"对话框

⑥ 在图 4-11 所示的文本框中输入查询标题"项目 1-1-1 课程信息",并选择"打开查询查看信息"单选按钮,单击"完成"按钮完成查询的创建,并以"数据表视图"方式显示查询结果,如图 4-12 所示。此时用户可以在"查询"对象导航窗格中看到刚创建的"项目 1-1-1 课程信息"查询。

图 4-11 设置查询标题	图 4-12 课程信息查询结果

2. 使用"简单查询向导"创建多表查询

根据"教学信息管理系统"数据库,创建一个名称为"项目 1-1-2 学生选课成绩"的查询,用于检索学生的选课成绩,查询结果显示姓名、专业、课程名称、课程类别、学分和成绩。其操作步骤如下。

① 打开"教学信息管理系统"数据库,在图 4-5 所示的导航窗格下拉列表中选择"查询对象"。

② 在图 4-6"创建"选项卡上的"查询"组中选择"查询向导"按钮,打开"新建查询"对话框。

③ 在"新建查询"对话框中选择"简单查询向导"选项,单击"确定"按钮,打开"简单查询向导"对话框。

④ 在"表/查询"下拉列表中选择"学生"表,将"姓名"、"专业"字段添加到"选定字段"列表框中。

⑤ 重复第④步,在"表/查询"下拉列表中选择"课程"表,将"课程名称"、"课程类别"和"学分"3 个字段添加到"选定字段"列表框中。

⑥ 重复第④步,在"表/查询"下拉列表中选择"成绩"表,将"分数"字段添加到"选定字段"列表框中。完成后的字段选定结果如图 4-13 所示。

⑦ 单击"下一步"按钮,打开图 4-9"选择查询方式"对话框,此处选择"明细"单选按钮。

⑧ 单击"下一步"按钮,在打开的图 4-11 所示的文本框中输入查询标题"项目 1-1-2 学生选课成绩",选择"打开查询查看信息"单选按钮。

⑨ 单击"完成"按钮完成查询的创建,打开如图 4-14 所示的查询结果。

图 4-13　选择查询字段　　　　　　图 4-14　学生选课成绩查询结果

说明

当查询信息要从两个或两个以上的表/查询中获取,就需要建立多表查询,并且建立多表查询的表或查询之间必须要有相匹配的字段,以便通过相匹配字段来建立表与表之间的联系。

3. 使用"查找重复项查询向导"创建查询

根据"教学信息管理系统"数据库,在上述任务所创建的"项目 1-1-2 学生选课成绩"查询中查找选修相同课程的学生信息,所建的查询名称为"项目 1-1-3 选修相同课程的学生信息"。其操作步骤如下。

① 单击"创建"选项卡上"查询"组的"查询向导"按钮,打开"新建查询"对话框。

② 在"新建查询"对话框中选择"查找重复项查询向导"选项,单击"确定"按钮,打开"查找重复项查询向导"对话框,如图 4-15 所示。

③ 在"查找重复项查询向导"对话框中选择查询的数据源,此处选择"查询"单选按钮,并在列表框中选择查询"项目 1-1-2 学生选课成绩",见图 4-15。然后单击"下一步"按钮,打开如图 4-16 所示的对话框,在该对话框的"可以字段"列表框中选择包含重复项的一个或多个字段,此处选择"课程名称"字段。

图 4-15　"查找重复项查询向导"对话框　　图 4-16　设置包含重复信息的字段

④ 单击"下一步"按钮,打开如图 4-17 所示的对话框,在该对话框的"另外的查询字段"列表框中选择查询中要显示的除重复字段以外的其他字段,此处选择"姓名"、"专业"字段。

⑤ 单击"下一步"按钮,在打开的对话框的文本框中输入查询名称"项目1-1-3 选修相同课程的学生信息",如图4-18所示。

图4-17　选择其他查询字段

图4-18　设置查询名称

⑥ 单击"完成"按钮完成查询的创建,运行的查询结果如图4-19所示。

课程名称	姓名	专业
编译原理	马天东	市场营销
编译原理	陈文欣	物流管理
操作系统	潘星	物流管理
操作系统	高梦娜	统计学
高等数学	钟舒琪	国际商务
高等数学	吴战橘	汉语言文学
管理信息系统	李星薪	财务管理
管理信息系统	杨大肖	物流管理
汇编语言	高磊平	市场营销
汇编语言	吴时方	对外汉语
汇编语言	孙应万	汉语言文学
汇编语言	璐娜梅	国际贸易
计算机会计	吴红薇	会计学
计算机会计	祝天津	物流管理

图4-19　选修相同课程的学生信息

 说明

使用"查找重复项查询向导"命令可以实现在单一表/查询中查找具有重复字段值的记录,还可以在查询向导中把多个查询字段设为条件。如果被选择的查询字段存在重复数据,则会被查找出来并显示在查询结果中。

4. 使用"查找不匹配项查询向导"创建查询

根据"教学信息管理系统"数据库创建一个名称为"项目1-1-4 没有选修课程的学生"的查询,用于查找那些在"成绩"表中没有他们选修成绩的学生记录,查询结果显示学生的姓名、籍贯、出生日期、专业和系编号字段。其操作步骤如下。

① 单击"创建"选项卡上"查询"组中的"查询向导"按钮,打开"新建查询"对话框。

② 在"新建查询"对话框中选择"查找不匹配项查询向导"选项,单击"确定"按钮,打开"查找不匹配项查询向导"对话框,如图4-20所示。

③ 在"查找不匹配项查询向导"对话框中选择"学生"表,单击"下一步"按钮,打开如图4-21所示的对话框。

④ 在图 4-21 所示对话框中选择含有相关记录的表"成绩",单击"下一步"按钮,打开如图 4-22 所示的对话框。

⑤ 在对话框中选择两张数据表中都有的信息,即匹配字段。此处在字段列表框中选择两张表都有的字段"学号",单击"下一步"按钮,打开如图 4-23 所示的对话框。

⑥ 在图 4-23 所示的对话框中选择查询结果中需要显示的字段,此处选择"姓名"、"籍贯"、"出生日期"、"专业"和"系编号"字段。

图 4-20 "查找不匹配项查询向导"对话框

图 4-21 确定包含相关记录的表

图 4-22 确定两张的匹配字段

图 4-23 选择查询字段

⑦ 单击"下一步"按钮,在打开的对话框中输入查询名称"项目 1-1-4 没有选修课程的学生",如图 4-24 所示。单击"完成"按钮完成查询的创建,查询的显示结果如图 4-25 所示。

图 4-24 设置查询名称

图 4-25 没有选修课程的学生

说明

使用"查找不匹配项查询向导"命令,可以让用户在一个表或查询中查找在另一个表或查询中没有相关记录的数据。

任务二　使用设计视图创建查询

📖　**任务描述**

虽然使用"查询向导"可以便捷、快速的创建查询,但基于"查询向导"只能创建一些简单的查询,它有一定的局限性,如无法对查询设置查询条件。而使用"设计视图"创建查询,不但可以按照用户的特定需要选择字段,以及设置相关的查询条件,还可以对已经创建的查询进行修改,以满足用户新的需求。下面通过 2 个实例介绍如何使用"设计视图"创建查询。

📖　**任务分析**

在实施任务之前,先让我们熟悉查询"设计视图"界面中各个选项的含义,"设计"选项卡上各个组的功能,以及基本查询和条件查询的概念。

📖　**知识链接**

1. 查询"设计视图"界面

单击"新建"选项卡上"查询"组中的"查询设计"按钮;或选中查询,右击鼠标,在快捷菜单中选择"设计视图"命令,则会打开如图 4-26 所示的查询"设计视图"界面。

图 4-26　查询"设计视图"界面

查询的"设计视图"界面包含以下两个窗口。

① 表/查询显示窗口。用于显示查询的数据来源。窗口中的表或查询具有可视性,列出了表/查询中的所有字段。如果是多表查询,则同时显示表之间的联系。

② 设计网格窗口(也称为 QBE 网格)。用于设置查询要显示的字段、查询条件、查询结果的排序。从图 4-26 可以看到"设计网格"窗口是由一些字段列和已命名的行组成。每一非空列对应着查询结果中的一个字段,行表明字段在查询中的属性或要求。各设置项的含义如下所示。

① 字段:设置字段或字段表达式,用于表示在查询中使用到的字段。

② 表:选择字段所在的表或查询的名称。

③ 排序:定义字段的排序方式,可以选择升序或降序排列。

④ 显示:确定是否在查询结果的数据表中显示该字段,如果在显示行的复选框中勾选,则在查询结果中显示该字段,否则不显示。

⑤ 条件:指定查询的筛选条件。用户通过指定查询条件,限制在查询结果中显示的记录或限制包含在计算中的记录。

⑥ 或:指定逻辑"或"关系的多个限制条件。

2. "设计"选项卡

打开查询"设计视图"后,Access 2010 应用程序窗口会增加一个"设计"选项卡,如图 4-27 所示。

图 4-27　"设计"选项卡

下面简要介绍"设计"选项卡上不同组中常用的功能。

① 视图按钮:单击该按钮的下拉列表,选择不同的查询视图,可以让查询在 5 种视图之间进行切换。

② 运行按钮:单击该按钮运行当前打开的查询,生成并显示查询结果。

③ "查询类型"组:选择"查询类型"组上的不同按钮,可以创建相应类型的查询,如交叉表查询、生成表查询等。

④ 显示表按钮:该按钮用于打开/关闭"显示表"对话框。

⑤ 生成器按钮:用于打开/关闭"表达式生成器"对话框。

⑥ 汇总按钮:该按钮用于显示/关闭查询"设计视图"界面"设计网格"中的"总计"行。

⑦ 属性表按钮:用于打开/关闭"属性表"任务窗格。

3. 基本查询

如果用户创建的查询不包含任何查询条件,此时查询结果将显示数据源中若干或全部字段的所有记录,称该查询为基本查询。

4. 条件查询

用户在日常使用数据库时,往往所执行的查询不仅仅是简单的基本查询,而是带有一定的限制条件。例如查询籍贯为广东的女学生信息,这类查询称之为条件查询。用户在设计此类查询时需要在"设计视图"界面的"设计网格"窗口的"条件"行上输入查询条件,当运行查询时,会从指定的数据源中筛选出符合条件的数据。

任务设计

1. 创建基本查询

根据"教学信息管理系统"数据库,创建一个名称为"项目 1-2-1 教师任课表"的查询,用于检索每位教师的任课情况,查询结果显示姓名、课程名称、学期、授课时间和授课地点 5 个字段。其操作步骤如下。

① 单击"创建"选项卡上"查询"组中的"查询设计"按钮,打开如图 4-28 所示的"设计视图"界面和"显示表"对话框。

② 在"显示表"对话框中,单击"表"选项卡,用户可以看到当前数据库拥有的表对象,此处依次双击"教师"、"课程"、"授课"表,将"教师"表、"课程表"和"授课"表添加到查询"设计视图"界面的上半部分窗口中,然后单击"关闭"按钮关闭"显示表"对话框,结果如图 4-29 所示。

图 4-28 查询"设计视图"界面   图 4-29 设置查询的数据源

③ 双击"教师"表中的"姓名"字段或选中"姓名"字段将其直接拖放到"字段"行上,此时在查询"设计视图"界面的"设计网格"的"字段"行上显示该字段的名称"姓名","表"行上显示该字段所对应的表名"教师"。

④ 重复第③步的操作,依次将"课程"表中"课程名称"字段和"授课"表中的"学期"、"授课时间"和"授课地点"等字段添加到"设计网格"的"字段"行上,设置结果如图 4-30 所示。

⑤ 单击快速访问工具栏上的"保存"按钮 ,在打开的"另存为"对话框的"查询名称"文本框中输入"项目 1-2-1 教师任课表",然后单击"确定"按钮。

⑥ 单击"设计"选项卡上"结果"组中的"视图"按钮 ,或单击"设计"选项卡上"结果"组中的"运行"按钮 切换到数据表视图,查询的运行结果如图 4-31 所示。

图 4-30 设置查询字段   图 4-31 教师任课表

2. 创建条件查询

根据"教学信息管理系统"数据库,创建一个名称为"项目 1-2-2 职称为副教授的女教师"的查询,用于检索教师表中职称为教授的女教师信息,查询结果显示姓名、性别、籍贯、出生日期、学历和职称 6 个字段。其操作步骤如下。

① 单击"创建"选项卡上"查询"组中的"查询设计"按钮,打开"设计视图"界面和"显示表"对话框。

② 在"显示表"对话框中,将"教师"表添加到查询"设计视图"界面的上半部分窗口中,然后单击"关闭"按钮关闭"显示表"对话框。

③ 在查询"设计视图"界面的"设计网格"窗口中,单击"字段"行空白列右侧的下拉列表,选择"姓名"字段,如图 4-32 所示。以同样的方法依次选择"性别"、"籍贯"、"出生日期"、"学历"和"职称"其他 5 个字段。

④ 单击快速访问工具栏上的"保存"按钮 ,在打开的"另存为"对话框的"查询名称"文本框中输入"项目 1-2-2 职称为副教授的女教师",然后单击"确定"按钮。

⑤ 在"性别"字段列的"条件"行单元格中输入查询条件"女",并在"职称"字段列的"条件"行单元格中输入查询条件"副教授",设置结果如图 4-33 所示。

图 4-32　选择查询字段　　　　　　　　图 4-33　设置查询条件

⑥ 单击"设计"选项卡上"结果"组中的"视图"按钮,或单击"设计"选项卡上"结果"组中的"运行"按钮,查询的运行结果如图 4-34 所示。

图 4-34　职称为副教授的女教师信息

任务三 运行和修改查询

□ 任务描述

当查询创建好之后，用户想要查看查询到的数据，则需要运行查询。运行查询实质是执行查询对象所对应的 SQL 语句，用户常以打开查询的"数据表视图"窗口，用表格形式显示查询结果。当用户对查询到的数据提出新的需求，而在不重新创建查询的基础如何快速满足用户需求，行之有效的方法是修改已创建的查询。修改查询是指打开查询的"设计视图"界面，对查询的数据源、查询显示的字段、排序或查询条件等进行编辑。

□ 任务分析

运行查询需要熟悉运行查询的基本方法。修改查询需要知道如何添加或删除数据源、字段和查询条件。

□ 知识链接

1．运行查询

运行查询有如下几种方法。

① 在查询"设计视图"界面，单击"设计"选项卡上"结果"组中的"视图"按钮。

② 在查询"设计视图"界面，单击"设计"选项卡上"结果"组中的"运行"按钮。

③ 在查询"设计视图"界面，右击鼠标，在弹出的快捷菜单中选择"数据表视图"选项。

④ 在查询对象导航窗格中，选中并双击要运行的查询。

⑤ 在查询对象导航窗格中，选中并右击要运行的查询，在弹出的快捷菜单中选择"打开"选项。

除了上述介绍运行查询的 5 种方法外，用户也可以通过"宏"或"模块"来运行查询。

2．修改查询

修改查询即打开已有查询的"设计视图"界面，用户根据需要添加、删除查询数据源所需要的表或查询；或者添加、修改、删除"设计网格"窗口中的各个选项；以及通过复制已有的查询来创建查询。

□ 任务设计

1．通过复制来创建查询

根据"教学管理信息系统"数据库，通过复制查询对象中的"项目 1-2-2 职称为副教授的女教师"查询来创建一个新的查询，新建查询的名称为"项目 1-3-1 职称为副教授的女教师信息"，并运行新建的查询。其操作步骤如下。

① 在查询对象的导航窗格中，选中"项目 1-2-2 职称为副教授的女教师"查询。

② 右击鼠标，在弹出的快捷菜单中选择"复制（C）"选项；或按组合键＜Ctrl＋C＞复制选定的查询。

③ 按＜Ctrl＋V＞粘贴刚才复制的查询，打开"粘贴为"对话框。

④ 在"粘贴为"对话框的"查询名称"文本框中，输入"项目 1-3-1 职称为副教授的女教师信息"。单击"确定"按钮，即完成查询的复制，用户在查询对象的导航窗格中，可以看到通过复制所创建的查询。

⑤ 在查询对象的导航窗格中，选中并双击"项目 1-3-1 职称为副教授的女教师信息"查询，其运行结果如图 4-35 所示。

图 4-35 查询运行结果

2. 修改查询

修改"项目 1-3-1 职称为副教授的女教师信息"查询,使该查询可以查看职称为副教授的女教师任课情况(即课表),查询结果显示姓名、系编号、学期、课程名称、授课时间和授课地点 6 个字段,查询结果按系编号"降序"排列。其操作步骤如下。

① 在查询对象的导航窗格中,选中"项目 1-3-1 职称为副教授的女教师信息"查询。

② 右击鼠标,在弹出的快捷菜单中选择"设计视图"选项,打开查询"设计视图"界面,见图 4-33。

③ 单击"设计"选项卡上"查询设置"组中的"显示表"按钮 🖳;或在"设计视图"界面的上半部分窗口空白处右击鼠标,在打开的快捷菜单中选择"显示表"命令,打开"显示表"对话框,见图 4-28。

④ 在"显示表"对话框中,将"课程"表和"授课"表添加到查询"设计视图"界面的上半部分窗口中。关闭"显示表"对话框。

⑤ 在"设计视图"界面的"设计网格"窗口,选定"籍贯"、"出生日期"和"学历"字段列,按<Del>键,从"设计网格"窗口上删除这 3 个字段。

⑥ 接着将"教师"表中的"系编号"字段、"课程"表中的"课程名称"字段,以及"授课"表中的"学期"、"授课时间"和"授课地点"字段添加到"设计网格"窗口上。

⑦ 单击"系编号"字段对应的"排序"行单元格右边的"下拉"按钮,在打开的"下拉"列表框中选择"降序"命令。

⑧ 取消"性别"字段、"职称"字段对应的"显示"行上"复选框"中的勾选,即在查询结果中不显示这两个字段。查询的修改结果如图 4-36 所示。

⑨ 保存对查询的修改。单击"设计"选项卡上"结果"组中的"运行"按钮,查询运行结果如图 4-37 所示。

图 4-36 查询的修改结果

图 4-37 查询运行结果

项目二 设置查询条件

用户在实际应用中,创建的查询并不是简单查询,而是带有一定限制条件的复杂查询。如项目一所创建的"项目1-2-2 职称为副教授的女教师"查询。用户要实现带有条件的查询,则需要设置查询条件。

查询条件是由运算符、常量、函数和字段名等任意组合而成,并能够产生一个计算结果。由于在创建带条件的查询时需要设置查询条件,因此用户首先需要了解查询条件的组成,以及如何用表达式来表示不同的约束条件。

任务一 设置查询条件

📖 任务描述

针对用户对查询提出的约束条件,在查询"设计视图"界面的"设计网格"窗口,设置查询条件的表达式来创建满足不同条件的查询。根据查询的实际条件,可以在"条件"行、"或"行和"或"行下紧接的相应空白行的单元格中输入条件对应的表达式。当对多个字段的"条件"单元格中设置查询条件的表达式时,这些不同单元格中的查询条件可以同时满足,也可以只满足其中的一个,还可以在查询条件中使用内置函数,以满足设置复杂查询条件的需要。

📖 任务分析

由于用于表示查询条件的表达式是由运算符、常量、函数和字段名构成,因此用户首先应熟悉 Access 中常见的运算符和内置函数,以及如何书写表达式。接着通过几个实例介绍针对用户的不同需求设置相应的查询条件,从而检索出满足用户实际需要的数据。

📖 知识链接

1. 运算符

运算符是组成查询条件的基本元素。在 Access 中常见的运算符有算术运算符、关系运算符、逻辑运算符和特殊运算符。下面简要介绍这 4 种运算符。

(1)算术运算符

算术运算符的说明、示例如表 4-1 所示。

表 4-1 算术运算符

算术运算符	说明	查询条件举例	作用
+	加	[分数]+10	在原有分数的基础上加上 10 分
−	减	[分数]−10	在原有分数的基础上减去 10 分
*	乘	[分数]*30%	分数按 30%折合
/	除	[总分]/[课程门数]	求出课程的平均分
\	整除	5\3	求 5 整除 3 的商
Mod	求余	5 Mod 3	求 5 除以 3 的余数
^	乘方	2^2	求 2 的平方

说明

　　如果用户在查询条件中引用字段名,则字段名需要用中括号"[ ]"括起来。表 4-1 算术运算符的优先级依次为由低到高。

　　(2) 关系运算符

　　关系运算符也称作比较运算符,运算符左右两边进行比较的数据的数据类型必须匹配,即参与运算的左边数据的数据类型若是文本型,则右边对应数据的数据类型也只能是文本型。有关关系运算符的说明、示例如表 4-2 所示。

表 4-2　关系运算符

关系运算符	说明	查询条件举例	作用
>	大于	[出生日期] > #1990-12-31#	查询出 1991 年及其以后出生的学生信息
>=	大于或等于	[出生日期] >= #1990-1-1#	查询出 1990 年及其以后出生的学生信息
<	小于	[分数] < 60	查询出 60 分以下的信息
<=	小于或等于	[分数] <= 60	查询出 60 分及其以下的信息
=	等于	[性别] = "女"	查询出性别为女的信息
<>	不等于	[性别] <> "女"	查询出性别不为女的信息

　说明

　　如在查询条件中包含日期时间型常量,则需要用一对井字号"#"将其括起来。例如[出生日期] > #1992-1-1# 。

　　(3) 逻辑运算符

　　当查询条件包含多个条件时,可以使用逻辑运算符来进行组合。逻辑运算符的优先级由低到高依次是 OR、AND、NOT。有关逻辑运算符的说明、示例如表 4-3 所示。

表 4-3　逻辑运算符

逻辑运算符	说明	查询条件举例	作用
OR	逻辑或	"男" OR "副教授"	查询出性别为男或职称为副教授的教师
AND	逻辑与	"男" AND "副教授"	查询出性别为男且职称为副教授的教师
NOT	逻辑非	NOT "副教授"	查询出职称不是副教授的教师

　说明

　　如在查询条件中包含字符型常量,则需要用一对单引号或双引号将其括起来。

　　(4) 特殊运算符

　　特殊运算符的说明、示例如表 4-4 所示。

表 4-4　特殊运算符

特殊运算符	说明	查询条件举例	作用
IN	指定一个字段值的列表	IN("讲师","教授")	查询出职称为讲师或教授的教师
BETWEEN … AND	指定一个字段值的范围	BETWEEN　90 AND 100	查询出分数介于 90 与 100 之间的信息,其等价于:>=90 and <=100
IS NULL	指定一个字段值为空	[分数] IS NULL	查询出缺考的考生信息
IS NOT NULL	指定一个字段值不为空	[分数] IS NOT NULL	查询出分数不为空的考生信息
LIKE	用于指定查找文本型字段的模式匹配,限于字符型数据类型	LIKE "李＊" LIKE "％海％"	查询出姓"李"的信息 查询出姓名含有"海"字的信息

 说明

特殊运算符 LIKE 常与通配符一起使用。用户在指定查询内容时,如果想要在只知道部分内容的情况下对数据进行查询,或者按照特定的要求检索数据,则可以通过通配符作为其他字符的占位符。常用的通配符如下。

①　＊:通配任意一串字符,例如想要查找所有 wh 开头的单词,可以表示为 wh＊,则查询结果可以有 while、what 等等。

②　?:通配任意一个字符,例如 b? d 可以查找到 bed 和 bad,但不能找到 beed。

③　[ ]:通配方括号内任意一个字符,例如 b[ae]ll 可以查找到 ball 和 bell,但是不能找到 bill。

④　!:通配任何不在括号内的字符,例如 b[! ae]ll 可以查找到 bill 和 bull,但是不能找到 ball 和 bell。

⑤　—:通配指定范围内的任何一个字符,注意指定范围需要以递增顺序排列,例如 b[a—c]d 可以查找到 bad、bbd 和 bed,但查找不到 bdd。

⑥　♯:通配任何一个数据字符,例如 8♯8 可以查找到 808,818 和 828 等。

2. 表达式

表达式是一个或一个以上的字段、函数、运算符、变量或常量的组合。在查询的"设计视图"界面中,若要对"设计网格"窗口中的某个字段指定条件,则可以在该字段的"条件"单元格中输入一个表达式。例如想要计算期末总分,可以使用下面的表达式来实现。

如果表达式比较复杂,当用户光标处于该字段的"条件"单元格时,单击"设计"选项卡"查询设置"组中的"生成器"按钮 ，打开如图 4-38 所示的"表达式生成器"对话框。在表达式生成器中用户可以构造所需要的表达式。

图 4-38 "表达式生成器"对话框

在输入表达式时,除了汉字以外,其他所有字符必须在英文输入法状态下输入。

3. 函数

Access 为用户提供了大量的内置函数,包括算术函数、文本函数、日期/时间函数、SQL 聚合函数等。在如图 4-38 所示的"表达式生成器"对话框中,用户双击"函数"选项并选择"内置函数",则可以看到所有内置函数,见图 4-38。

使用这些内置函数可以更好的设计查询条件,也能更好的对数据进行计算、处理。每个函数由函数名、小括号、参数组成。函数的参数也可以是一个表达式,例如返回当前系统日期的月份,可以用"Month(Date())"表达式来表示,此处用函数的返回值 Date() 作为另一个函数 Month() 的参数。

下面简要介绍常用函数的格式及其功能。

(1) 算术函数

常用算术函数及其功能如表 4-5 所示。

表 4-5 常用算术函数

函数	功能	举例
Abs(数值表达式)	绝对值函数,返回数值表达式值的绝对值	Abs(−10),其结果为 10
Int(数值表达式)	取整函数,返回数值表达式值的整数部分,如果参数为负数时,则返回小于等于参数值的第一个负数	Int(8.65),其结果为 8
Round(数值表达式 ,*n*)	四舍五入函数,按指定的小数位数 *n* 进行四舍五入运算	Round(8.65,1),其结果为 8.7
Srq(数值表达式)	平方根函数,返回数值表达式值的平方根值	Srq(64),其结果为 8
Rnd(数值表达式)	随机函数,产生一个 0 到 9 之间的随机数,为单精度类型	Rnd(0),产生最近生成的随机数

（2）文本函数

文本函数又称为字符串函数，常用的文本函数及其功能如表 4-6 所示。

表 4-6　常用文本函数

函数	功能	举例
Left(字符表达式，n)	字符串截取函数。从字符串表达式左侧第 1 个字符开始，截取 n 个字符。当字符表达式是 NULL 时，返回 NULL；当 n 为 0 时，返回一个空串；当 n 大于或等于字符表达式的字符个数时，返回字符表达式	left("广东财经大学华商学院"，6)，其结果为：广东财经大学
Right(字符表达式，n)	字符串截取函数。从字符表达式右侧第 1 个字符开始，截取 n 个字符。当字符表达式是 NULL 时，返回 NULL；当 n 为 0 时，返回一个空串；当 n 大于或等于字符表达式的字符个数时，返回字符表达式	Right("广东财经大学华商学院"，4)，其结果为：华商学院
Mid(字符表达式，$n1$,$n2$)	字符串截取函数。从字符表达式的第 $n1$ 个字符开始，截取 $n2$ 个字符。其中，$n1$ 是开始的字符位置，$n2$ 是取的字符个数	Mid("广东财经大学华商学院"，3，4)，其结果为：财经大学
Len(字符表达式）	求字符串长度。返回字符表达式的字符个数	Len("abc")，其结果为 3
Ucase(字符表达式）	大小写转换函数，将指定字符表达式中的小写字母转换成大写字母	Ucase("aBc")，其结果为：ABC
Lcase(字符表达式）	大小写转换函数，将指定字符表达式中的大写字母转换成小写字母	Lcase("aBc")，其结果为：abc
Ltrim(字符表达式）	删除空格函数，删除字符串前面的空格	Ltrim(" abc ")，其结果为："abc "
Rtrim(字符表达式）	删除空格函数，删除字符串末尾的空格	Rtrim(" abc ")，其结果为：" abc"
Trim(字符表达式）	删除空格函数，删除字符串前面、末尾的空格	Trim(" abc ")，其结果为："abc"

（3）日期时间函数

常用的日期时间函数及其功能如表 4-7 所示。

表 4-7　常用日期时间函数

函数	功能	举例
Date( )	返回当前系统日期	如 Date()，其结果可以为：2013-06-20
Time( )	返回当前系统时期	如 Time()，其结果可以为：21:50
Now( )	返回当前系统日期和时间	如 Now()，其结果可以为：2013-06-20 21:30:23
Year(日期表达式）	返回日期表达式年份的整数	Year(#2013-06-20#)，其结果为：2013
Month(日期表达式）	返回日期表达式月份的整数，其值为 1~12	Month(#2013-06-20#)，其结果为：06
Day(日期表达式）	返回日期表达式日期的整数，其值为 1~31	Day(#2013-06-20#)，其结果为：20
Weekday(日期表达式）	返回一周内的某天。1 表示星期天，2 表示星期一，…，7 表示星期六	Weekday(#2013-06-20#)，其结果为：5
Hour(时间表达式）	返回时间表达式的小时数，其值为 0~23	Hour(# 21:50:15 #)，其结果为：21
Minute(时间表达式）	返回时间表达式的分钟数，其值为 0~59	Minute(# 21:50:15 #)，其结果为：50
Second(时间表达式）	返回时间表达式的秒数，其值为 0~59	Second(# 21:50:15#)，其结果为：15

（4）SQL 聚合函数

SQL 聚合函数及其功能如表 4-8 所示。

表 4-8 SQL 聚合函数

函数	功能	举例
Sum（字符表达式）	返回字符表达式中值的总和。字符表达式可以是一个字段名，也可以是一个含字段名的表达式，但所含字段的数据类型必须是数字型	Sum（［分数］）
Avg（字符表达式）	返回字符表达式中值的平均值	Avg（［分数］）
Max（字符表达式）	返回字符表达式中值的最大值	Min（［分数］）
Min（字符表达式）	返回字符表达式中值的最小值	Min（［分数］）
Count（字符表达式）	返回字符表达式中值的个数，通常以星号（＊）作为其参数	Count（［分数］）

任务设计

1. 设置"且关系"的查询条件

根据"教学信息管理系统"数据库，创建一个名称为"项目 2-1-1 男团员的学生信息"的查询，用于检索性别为"男"且政治面貌为"团员"的学生信息，查询结果显示姓名、性别、民族、籍贯、出生日期、专业 6 个字段。其操作步骤如下。

① 单击"创建"选项卡上"查询"组中的"查询设计"按钮，打开"设计视图"界面和"显示表"对话框。

② 在"显示表"对话框中，将"学生"表添加到查询"设计视图"界面的上半部分窗口中，然后单击"关闭"按钮关闭"显示表"对话框。

③ 按图 4-39 所示设置查询结果显示的字段和查询条件。

④ 将查询保存为"项目 2-1-1 男团员的学生信息"，其运行结果如图 4-40 所示。

图 4-39 设置查询字段和查询条件

图 4-40 查询运行结果

 说明

在查询"设计视图"界面的"设计网格"窗口，如果在同一条件行的不同单元格中设置了查询条件的表达式，则表示这些查询条件之间是"且的关系"，即不同单元格中的条件必须同时满足。此时 Access 会自动用 AND 运算符去组合同一条件行的不同单元格中的条件表达式,构成一个组合条件,表示查找满足该条件行的所有查询条件的数据。

2. 设置"或关系"的查询条件

根据"教学信息管理系统"数据库,创建一个名称为"项目 2-1-2 预备党员或群众的学生信息"的查询,用于检索政治面貌为"预备党员"或"群众"的学生信息,查询结果显示姓名、性别、民族、籍贯、政治面貌、出生日期 6 个字段。其操作步骤如下。

① 单击"创建"选项卡上"查询"组的选择"查询设计"按钮,打开"设计视图"界面和"显示表"对话框。

② 在"显示表"对话框中,将"学生"表添加到查询"设计视图"界面的上半部分窗口中,然后单击"关闭"按钮关闭"显示表"对话框。

③ 按图 4-41 所示设置查询结果要显示的字段和查询条件。

④ 将查询保存为"项目 2-1-2 预备党员或群众的学生信息",其运行结果如图 4-42 所示。

图 4-41　设置查询字段和查询条件

图 4-42　查询运行结果

说明

在查询"设计视图"界面的"设计网格"窗口,如果在每一条件行中只有一个字段的"条件"单元格(包括"条件行"的单元格和"或"条件行的单元格)设置了查询条件的表达式,则对于这些条件行,Access 系统会自动用 OR 运算符去组合不同条件行的条件表达式,构成一个组合条件,表示查找满足条件行的任意一个条件的数据。

3. 设置"且/或关系"的查询条件

根据"教学信息管理系统"数据库,创建一个名称为"项目 2-1-3 计算机科学男学生或信息管理女学生"的查询",用于检索专业为"计算机科学"的男学生或专业为"信息管理"的女学生信息,查询结果显示姓名、性别、籍贯、专业、系名称 5 个字段。其操作步骤如下。

① 单击"创建"选项卡上"查询"组中的"查询设计"按钮,打开"设计视图"界面和"显示表"对话框。

② 在"显示表"对话框中,将"学生"、"院系"表添加到查询"设计视图"界面的上半部分窗口中,然后单击"关闭"按钮关闭"显示表"对话框。

③ 首先在"设计网格"的"性别"字段列的"条件"行单元格输入查询条件"男",并在"专业"字段列的"条件"行单元格输入查询条件"计算机科学"。接着在"设计网格"的"性别"字段列的"或"行单元格输入查询条件"女",并在"专业"字段列的"或"行单元格输入查询条件"信息管理",设置结果如图 4-43 所示。

④ 将查询保存为"项目 2-1-3 计算机科学男学生或信息管理女学生",其运行结果如图 4-44 所示。

图 4-43　设置查询字段和查询条件　　　　图 4-44　查询运行结果

说明

在查询"设计视图"界面的"设计网格"窗口,如果对于多个不同字段的不同条件行的"条件"单元格(包括"条件行"的单元格和"或"条件行的单元格)设置了查询条件的表达式,Access 系统会自动用若干个 AND 运算符和 OR 运算符去组合不同字段的不同条件行的"条件"单元格的表达式,构成一个组合条件,表示查找满足任意一条件行的所有"条件"单元格的条件的数据。

4. 设置模糊查询条件

根据"教学信息管理系统"数据库,创建一个名称为"项目 2-1-4 张/李姓学生的选课成绩"的查询,用于查找姓张或姓李的学生的选课成绩,查询结果显示姓名、专业、课程名称、分数 4 个字段。其操作步骤如下。

① 单击"创建"选项卡上"查询"组中的"查询设计"按钮,打开"设计视图"界面和"显示表"对话框。

② 在"显示表"对话框中,将查询数据源"学生"、"课程"和"成绩"表添加到查询"设计视图"界面的上半部分窗口中,然后关闭"显示表"对话框。

③ 依次将"学生"表中的"姓名"、"专业"字段,"课程"表的"课程名称"字段,"成绩"表的"分数"字段添加到设计网格的"字段"行上;在"姓名"字段的"条件"行中输入:Like ˝[张李]＊˝。查询的设置结果如图 4-45 所示。

④ 将查询保存为"项目 2-1-4 张/李姓学生的选课成绩",其运行结果如图 4-46 所示。

图 4-45　设置查询字段和查询条件　　　　图 4-46　查询运行结果

说明

如果想要查询的数据只知道部分内容,则可以通过在查询条件中使用特殊运算符LIKE来实现。

5. 查询中使用 IN 运算符

根据"教学信息管理系统"数据库,创建一个名称为"项目 2-1-5 教授和副教授的教师信息"的查询,用于查找职称为"教授"和"副教授"的教师信息,查询结果显示"教师"表中所有字段。其操作步骤如下。

① 单击"创建"选项卡上"查询"组中的"查询设计"按钮,打开"设计视图"界面和"显示表"对话框。

② 在"显示表"对话框中,将"教师"表添加到查询的"设计视图"界面的上半部分窗口中,然后关闭"显示表"对话框。

③ 双击"教师"表字段列表区中的星号"＊",将"教师"表中的所有字段添加到设计网格的"字段"行上;在"职称"字段的"条件"行中输入:In（"教授","副教授"）,并去掉"职称"列对应"显示"行复选框中的勾选。查询的设置结果如图 4-47 所示。

④ 将查询保存为"项目 2-1-5 教授和副教授的教师信息",其运行结果如图 4-48 所示。

图 4-47　设置查询字段和查询条件　　　　图 4-48　查询运行结果

说明

如果查询条件值在某个列表选项内,则可以通过在查询条件使用特殊运算符 IN 来实现,且 IN 运算符设置的查询条件可用 OR 运算符来替换。如上述例子的查询条件可更改为:"教授" OR "副教授"。

6. 查询中使用 BETWEEN … AND 运算符

根据"教学信息管理系统"数据库,创建一个名称为"项目 2-1-6 分数 80 至 100 的学生选课信息"的查询,用于查找分数介于 80 分至 100 分之间的学生选课信息(包含 80 分和 100 分),查询结果显示姓名、专业、系名称、课程名称和分数 5 个字段。其操作步骤如下。

① 单击"创建"选项卡上"查询"组中的"查询设计"按钮,打开"设计视图"界面和"显示表"对话框。

② 在"显示表"对话框中,将"学生"、"院系"、"课程"和"成绩"表等查询的数据源添加到查询的"设计视图"界面的上半部分窗口中,然后关闭"显示表"对话框。

③ 依次将数据源中的"姓名"、"专业"、"系名称"、"课程名称"和"分数"等字段添加到"设计网格"的"字段"行上;在"分数"字段的"条件"行中输入:Between 80 And 100。查询的设置结果如图 4-49 所示。

④ 将查询保存为"项目 2-1-6 分数 80 至 100 的学生选课信息",其运行结果如图 4-50 所示。

图 4-49　设置查询字段和查询条件

图 4-50　查询运行结果

 说明

如果查询条件约束的字段是数值型,且限制条件是在某个取值范围内,则可以通过在查询条件使用 BETWEEN … AND 运算符来实现,此时查询条件也可以用关系运算符来替换。如上述例子的查询条件可更改为:>=80 and <=100。

7. 查询中使用函数

根据"教学信息管理系统"数据库,创建一个名称为"项目 2-1-7 1979 出生的教师信息"的查询,用于查找"1979"年出生的教师信息,查询结果显示教师的姓名、性别、籍贯、学历、出生日期和职称 6 个字段。其操作步骤如下。

① 单击"创建"选项卡上"查询"组中的"查询设计"按钮,打开"设计视图"界面和"显示表"对话框。

② 在"显示表"对话框中,将"教师"表添加到查询的"设计视图"界面的上半部分窗口中,然后关闭"显示表"对话框。

③ 依次将数据源中的"姓名"、"性别"、"籍贯"、"学历"、"出生日期"和"职称"等字段添加到"设计网格"的"字段"行上;在"出生日期"字段的"条件"行中输入:Year([出生日期])=' 1979 '。查询的设置结果如图 4-51 所示。

④ 将查询保存为"项目 2-1-7 1979 出生的教师信息",其运行结果如图 4-52 所示。

图 4-51　设置查询字段和查询条件

图 4-52　查询运行结果

任务二　在查询中进行计算

　　任务描述

在前面任务所创建的查询中,查询结果只是显示符合查询条件的数据,并没有对符合要求的数据进行统计和汇总。然而用户在实际应用中,经常需要对查询到的数据进行计算,如求最大值、最小值、计数和求和等。下面通过一些实例介绍如何在"设计网格"的"总计"行中对查询数据进行各种计算。

　　任务分析

用户想要对数据源中的数据进行计算,需要用到"设计"选项卡上"显示/隐藏"组中的

"汇总"按钮 Σ。通过在查询"设计视图"界面的"设计网格"中使用"预定义计算"和"自定义计算"两种类型来设置查询中的计算。

　　知识链接

1. 查询计算功能

（1）预定义计算

"预定义计算"又称"总计"计算,是 Access 提供的、用于对查询中的分组记录或全部记录进行的计算,例如求总和、平均值、最大值、最小值、计数、标准偏差或方差等。

当单击"设计"选项卡上"显示/隐藏"组中的"汇总"按钮 Σ,会在"设计网格"中增加"总计"行。"总计"行的下拉列表框中有 12 个总计项,用户根据实际需要在"设计网格"的字段对应的"总计"行中选择总计项,用来对查询中的全部记录、一条或多条分组记录进行计算。"总计"行下拉列表框中各个总计项的含义如下。

- Group By(分组)：设置用于分组的字段。
- 合计：求指定字段的累加和。
- 平均值：求指定字段的平均值。
- 最小值：求指定字段的最小值。
- 最大值：求指定字段的最大值。
- 计数：求指定字段中非空值个数。
- StDev(标准方差)：求指定字段值的标准偏差。
- 方差：求指定字段值的方差。
- First(第一条记录)：求在表或查询中第一条记录的字段值。
- Last(最后一条记录)：求在表或查询中最后一条记录的字段值。
- Expression(表达式)：创建表达式中包含统计函数的计算字段。
- Where(条件)：设置查询要满足的条件。

(2) 自定义计算

"自定义计算"可以对一个或多个字段的值进行数值、日期和文本计算。如果想要进行"自定义计算"，则需要在"设计网格"中新建计算字段，方法是将表达式输入到"设计网格"中的空"字段"单元格中。

任务设计

1. 设置总计计算

(1) 根据"教学信息管理系统"数据库，创建一个名称为"项目 2-2-1 学生总人数"的查询，用于统计学生的总人数。其操作步骤如下。

① 打开查询的"设计视图"界面，添加查询的数据源"学生"表。

② 将"学生"表中的"姓名"字段添加到"设计网格"窗口的"字段"行上。

③ 单击"设计"选项卡上"显示/隐藏"组中的"汇总"按钮，此时在"设计网格"窗口显示"总计"行。

④ 单击"设计网格"窗口"姓名"字段列对应的"总计"行下拉列表框，然后在打开的下拉列表框中选择"计数"选项。查询的设置结果如图 4-53 所示。

⑤ 将查询保存为"项目 2-2-1 学生总人数"，其运行结果如图 4-54 所示。

图 4-53　查询设置结果

图 4-54　查询运行结果

⑥ 在图 4-54 所示的查询结果中，默认显示的标题名称为"姓名之计数"，其含义不太明确，可以返回查询的"设计网格"窗口修改标题名。单击"姓名"字段单元格，接着单击"设计"选项卡上"显示/隐藏"组中的"属性"按钮，打开"属性表"任务窗格，然后在任务窗格的"标题"文本框中输入：学生总人数，如图 4-55 所示。关闭"属性表"任务窗格，保存并运行该查询，修改标题名后的查询结果如图 4-56 所示。

图 4-55　"属性表"任务窗格

图 4-56　修改标题名后的查询结果

说明

除了使用"属性表"任务窗格来修改字段标题，用户也可以将光标插入点置于"设计网格"中字段行对应的字段名前面，输入新的字段标题名称，并在标题名称后加上冒号（：）。

（2）根据"教学信息管理系统"数据库，创建一个名称为"项目 2-2-2 第 3 季度出生的学生人数"的查询，用于统计第 3 季度出生的学生总人数。其操作步骤如下。

① 打开查询的"设计视图"界面，添加查询的数据源"学生"表。

② 将"学生"表中的"姓名"、"出生日期"字段添加到"设计网格"窗口的"字段"行上。

③ 单击"设计"选项卡上"显示/隐藏"组中的"汇总"按钮，此时在"设计网格"区显示"总计"行。

④ 单击"设计网格"窗口"姓名"字段列对应的"总计"行下拉列表框，然后在打开的下拉列表框中选择"计数"选项；单击"设计网格"窗口"出生日期"字段列对应的"总计"行下拉列表框，然后在打开的下拉列表框中选择"Where（条件）"选项。

⑤ 在"设计网格"窗口的"出生日期"字段对应的条件行输入查询条件：Val(Month([出生日期]))>=7 And Val(Month([出生日期]))<=9，查询的设置结果如图 4-57 所示。

⑥ 将查询保存为"项目 2-2-2 第 3 季度出生的学生人数"，其运行结果如图 4-58 所示。

图 4-57　查询设置结果

图 4-58　查询运行结果

2. 设置分组计算

（1）根据"教学信息管理系统"数据库,创建一个名称为"项目 2-2-3 不同职称的教师人数"的查询,用于统计不同职称的教师人数。其操作步骤如下。

① 打开查询的"设计视图"界面,添加查询的数据源"教师"表。

② 将"教师"表中的"职称"、"姓名"字段添加到"设计网格"窗口的"字段"行上。

③ 单击"设计"选项卡上"显示/隐藏"组中的"汇总"按钮,此时在"设计网格"窗口显示"总计"行。

④ 单击"设计网格"窗口"职称"字段列对应的"总计"行下拉列表框,然后在打开的下拉列表框中选择"Group By(分组)"选项;单击"设计网格"窗口"姓名"字段列对应的"总计"行下拉列表框,然后在打开的下拉列表框中选择"计数"选项。查询的设置结果如图 4-59 所示。

⑤ 将查询保存为"项目 2-2-3 不同职称的教师人数",其运行结果如图 4-60 所示。

图 4-59 查询设置结果

图 4-60 查询运行结果

（2）根据"教学信息管理系统"数据库,创建一个名称为"项目 2-2-4 高等数学课程男女生的平均分"的查询,用于统计"高等数学"这门课的男、女生平均分数。其操作步骤如下。

① 打开查询的"设计视图"界面,添加查询的数据源"学生"、"课程"、"成绩"表。

② 将"课程"表中的"课程名称"、"学生"表中的"性别"、"成绩"表中的"分数"等字段添加到"设计网格"窗口的"字段"行上。

③ 单击"设计"选项卡上"显示/隐藏"组中的"汇总"按钮,此时在"设计网格"窗口显示"总计"行。

④ 单击"设计网格"窗口"课程名称"字段列对应的"总计"行下拉列表框,然后在打开的下拉列表框中选择"Where(条件)"选项,并在该字段对应的"条件"行输入:"高等数学";单击"设计网格"窗口"性别"字段列对应的"总计"行下拉列表框,然后在打开的下拉列表框中选择"Group By(分组)"选项;单击"设计网格"窗口"分数"字段列对应的"总计"行下拉列表框,然后在打开的下拉列表框中选择"平均值"选项。查询的设置结果如图 4-61 所示。

⑤ 将查询保存为"项目 2-2-4 高等数学课程男女生的平均分",其运行结果如图 4-62 所示。

图 4-61　查询设置结果　　　　　　　　　图 4-62　查询运行结果

说明

如果在查询中需要对查询的数据进行分类计算,则可以使用"总计"中的"分组"选项来实现,即在查询的"设计网格"窗口中将用于分组字段的"总计"行选项设置为"分组"。

3. 设置自定义计算

根据"教学信息管理系统"数据库,创建一个名称为"项目 2-2-5 计算学生分数绩点"的查询,用于统计每位学生所修课程的分数绩点,查询结果显示姓名、课程名称、分数和绩点 4 个字段。要求每门课程的分数必须 60 分及以上才能计算其对应的分数绩点,60 分为 1 个绩点,每超出 1 分按 0.1 计算。其操作步骤如下。

① 打开查询的"设计视图"界面,添加查询的数据源"学生"、"课程"和"成绩"表。

② 将"学生"表中的"姓名"、"课程"表中的"课程名称"、"成绩"表中的"分数"等字段添加到"设计网格"窗口的"字段"行上。

③ 在"设计网格"窗口的"分数"字段列对应的"条件"行输入:>=60。

④ 在"设计网格"窗口的第 4 个字段列单元格中输入:绩点:1+([分数]-60)*0.1。查询的设置结果如图 4-63 所示。

⑤ 将查询保存为"项目 2-2-5 计算学生分数绩点",其运行结果如图 4-64 所示。

图 4-63　查询设置结果　　　　　　　　　图 4-64　查询运行结果

项目三　创建高级查询

如果在查询中需要对查询的数据进行分类计算,除了使用上一个任务介绍的通过在"总计"中的"分组"选项来实现的方法外,用户也可以通过创建交叉表查询来解决分类计算的问题。

交叉表查询是一种以概括形式返回数据源中的总计数据,为了更加方便地分析数据,用户可以使用这种查询对数据进行计算并重新组织数据的结构。

如果用户在设置查询条件时不想将条件值固定,而是希望在执行查询时可以动态的输入不同的条件值,以达到根据所输入的查询条件值不同而能检索到对应的数据。要满足这样的需求该创建什么样的查询呢 Access 提供的参数查询可以解决这个问题。

任务一　创建交叉表查询

📖　任务描述
分别使用"交叉表查询向导"、"设计视图"两种方法来创建交叉表查询,以实现对查询的数据按多个字段进行分类汇总。

📖　任务分析
在创建交叉表查询之前,用户需要先了解构成交叉表查询的三个要素:行标题、列标题和值。

📖　知识链接
交叉表查询是指将查询数据源中的字段进行分组,若干组排列在交叉表左侧,一组排列在交叉表的顶部,并在交叉表行与列交叉处的单元格内显示表中某个字段的各种计算值,其中计算值可以是总计、平均值或计数等。

当用户在创建交叉表查询时,需要分别指定以下 3 种字段。

① 行标题:指定放在交叉表最左侧的字段,即将某一字段的相应数据放到指定的行中,用户最多可以指定 3 个字段作为行标题。

② 列标题:指定放在交叉表最顶部的字段,即将某一字段的相应数据放到指定的列中,用户能且仅能指定 1 个字段作为列标题。

③ 值:指定放在交叉表行与列交叉位置上的字段,需要为该字段指定一个总计项,如计数、总计、平均值等。

Access 提供两种创建交叉表查询的方法:"交叉表查询向导"和查询的"设计视图"。下面通过实例介绍如何使用这两种方法来创建交叉表查询。

📖　任务设计

1. 使用"交叉表查询向导"创建交叉表查询
根据"教学信息管理系统"数据库,创建一个名称为"项目 3-1-1 统计不同籍贯男女学生人数"的交叉表查询,用于统计学生表不同籍贯的男、女生人数。其操作步骤如下。

① 打开"教学信息管理系统"数据库,在图 4-5 所示的导航窗格下拉列表中选择"查询"对象。

② 单击"创建"选项卡上"查询"组中的"查询向导"按钮,打开"新建查询"对话框。

③ 在"新建查询"对话框中选择"交叉表查询向导"选项,单击"确定"按钮,打开"交叉表查询向导"对话框。

④ 在"交叉表查询向导"对话框中,选择"视图"选项组中的"表"单选按钮,并在数据源列表框中选择"表:学生",如图 4-65 所示。

⑤ 单击"下一步"按钮,打开提示用户指定"行标题"的"交叉表查询向导"对话框,在该对话框的"可用字段"列表框中,先选中"籍贯"字段,再单击 > 按钮,将"籍贯"字段从"可用字段"列表框中移到"选定字段"列表框,如图 4-66 所示。

图 4-65　指定查询的数据源　　　　　　　　图 4-66　指定行标题

⑥ 单击"下一步"按钮,打开提示用户指定"列标题"的"交叉表查询向导"对话框。在"字段"列表框中选择"性别",如图 4-67 所示。

⑦ 单击"下一步"按钮,打开提示用户指定"值"的"交叉表查询向导"对话框。在该对话框的"字段"列表框中选择"姓名"(注意:计数时选择任意一个字段均可以)。在"函数"列表框中选择"Count(计数)"选项。在"请确定是否为每一行作小计:"标签下,去掉复选框中的勾选,即每一行不作小计,如图 4-68 所示。

图 4-67　指定列标题　　　　　　　　　图 4-68　指定"值"字段及计算选项

⑧ 单击"下一步"按钮,在打开的图 4-69 所示的文本框中输入查询名称"项目 3-1-1 统计不同籍贯男女学生人数",选择"打开查询查看信息"单选按钮。

⑨ 单击"完成"按钮完成查询的创建,打开如图 4-70 所示的查询结果。

图 4-69　设置查询名称　　　　　　　　　　　　　图 4-70　查询运行结果

说明

使用"交叉表查询向导"创建交叉表查询的数据源必须基于一个表或查询。如果数据源需要来自多个表，可以通过先创建一个查询，再以该查询作为交叉表查询的数据源。当然用户也可以使用"设计视图"来实现数据源是基于多个表或查询的交叉表查询。

2. 使用"设计视图"创建交叉表查询

根据"教学信息管理系统"数据库，创建一个名称为"项目 3-1-2 统计不同系不同职称的男女教师人数"的交叉表查询，用于统计教师表中不同院系不同职称的男、女教师人数，查询结果显示系名称、职称、性别及对应的教师人数。其操作步骤如下。

① 打开查询的"设计视图"界面，添加查询的数据源"教师"表、"院系"表。

② 将"院系"表中的"系名称"、"教师"表中的"职称"、"性别"和"教师编号"等字段添加到"设计网格"窗口的"字段"行上。

③ 单击"设计"选项卡上"查询类型"组中的"交叉表"按钮，则在查询的"设计网格"窗口增加"总计"行和"交叉表"行。

④ 按图 4-71 所示设置交叉表查询的"行标题"、"列标题"、"值"字段和总计项。

⑤ 将查询保存为"项目 3-1-2 统计不同系不同职称的男女教师人数"，其运行结果如图 4-72 所示。

图 4-71　设置"交叉表"查询　　　　　　　　　　图 4-72　查询运行结果

说明

当所创建的"交叉表查询"数据源来自多个表/查询时,或者通过创建新字段作为"行标题"或"列标题",则使用"设计视图"方法来创建交叉表查询更为灵活、方便。

任务二　创建参数查询

📖　**任务描述**

分别创建一个单参数查询和一个多参数查询,以实现当用户运行查询时,根据所输入的参数值不同检索相应的数据。

📖　**任务分析**

想要完成上述任务,用户先要了解参数查询的概念,以及什么是单参数查询,什么是多参数查询。

📖　**知识链接**

参数查询是指当运行查询时,系统会弹出提示"输入参数值"的对话框,以便让用户动态输入条件的参数值。例如,可以设计参数来实现每次查询运行时输入不同的专业,来实现不同时候查找不同专业的学生信息。

在实际应用中,用户根据需要可以创建带一个参数提示的单参数查询,也可以创建带多个参数提示的多参数查询。

创建单参数查询,实质是在字段的"条件"行中指定一个参数,在执行参数查询时,根据实际需要输入一个参数值。

创建多参数查询,即在字段的"条件"行指定多个参数。当用户执行多参数查询时,需要依次输入多个参数值。

📖　**任务设计**

1. 创建单参数查询

根据"教学信息管理系统"数据库,创建一个名称为"项目 3-2-1 按专业查询学生选课成绩"的单参数查询,要求根据提示输入"专业"字段的查询条件值,查找出与该专业对应的学生选课成绩,查询结果显示"专业"、"姓名"、"课程名称"和"分数"4 个字段。其操作步骤如下。

① 打开查询的"设计视图"界面,添加查询的数据源"学生"表、"成绩"表、"课程"表。

② 将"学生"表中的"专业"和"姓名"字段、"课程"表中的"课程名称"字段、"成绩"表中"分数"字段添加到"设计网格"窗口的"字段"行上。

③ 在"设计网格"窗口的"专业"字段对应的"条件"行单元格输入:[请输入要查询的专业:]。设置结果如图 4-73 所示。

④ 将查询保存为"项目 3-2-1 按专业查询学生选课成绩",运行时弹出如图 4-74 所示的"输入参数值"提示框,在文本框中输入"人力资源管理"专业,单击"确定"按钮,其查询结果如图 4-75 所示。

图 4-73　查询设置结果　　　　图 4-74　输入参数值　　　　图 4-75　查询运行结果

2. 创建多参数查询

根据"教学信息管理系统"数据库,创建一个名称为"项目 3-2-2 查询教师课表"的多参数查询,要求根据提示输入"教师编号"和"学期"参数值,查找该教师的授课情况,查询结果显示"教师编号"、"姓名"、"学期"、"课程名称"、"授课时间"和"授课地点"等 6 个字段。其操作步骤如下。

① 打开查询的"设计视图"界面,添加查询的数据源"教师"表、"课程"表、"授课"表。

② 依次将"教师"表中的"教师编号"和"姓名"字段、"课程"表中的"课程名称"字段、"授课"表中的"学期"、"授课时间"和"授课地点"字段添加到"设计网格"窗口的"字段"行上。

③ 在"设计网格"窗口的"教师编号"字段对应的"条件"行单元格输入:〔请输入要查询的教师编号:〕;在"设计网格"窗口的"学期"字段对应的"条件"行单元格输入:〔请输入要查询的学期:〕。设置结果如图 4-76 所示。

④ 将查询保存为"项目 3-2-2 查询教师课表",运行时弹出"输入参数值"提示框,按图 4-77 和图 4-78 所示,在"输入参数值"提示框中分别输入教师编号"9800104"和学期"2009-2010-1",单击"确定"按钮,其查询结果如图 4-79 所示。

图 4-76　查询设置结果　　　　　　　　　　图 4-77　输入教师编号

图 4-78　输入学期　　　　　　　　　　　图 4-79　查询结果

项目四　创建操作查询

在前面各个任务创建的各种查询中,查询操作都不会更改数据源中的数据。如果用户想通过查询操作对数据源中的数据进行批量的更新、删除或追加,则需要创建操作查询。操作查询是指仅在一个查询操作中更改或移动多条记录的查询,它是建立在选择查询的基础上,对原有的数据进行批量的修改、删除和追加,或者建立新的数据表。如将所有学生的"数据库原理与应用"课程的成绩加上 5 分,删除成绩表中不及格的记录等。由于操作查询的结果不像选择查询那样运行时只显示查询结果,操作查询运行后改变了数据源的数据,所以需要打开数据源中的表/查询,用户才能了解操作查询的结果。操作查询分为:生成表查询、删除查询、更新查询和追加查询 4 种类型。

任务一　创建生成表查询

📖 任务描述

本任务通过 1 个实例介绍如何创建生成表查询。

📖 任务分析

在着手创建生成表查询之前,先了解生成表查询的概念。

📖 知识链接

生成表查询是指基于数据源中的全部或部分数据创建新表。在 Access 中,从表中访问数据要比从查询中访问数据快得多,如果用户经常要从多个表中检索数据,使用"生成表查询"可以提高效率。

📖 任务设计

根据"教学信息管理系统"数据库,创建一个名称为"项目 4-1-1 会计学专业学生信息"的生成表查询,将"会计学"专业的学生信息生成到一个新表,新表名称为"会计学专业学生信息",新表包含数据源所有字段。其操作步骤如下。

① 打开查询的"设计视图"界面,添加查询的数据源"学生"表。

② 将"学生"表中所有字段添加到"设计网格"窗口的"字段"行上。

③ 单独将"学生"表的"专业"字段添加到"设计网格"窗口中,在"设计网格"窗口的"专业"字段对应的"条件"行单元格输入:会计学,同时去掉"显示"复选框的勾选。设置结果如图 4-80 所示。

④ 单击"设计"选项卡上"查询类型"组中的"生成表"按钮,打开如图 4-81 所示的"生成表"对话框,在文本框中输入生成新表的名称:会计学专业学生信息,单击"确定"按钮。

⑤ 单击"设计"选项卡上"结果"组中的"运行"按钮,弹出如图 4-82 所示的确认添加行数的消息框,此处单击"是"按钮。

⑥ 将查询保存为"项目 4-1-1 会计学专业学生信息"。返回到"表"对象任务窗格,在列表中选中并双击新生成的表"会计学专业学生信息",新表中的数据如图 4-83 所示。

图 4-80 查询设置结果

图 4-81 "生成表"对话框

图 4-82 消息框

图 4-83 会计学专业学生信息表

说明

使用生成表查询创建新表时,如果数据库中已存在同名的表,则新创建的表将覆盖该同名的表,并且新表中的字段从生成表查询的数据源表中继承字段名称、数据类型以及"字段大小"等属性。

任务二 创建追加查询

📖 任务描述
本任务通过 1 个实例介绍如何创建追加查询。

📖 任务分析
在着手创建追加查询之前,先了解追加查询的概念。

📖 知识链接
追加查询是指将一个或多个表/查询中符合条件的数据添加到另一个已经存在的表的末尾。被追加记录的表必须是已经存在的表,该表可以是当前数据库中的表,也可以是其他数据库中的表。

📖 任务设计
根据"教学信息管理系统"数据库,创建一个名称为"项目 4-2-1 财务管理专业学生信息"的追加查询,将"财务管理"专业的学生信息追加到"会计学专业学生信息"表中。其操作步骤如下。

① 打开查询的"设计视图"界面,添加查询的数据源"学生"表。

② 将"学生"表"字段列表"中的所有字段,拖放到"设计网格"窗口的"字段"行上。

③ 在"设计网格"窗口的"专业"字段对应的"条件"行单元格输入:财务管理。设置结果

如图 4-84 所示。

④ 单击"设计"选项卡上"查询类型"组中的"追加"按钮，打开如图 4-85 所示的"追加"对话框，在"表名称"下拉列表框选择要追加到的表：会计学专业学生信息，单击"确定"按钮。

图 4-84　查询设置结果 　　　　　　　　　　　　　图 4-85　"追加"对话框

⑤ 单击"设计"选项卡上"结果"组中的"运行"按钮，弹出如图 4-86 所示的确认追加行数的消息框，此处单击"是"按钮。

⑥ 将查询保存为"项目 4-2-1 财务管理专业学生信息"。返回到"表"对象任务窗格，在列表中选中并双击"会计学专业学生信息"表，打开的数据表视图如图 4-87 所示。

图 4-86　消息框 　　　　　　　　　　　图 4-87　"会计学专业学生信息"数据表视图

任务三　创建更新查询

📖　**任务描述**

本任务通过 1 个实例介绍如何创建更新查询。

📖　**任务分析**

在着手创建更新查询之前，先了解更新查询的概念。

📖　**知识链接**

更新查询是指将一个或多个表/查询中的部分或全部数据进行更新。因此当用户需要一次更新数据源中的多条记录，使用更新查询实现这类操作效率更高。

📖　**任务设计**

根据"教学信息管理系统"数据库，创建一个名称为"项目 4-3-1 修改数据库原理与应用课程分数"的更新查询，用于修改"数据库原理与应用"这门课程对应的分数，如果该门课程的分数小于 80，则将分数加上 5 分。其操作步骤如下。

① 打开查询的"设计视图"界面,添加查询的数据源"课程"表、"成绩"表。

② 将"课程"表中的"课程名称"字段、"成绩"表中"分数"字段添加到"设计网格"窗口的"字段"行上。

③ 单击"设计"选项卡上"查询类型"组中的"更新"按钮,在"设计网格"窗口会新增"更新到"行。按图4-88所示设置更新查询的条件。

④ 将查询保存为"项目4-3-1修改数据库原理与应用课程分数"。

⑤ 单击"设计"选项卡上"结果"组中的"运行"按钮,弹出如图4-89所示的确认修改行数的消息框,此处单击"是"按钮,即完成数据的修改。

图4-88　查询设置结果

图4-89　"更新"消息框

任务四　创建删除查询

任务描述
本任务通过1个实例介绍如何创建删除查询。

任务分析
在着手创建删除查询之前,先了解删除查询的概念。

知识链接
删除查询是指从一个或多个表/查询中删除一组记录。要注意的是使用删除查询,将删除满足条件的整条记录,而不是只删除记录中指定的字段。当删除的记录来自于多个表,这些表之间必须满足下列几点。

① 在"关系"窗口中定义相关表之间的关系。

② 在"关系"对话框中选中"实施参照完整性"复选项。

③ 在"关系"对话框中选中"级联删除相关记录"复选项。

任务设计
根据"教学信息管理系统"数据库,创建一个名称为"项目4-4-1删除会计学专业学生信息"的删除查询,用于将"会计学专业学生信息"表中专业为"会计学"的学生信息删除掉。其操作步骤如下。

① 打开查询的"设计视图"界面,添加查询的数据源"会计学专业学生信息"表。

② 依次双击"字段列表"中的"＊"号、"专业"字段,将其添加到"设计网格"窗口的"字段"行上。

③ 单击"设计"选项卡上"查询类型"组中的"删除"按钮 ，在"设计网格"窗口会新增"删除"行。按图 4-90 所示设置删除查询的条件。

④ 将查询保存为"项目 4-4-1 删除会计学专业学生信息"。

⑤ 单击"设计"选项卡上"结果"组中的"运行"按钮，弹出如图 4-91 所示的确认删除行数的消息框，此处单击"是"按钮，即完成数据的删除。

图 4-90　查询设置结果　　　　　图 4-91　确认删除行数的消息框

⑥ 返回到"表"对象任务窗格，在列表中选中并双击"会计学专业学生信息"表，打开的数据表视图如图 4-92 所示，发现专业为"会计学"的学生信息被删除掉。

图 4-92　会计学专业学生信息表

说明

从上述任务中的实例，我们可以看到无论是哪一种操作查询，都可以在一个查询操作中更改数据源中的多条记录，并且在执行操作查询后，无法撤销刚执行的更改操作。因此用户在执行操作查询之前，先应单击"设计"选项卡上"视图"组中的"视图"按钮，在下拉列表框中选择"数据表视图"选项，以便预览即将更改的记录，如果预览的记录确实是想要操作的数据，才执行操作查询，这样可以防止误操作而使得无法恢复数据源中的数据。当然，用户也可以在执行操作查询之前，对要操作的数据源进行备份。

项目五　创建 SQL 查询

SQL(Structured Query Language)称为结构化查询语言，是一种通用的、功能强大的关系数据库语言。在 Access 数据库中，查询对象实质上是一个 SQL 语言编写的命令。不管用户是使用查询的"设计视图"还是使用"查询向导"所创建的查询，系统都会自动地将查询对象转换为相应的 SQL 语句保存起来。

在查询的"设计视图"界面,单击"设计"选项卡上"结果"组中的"视图"按钮,在其下拉列表中选择"SQL 视图"选项;或者单击鼠标右键,在打开的快捷菜单中选择"SQL 视图"命令,即可以切换到查询的"SQL 视图"窗口(见图 4-3)。在"SQL 视图"窗口中用户可以直接键入 SQL 语句,也可以编辑已有的 SQL 语句,保存后可以得到一个查询对象。

SQL 查询是使用 SQL 语句创建的一种查询。在 Access 数据库中,使用 SQL 语句可以对数据库中的数据进行定义、操作、查询和控制。

SQL 是 1974 年由 Boyce 和 Chamberlin 提出,并在 IBM 公司研制的关系数据库管理原型系统 System R 上实现的。由于 SQL 简单易学、功能强大,被许多数据库厂商所采用。经过不断修改、扩充和完善,1986 年被美国国家标准局正式批准为关系数据库标准语言。

SQL 包括了对数据库的所有操作,其主要包括以下 4 大功能。

① 数据定义:用于定义存放数据的结构和组织,以及定义数据项之间的关系。

② 数据操作:用于实现对数据库的基本操作,包括插入、删除和修改 3 种操作。用于对数据库中的数据进行插入、修改和删除等更新操作。

③ 数据查询:SQL 提供的 SELECT 语句可用于对数据库的数据进行检索。

④ 数据控制:包括对基本表和视图的授权,完整性规则的描述,事务控制等内容,以保护所存储的数据不被非法存取。

任务一 SQL 的数据定义

📖 任务描述

SQL 的数据定义功能使用 CREATE、ALTER 和 DROP 语句来定义、修改和删除基本表和索引等数据库对象。要注意的是 SQL 的数据定义查询只能通过 SQL 的数据定义语句来创建,因此只能在 SQL 视图中实现。

本任务通过 6 个实例介绍如何使用 SQL 语句定义、修改、删除表和索引对象。

📖 任务分析

用户首先需要熟悉创建、修改和删除表/索引对象的相应 SQL 语句基本格式,才能完成本任务。

📖 知识链接

1. 创建、修改和删除表

(1) 创建表

SQL 语言使用 CREATE TABLE 语句定义表,其基本格式如下:

```
CREATE TABLE <表名>
(<列名 1> <数据类型> [列级完整性约束条件],
[<列名 2> <数据类型> [列级完整性约束条件],…
[<表级完整性约束条件>]);
```

其中,<表名>是指所要创建表的名称。<列名>定义表中一个或多个属性的名称,属性也称作列或字段名,定义属性时需要同时指定该属性的数据类型和宽度。[列级完整性约束条件]定义相关字段的约束条件,包括主键约束(PRIMARY KEY)、唯一约束(U-NIQUE)、外键约束(FOREIGN KEY)、空值约束(NOT NULL 或 NULL)和检查约束(CHECK)等。

（2）修改表

修改表包括向表中添加属性或约束、修改属性的数据类型和宽度，以及删除完整性约束等。当用户修改表时一般不允许删除属性，如果确实需要删除属性，则必须先删除该表，然后重新创建新表并装入数据。

SQL 语言使用 ALTER TABLE 语句修改表，其基本格式如下：

```
ALTER TABLE ＜表名＞
［ADD ＜新列名＞ ＜数据类型＞［完整性约束条件］］
［DROP ＜完整性约束名＞］
［ALTER ＜列名＞ ＜数据类型＞］；
```

其中，＜表名＞是指需要修改的表的名称；ADD 子句用于增加新字段和其对应的完整性约束条件；DROP 子句用于删除指定的约束；ALTER 子句用于修改原有字段的属性。

（3）删除表

SQL 语言使用 DROP TABLE 语句删除数据库中不再使用的表，其基本格式如下：

DROP TABLE ＜表名＞

2. 创建和删除索引

如果把数据库的表比作一本书，则表的索引就像书的目录一样，通过索引可以提高查询速度。

（1）创建索引

SQL 语言使用 CREATE INDEX 语句创建索引，其基本格式如下：

```
CREATE ［UNIQUE］［CLUSTER］ INDEX ＜索引名＞
ON ＜表名＞（＜列名＞［＜次序＞］［，＜列名＞［＜次序＞］］…）；
```

其中，＜表名＞是指要创建索引的表的名称。索引可以建立在表中的一列或多列上，各列名之间用逗号分隔。每个＜列名＞后面可以用＜次序＞指定索引值的排列次序，即指定ASC（升序）或 DESC（降序），系统的默认值是 ASC。

UNIQUE 表示建立唯一索引，即建立该种索引的每一个索引值对应唯一的数据记录。

CLUSTER 表示建立聚簇索引。聚簇索引是指索引项的顺序与表中记录的物理顺序一致的索引组织。在一个表中只能建立一个聚簇索引。

（2）删除索引

SQL 语言使用 DROP INDEX 语句删除索引，其基本格式如下：

DROP INDEX ＜索引名＞ ON ＜表名＞

📖 任务设计

1. 创建表

根据"教学信息管理系统"数据库，创建一个名称为"项目 5-1-1 创建系表"的查询，用于创建一个"系"表，该表由"系编号"、"系名"、"系主任"、"办公电话"、"手机号码"5 个字段组成，其中，设定"系编号"为主键，"系名"不为空。其操作步骤如下。

① 打开查询的"设计视图"界面，单击"设计"选项卡上"结果"组中的"视图"按钮，在其下拉列表中选择"SQL 视图"选项；或在"设计视图"界面右击，在弹出的快捷菜单中选择"SQL 视图"选项，打开"SQL 视图"窗口。

② 按图 4-93 所示在"SQL 视图"窗口中输入创建系表的 SQL 语句。

③ 将查询保存为"项目 5-1-1 创建系表"，单击"设计"选项卡上"结果"组中的"运行"按钮，完成系表的创建。

④ 返回到"表"对象任务窗格,在列表中选中"系"表并右击,在弹出的快捷菜单中选择"设计视图"选项,打开"系"表的"设计视图"如图 4-94 所示。

图 4-93　创建系表的 SQL 语句　　　　　图 4-94　"系"表的设计视图

2. 修改表

(1) 根据"教学信息管理系统"数据库,创建一个名称为"项目 5-1-2 向系表添加字段"的查询,用于向"系"表添加一个"简介"字段,该字段的数据类型为备注型。其操作步骤如下。

① 打开查询的"SQL 视图"窗口。

② 按图 4-95 所示在"SQL 视图"窗口中输入向系表添加"简介"字段的 SQL 语句。

③ 将查询保存为"项目 5-1-2 向系表添加字段",单击"设计"选项卡上"结果"组中的"运行"按钮,完成对系表字段的添加。

④ 返回到"表"对象任务窗格,在列表中选中"系"表并右击,在弹出的快捷菜单中选择"设计视图"选项,打开"系"表的"设计视图"如图 4-96 所示,用户可以看到刚添加的"简介"字段。

图 4-95　向系表添加字段的 SQL 语句　　　图 4-96　添加"简介"字段后的"系"表设计视图

（2）根据"教学信息管理系统"数据库，创建一个名称为"项目 5-1-3 删除系表中手机号码字段"的查询，用于将"系"表中"手机号码"字段删除掉。其操作步骤如下。

① 打开查询的"SQL 视图"窗口。

② 按图 4-97 所示在"SQL 视图"窗口中输入删除"系"表中"手机号码"字段的 SQL 语句。

③ 将查询保存为"项目 5-1-3 删除系表中手机号码字段"，单击"设计"选项卡上"结果"组中的"运行"按钮，完成对系表字段的删除。

④ 返回到"表"对象任务窗格，在列表中选中"系"表并右击，在弹出的快捷菜单中选择"设计视图"选项，打开"系"表的"设计视图"如图 4-98 所示，用户可以看到"手机号码"字段被删除掉。

图 4-97　删除系表字段的 SQL 语句　　　　图 4-98　删除"手机号码"字段后的"系"表设计视图

3. 删除表

根据"教学信息管理系统"数据库，创建一个名称为"项目 5-1-4 删除系表"的查询，用于将"系"表删除掉。其操作步骤如下。

① 打开查询的"SQL 视图"窗口。

② 按图 4-99 所示在"SQL 视图"窗口中输入删除系表的 SQL 语句。

③ 将查询保存为"项目 5-1-4 删除系表"，单击"设计"选项卡上"结果"组中的"运行"按钮。

图 4-99　删除"系"表的 SQL 语句

④ 返回到"表"对象任务窗格，在列表中发现"系"表已经被删除。

表一旦被删除,不仅仅删除表中的数据和其定义,连建立在该表上的索引和触发器等连同被删除,所以用户在删除表时要格外注意。

4. 创建索引

根据"教学信息管理系统"数据库,创建一个名称为"项目 5-1-5 创建索引"的查询,用以给"系"表按"系编号"降序创建唯一索引,索引名称为:系编号_唯一索引。其操作步骤如下。

① 打开查询的"SQL 视图"窗口。

② 按图 4-100 所示在"SQL 视图"窗口中输入创建索引的 SQL 语句。

③ 将查询保存为"项目 5-1-5 创建索引",单击"设计"选项卡上"结果"组中的"运行"按钮,完成索引的创建。

④ 返回到"表"对象任务窗格,在列表中选中"系"表并右击,在快捷菜单中选择"设计视图"选项,打开"系"表的"设计视图"窗口。

⑤ 单击"设计"选项卡上"显示/隐藏"组中的"索引"按钮 ,打开如图 4-101 所示"索引:系"窗口,用户可在该对话框中看到刚创建的唯一索引"系编号_唯一索引"。

图 4-100　创建索引的 SQL 语句　　　　图 4-101　"索引:系"窗口

如果用户对表创建了聚簇索引,当更新索引所在列的数据时,会使得表中记录物理顺序的变更,所以不适合对经常更新的列建立聚簇索引。

5. 删除索引

根据"教学信息管理系统"数据库,创建一个名称为"项目 5-1-6 删除索引"的查询,用以将上例在"系"表中所创建的唯一索引"系编号_唯一索引"删除掉。其操作步骤如下。

① 打开查询的"SQL 视图"窗口。

② 按图 4-102 所示在"SQL 视图"窗口中输入删除索引的 SQL 语句。

图 4-102　删除索引的 SQL 语句

③ 将查询保存为"项目 5-1-6 删除索引",单击"设计"选项卡上"结果"组中的"运行"按钮,完成索引的删除。

④ 返回到"表"对象任务窗格,在列表中选中"系"表并右击,在快捷菜单中选择"设计视图"选项,打开"系"表的"设计视图"窗口。

⑤ 单击"设计"选项卡上"显示/隐藏"组中的"索引"按钮,在打开"索引:系"窗口,用户可以看到"系编号_唯一索引"已经被删除。

任务二 SQL 的数据操作

📖 任务描述

当使用数据定义语句创建表结构之后,用户需要往表中插入相关数据,以及需要对表中的数据进行修改或删除,这些操作可以由 SQL 语言提供的数据操作语句来完成,其包括 INSERT(插入)语句、UPDATE(更新)语句和 DELETE(删除)语句。

本任务通过 4 个实例介绍如何使用 SQL 语句对表的数据进行插入、修改和删除等操作。

📖 任务分析

想要完成本任务的操作,用户需要先熟悉插入、修改、删除等数据操作对应的 SQL 语句基本格式。

📖 知识链接

1. INSERT 语句

INSERT 语句用于向表中插入数据,根据用户一次向表中添加一条记录还是多条记录,可以选择下列 INSERT 语句的两种语法格式来实现不同的需求。

(1)语法格式 1:添加一条记录

```
INSERT INTO <目标表名> [(字段 1[,字段 2[,…]])]
VALUES (值 1[,值 2[,…]])
```

(2)语法格式 2:添加多条记录

```
INSERT INTO <目标表名> [(字段 1[,字段 2[,…]])]
SELECT [源表.]字段 1[,字段 2[,…]]
FROM <源表>
```

其中,语法格式 1 是直接使用值 1、值 2 等参数指定的值向目标表中添加一条记录。

语法格式 2 是将从源表的查询结果添加到目标表中,一次可以添加多条记录。

<目标表名>参数指定要添加记录的表。

<目标表名>后的字段 1、字段 2 等参数指定要添加数据的字段。SELECT 后的字段 1、字段 2 等参数指定要提供数据的字段。

<源表>指定提供记录来源的表。

2. UPDATE 语句

UPDATE 语句用于对数据表中的数据进行修改,其语法格式如下:

```
UPDATE <表名>
SET <字段 1> = <表达式> | <子查询>
    [,<字段 2> = <表达式> | <子查询> … ]
    [WHERE <条件表达式>]
```

其中,<表名>指定要修改数据的表;"<字段 1> = <表达式> | <子查询>"表示将 <字段 1>的值修改为<表达式>或<子查询>,如果同时修改多个字段则需要用逗号(,)

隔开各个部分；＜条件表达式＞用于限定只有满足条件的记录才被修改。

3. DELETE 语句

DELETE 语句用于删除表中满足条件的一条或多条记录。其语法格式如下：

DELETE *

FROM＜表名＞

WHERE＜条件表达式＞

其功能是删除指定表中满足＜条件表达式＞的所有记录，如果省略 WHERE 子句，则删除指定表的所有记录。

其中，＜表名＞用于指定要删除记录的表；＜条件表达式＞用于指定删除记录所要满足的条件。

📖 任务设计

1. 插入一条记录

根据"教学信息管理系统"数据库，使用"SQL 视图"创建一个名称为"项目 5-2-1 向课程表插入一条记录"的查询，用于向"课程"表插入一条记录，所添加记录的各字段值分别为："S0121"，"数据库应用基础"，"必修课"，54，2。其操作步骤如下。

① 打开查询的"设计视图"界面，单击"设计"选项卡上"结果"组中的"视图"按钮，在其下拉列表中选择"SQL 视图"选项；或在"设计视图"界面右击，在弹出的快捷菜单中选择"SQL 视图"选项，打开查询的"SQL 视图"窗口。

② 按图 4-103 所示在"SQL 视图"窗口中输入向"课程"表插入一条记录的 SQL 语句。

③ 将查询保存为"项目 5-2-1 向课程表插入一条记录"，单击"设计"选项卡上"结果"组中的"运行"按钮，在打开如图 4-104 所示的消息框中单击"是"按钮，即向目标表"课程"添加一条记录。

图 4-103　向"课程"表插入一条记录的 SQL 语句

图 4-104　消息框

2. 插入多条记录

根据"教学信息管理系统"数据库，使用"SQL 视图"创建一个名称为"项目 5-2-2 向表中添加多条记录"的查询，用于向前面实例所创建的"会计学专业学生信息"表中添加"计算机科学"和"信息管理"专业的学生信息。其操作步骤如下。

① 打开查询的"SQL 视图"窗口。

② 按图 4-105 所示在"SQL 视图"窗口中输入向"会计学专业学生信息"表插入多条记录的 SQL 语句。

③ 将查询保存为"项目 5-2-2 向表中添加多条记录"，单击"设计"选项卡上"结果"组中的"运行"按钮，在打开确认追加记录数的消息框中单击"是"按钮，即向目标表"会计学专业学生信息"添加多条记录。

④ 返回到"表"对象任务窗格，在列表中选中"会计学专业学生信息"表并双击，打开"会

计学专业学生信息"表的"数据表视图"如图 4-106 所示,用户可以看到所插入的多条记录。

图 4-105 添加多条记录的 SQL 语句   图 4-106 插入数据后的"会计学专业学生信息"数据表视图

3. 修改数据

根据"教学信息管理系统"数据库,使用"SQL 视图"创建一个名称"项目 5-2-3 修改数据"的查询,用于将"成绩"表中分数不及格的所有分数加 10 分。其操作步骤如下。

① 打开查询的"SQL 视图"窗口。

② 按图 4-107 所示在"SQL 视图"窗口中输入修改"成绩"表分数的 SQL 语句。

③ 将查询保存为"项目 5-2-3 修改数据",单击"设计"选项卡上"结果"组中的"运行"按钮,在打开如图 4-108 所示的消息框中单击"是"按钮,则"成绩"表中满足分数小于 60 分的 9 条记录分数被修改。

图 4-107 修改数据的 SQL 语句   图 4-108 确认修改行数的消息框

4. 删除数据

根据"教学信息管理系统"数据库,使用"SQL 视图"创建一个名称为"项目 5-2-4 删除数据"的查询,用于将"课程"表中课程编号为"S0121"的记录删除掉。其操作步骤如下。

① 打开查询的"SQL 视图"窗口。

② 按图 4-109 所示在"SQL 视图"窗口中输入删除"课程"表数据的 SQL 语句。

③ 将查询保存为"项目 5-2-4 删除数据",单击"设计"选项卡上"结果"组中的"运行"按钮,在打开如图 4-110 所示的消息框中单击"是"按钮,完成对"课程"表中满足条件的记录删除掉。

图 4-109 删除数据的 SQL 语句   图 4-110 确认删除数据的消息框

任务三 SQL 的数据查询

任务描述

数据查询是 SQL 语言的一项主要功能,它提供的 SELECT 语句可以从一个或多个表/查询中检索满足条件的数据。SELECT 语句是 SQL 语言中功能强大、使用灵活的语句之一,使用它既可以创建简单的单表查询,也可以创建复杂的联接查询和子查询。

本任务通过 5 个实例介绍如何使用 SELECT 语句创建简单查询、带条件的查询、联接查询和在查询中进行计算。

任务分析

让我们先熟悉 SELECT 语句的基本格式,再来完成本任务的操作。

知识链接

1. SELECT 语句格式

SELECT 语句是用于创建查询的 SQL 语句,其基本格式如下:

SELECT [ALL|DISTINCT] * | <字段列表>
FROM <表名 1 或查询名 1> [,表名 2 或查询名 2]…
[WHERE <条件表达式>]
[GROUP BY <字段名>][HAVING <条件表达式>]]
[ORDER BY <字段名>[ASC|DESC]];

功能:从 FROM 子句所指定的表/查询中返回一个满足 WHERE 子句所指定的条件的记录集,该记录集中只包含 SELECT 语句中所指定的字段。

各关键字和子句的含义如下。

① ALL 表示检索所有符合条件的记录,默认值为 ALL。DISTINCT 关键字表示查询结果中不包含重复行的记录集。

② * 表示检索指定表中的所有字段。

③ 指定多个字段或多个表时,字段名之间、表名之间需要用逗号分隔开。

④ 如果查询的 FROM 子句后面有多个表时,在指定字段名时需要在其前面加上表名作为前缀,即:表名. 字段名,以避免表与表之间使用相同的字段名而产生歧义。

⑤ 字段名可以使用别名,指定别名的格式是在字段名之后加上:AS 别名。

⑥ 语法格式中的方括号[]表示可选项;|符号表示(由|符号所分隔的前、后)两项任选其一。

⑦ 如果有 GROUP BY 子句,则将查询结果按照指定字段相同的值进行分组。

⑧ 如果 GROUP BY 子句带有 HAVING 子句,则只检索出满足 HAVING 条件的记录。

⑨ 如果有 ORDER BY 子句,则将查询结果按指定字段的值进行升序(ASC)或降序(DESC)排列,默认值是 ASC。

2. SQL 聚合函数

SQL 聚合函数有 SUM、AVG、MAX、MIN 和 COUNT 等,可以用来对查询数据进行计算。当在 SELECT 语句中使用聚合函数进行统计时,经常需要用到 GROUP BY 子句对数据进行分组统计。

3.连接查询

连接查询即通过连接运算符实现对两个以上表/查询中的数据进行查询。连接可以在SELECT 语句的 FROM 子句或 WHERE 子句中建立。建立联接查询的数据源需要有相同的属性,在数据源之间通过共同属性才能建立表之间的联系。

📖 **任务设计**

1.创建简单查询

(1)根据"教学信息管理系统"数据库,使用"SQL 视图"创建一个名称为"项目 5-3-1 查询课程表所有记录"的查询,用于检索"课程"表中的所有记录。其操作步骤如下。

① 打开查询的"设计视图"界面,单击"设计"选项卡上"结果"组中的"视图"按钮,在其下拉列表中选择"SQL 视图"选项;或在"设计视图"界面右击,在弹出的快捷菜单中选择"SQL 视图"选项,打开查询的"SQL 视图"窗口。

② 按图 4-111 所示在"SQL 视图"窗口中输入查询课程表所有记录的 SELECT 语句。

③ 将查询保存为"项目 5-3-1 查询课程表所有记录",单击"设计"选项卡上"结果"组中的"运行"按钮,返回的查询结果如图 4-112 所示。

图 4-111　查询课程表所有记录的 SELECT 语句　　　　图 4-112　查询结果

说明

SELECT 语句后面的星号(＊),表示检索课程表中所有字段。

(2)根据"教学信息管理系统"数据库,使用"SQL 视图"创建一个名称为"项目 5-3-2 查找学生表所有记录"的查询,用于检索"学生"表中所有学生的姓名、籍贯、出生日期、专业等信息。其操作步骤如下。

① 打开查询的"SQL 视图"窗口。

② 按图 4-113 所示在"SQL 视图"窗口中输入查询学生表所有记录的 SELECT 语句。

③ 将查询保存为"项目 5-3-2 查找学生表所有记录",单击"设计"选项卡上"结果"组中的"运行"按钮,返回的查询结果如图 4-114 所示。

图 4-113　查询学生表所有记录的 SELECT 语句　　　　图 4-114　查询结果

2. 创建条件查询

（1）根据"教学信息管理系统"数据库，使用"SQL 视图"创建一个名称为"项目 5-3-3 职称为副教授的女教师信息"的查询，用于检索"教师"表中职称为副教授的女教师的姓名、性别、籍贯、学历和职称等信息。其操作步骤如下。

① 打开查询的"SQL 视图"窗口。

② 按图 4-115 所示在"SQL 视图"窗口中输入查找职称为副教授的女教师信息的 SE-LECT 语句。

③ 将查询保存为"项目 5-3-3 职称为副教授的女教师信息"，单击"设计"选项卡上"结果"组中的"运行"按钮，返回的查询结果如图 4-116 所示。

图 4-115　查询教师表的 SELECT 语句

图 4-116　查询结果

（2）根据"教学信息管理系统"数据库，使用"SQL 视图"创建一个名称为"项目 5-3-4 查找 1990 年出生的男学生信息"的查询，用于检索"学生"表中 1990 年出生的男学生信息，查询结果显示学生的姓名、性别、籍贯、出生日期和专业等字段。其操作步骤如下。

① 打开查询的"SQL 视图"窗口。

② 按如图 4-117 所示在"SQL 视图"窗口中输入查找 1990 年出生的男学生信息的 SE-LECT 语句。

③ 将查询保存为"项目 5-3-4 查找 1990 年出生的男学生信息"，单击"设计"选项卡上"结果"组中的"运行"按钮，返回的查询结果如图 4-118 所示。

图 4-117　查询 1990 出生男学生的 SELECT 语句

图 4-118　查询结果

 说明

本实例的 SQL 语句也可用下列两种方式表示：

SELECT 姓名，性别，籍贯，出生日期，专业

FROM　学生

WHERE 出生日期 BETWEEN ♯1990-01-01♯ AND ♯1990-12-31♯ AND 性别 = '男'；

或者

SELECT 姓名，性别，籍贯，出生日期，专业
FROM 学生
WHERE 出生日期＞＝ ♯1990-01-01♯ AND 出生日期＜＝ ♯1990-12-31♯ AND 性别＝'男'；

3. 使用聚合函数进行分组计算

根据"教学信息管理系统"数据库，使用"SQL 视图"创建一个名称为"项目 5-3-5 统计各专业学生人数"的查询，用于统计"学生"表中不同专业的学生人数。其操作步骤如下。

① 打开查询的"SQL 视图"窗口。

② 按如图 4-119 所示在"SQL 视图"窗口中输入统计各专业学生人数的 SELECT 语句。

③ 将查询保存为"项目 5-3-5 统计各专业学生人数"，单击"设计"选项卡上"结果"组中的"运行"按钮，返回的查询结果如图 4-120 所示。

图 4-119　统计学生人数的 SELECT 语句

图 4-120　查询结果

 说明

当在 SELECT 语句中使用了聚合函数，则需要在 GROUP BY 子句中列出所有在 SELECT 子句中未使用聚合函数的字段，如在上述实例的 SELECT 子句中"专业"字段未使用聚合函数，因此需要将"专业"字段放在 GROUP BY 子句中。SQL 语句中的 AS 关键字用于将字段名命名新标题。

4. 使用 HAVING 子句

根据"教学信息管理系统"数据库，使用"SQL 视图"创建一个名称为"项目 5-3-6 各籍贯教师人数"的查询，用于统计各籍贯教师人数 5 人及以上的信息，查询结果显示籍贯、教师人数。其操作步骤如下。

① 打开查询的"SQL 视图"窗口。

② 在"SQL 视图"窗口中输入如图 4-121 所示的 SELECT 语句。

③ 将查询保存为"项目 5-3-6 各籍贯教师人数"，运行查询后的返回结果如图 4-122 所示。

图 4-121　"SQL 视图"窗口

图 4-122　查询结果

5．创建连接查询

根据"教学信息管理系统"数据库,使用"SQL 视图"创建一个名称为"项目 5-3-7 学生选课成绩"的查询,查询结果显示学号、姓名、课程名称、学分和分数 5 个字段,并将查询结果按学号降序排列。其操作步骤如下。

① 打开查询的"SQL 视图"窗口。

② 在"SQL 视图"窗口中输入如图 4-123 所示的 SELECT 语句。

③ 将查询保存为"项目 5-3-7 学生选课成绩",运行查询后的返回结果如图 4-124 所示。

图 4-123　学生选课成绩的 SELECT 语句

图 4-124　查询结果

 说明

上述查询的数据源有"学生"、"成绩"和"课程"3 个表。其中"学生"表和"成绩"表之间通过共同属性"学号"关联,即:学生.学号＝成绩.学号。"课程"表和"成绩"表之间通过共同属性"课程编号"相联系,即成绩.课程编号＝课程.课程编号。在 ORDER BY 子句中使用 DESC 关键字将查询结果按降序排列。需要注意的是:当数据源中多个表有相同的属性,则需要通过"表名.字段名"方式指定引用字段所属的表,如学生.学号。

任务四　创建 SQL 特定查询

📖 任务描述

SQL 特定查询包括联合查询、子查询、传递查询和数据定义查询,其中联合查询、传递查询和数据定义查询必须在"SQL 视图"中使用 SQL 语句创建,而不能在查询的"设计视图"中创建。

由于数据定义查询已经在任务一中作过介绍,此处不再叙述。下面通过 3 个实例介绍如何创建其他 3 类特定查询。

📖 任务分析

首先让我们了解联合查询、子查询、传递查询的概念,然后在理解的基础上创建这三类特定查询。

📖 知识链接

1．联合查询

联合查询是指将两个查询结果合并在一块,要求两个查询结果的字段个数、数据类型相同以及字段排列顺序必须一致。

2．子查询

子查询又称作嵌套查询,它是由另一个选择查询或操作查询之内的 SELECT 语句组成。在创建子查询时,可以在查询"设计网格"窗口的"字段"行或"条件"行的单元格输入一条 SELECT 语句。如果是在"字段"行的单元格里输入子查询的 SELECT 语句,则定义一个新字段；如果是在"条件"行中输入子查询的 SELECT 语句，则作为记录的查询条件。在创建查询时可以使用子查询的结果作为查询的条件，例如查找主查询中大于、小于或等于子查询返回的值。

3. 传递查询

传递查询是将 SQL 命令直接发送到 SQL 数据库服务器，例如 SQL Server、Oracle 等。使用传递查询时，不需要与服务器上的表链接，查询就可以直接使用相关的表。用户如想要创建传递查询，需要完成两项工作，首先是设置要连接的数据库，然后在 SQL 视图窗口中输入 SQL 语句。输入的传递 SQL 命令要符合服务器要求的语法，可以参考相关的 SQL 数据库服务器文档。

📖 **任务设计**

1. 创建联合查询

根据"教学信息管理系统"数据库，使用"SQL 视图"创建一个名称为"项目 5-4-1 联合查询"的查询，用于查询选修课程编号为 S0104 或选修其他课程且分数小于 60 的学生的学号、课程编号和分数。其操作步骤如下。

① 打开查询的"设计视图"界面，并关闭"显示表"对话框。

② 单击"设计"选项卡上"查询类型"组中的"联合"按钮 ⬙联合，或者在"设计视图"界面右击，在打开的快捷菜单中选择"SQL 特定查询"→"联合查询"选项。

③ 在空白的 SQL 视图窗口中输入如图 4-125 所示的 SQL 语句。

④ 将查询保存为"项目 5-4-1 联合查询"，运行查询后的返回结果如图 4-126 所示。

图 4-125　联合查询的 SELECT 语句

图 4-126　查询运行结果

2. 创建子查询

根据"教学信息管理系统"数据库，使用"SQL 视图"创建一个名称为"项目 5-4-2 子查询"的查询，用于查找分数高于平均分的学生的学号、姓名、专业、课程名称和分数。其操作步骤如下。

① 打开"SQL 视图"窗口。

② 在"SQL 视图"窗口中输入如图 4-127 所示的 SQL 语句。保存后，运行 SQL 语句，返回的查询结果如图 4-128 所示。

图 4-127　子查询的 SELECT 语句

图 4-128　子查询的运行结果

③ 如果是在查询的"设计视图"界面中创建上述任务的子查询,其对应的设置结果如图 4-129 所示。即先在查询的"设计视图"界面添加图 4-129 所示的表作为查询的数据源,以及向"设计网格"窗口添加查询结果要显示的 5 个字段;接着将鼠标指向"分数"字段的"条件"行单元格并右击,在打开的快捷菜单中选择"显示比例"选项;然后在打开的"缩放"对话框中输入子查询语句:

＞（SELECT AVG(分数)FROM 成绩）

图 4-129　子查询的设置结果

 说明

子查询的目的是计算出分数的平均分,以作为主查询条件中比较的值。另外,子查询语句需要用括号括起来。

3. 创建传递查询

根据 SQL Server 中的 jxgl 数据库,使用"SQL 视图"创建一个名称为"项目 5-4-3 传递查询"的查询,用于查找职称为"教授"的教师的姓名、性别、籍贯、专业、科室和手机等 6 个字段。其操作步骤如下。

① 打开查询的"设计视图"界面,并关闭"显示表"对话框。

② 单击"设计"选项卡上"查询类型"组中的"传递"按钮 传递,打开"SQL 视图"窗口。

③ 单击"设计"选项卡上"显示/隐藏"组中的"属性表"按钮 属性表,显示如图 4-130 所示的"属性表"任务窗格。

④ 在"属性表"任务窗格中,设置"ODBC 连接字符串"属性来指定要连接的数据库信息。可以直接输入要连接的服务器信息,也可以单击"ODBC"文本框右侧的"生成器"按钮,打开如图 4-131 所示的向导,切换到"机器数据源"选项卡。

图 4-130 "属性表"任务窗格

图 4-131 "选择数据源"

⑤ 单击"选择数据源"对话框中的"新建"按钮,打开如图 4-132 所示的"创建数据源"对话框,按默认选择第一个单选按钮,单击"下一步"按钮。在打开的如图 4-133 所示的对话框中选择"SQL Server"驱动程序。

图 4-132 选择数据源类型

图 4-133 选择数据源的驱动程序

⑥ 单击"下一步"按钮,在打开的向导中设置数据源名称和选择 SQL Server 连接的服务器,如图 4-134 所示。单击"下一步按钮",打开如图 4-135 所示的向导,设置 SQL Server 验证登录的方式。

图 4-134 设置数据源名称和连接的服务器

图 4-135 设置验证登录方式

⑦ 单击"下一步"按钮，在打开的向导中更改默认的数据库为：jxgl，如图 4-136 所示。单击"下一步"按钮，在打开的向导中设置描述信息并单击"完成"按钮，返回到如图 4-137 所示的"选择数据源"对话框，用户可以看到刚创建的新数据源"jxgl"。

图 4-136　设置数据源名称和连接的服务器

图 4-137　设置验证登录方式

　　⑧ 单击"确定"按钮，打开如图 4-138 所示的"连接字符串生成器"消息框，单击"是"按钮。返回到"属性表"任务窗格，用户可以看到"ODBC 连接字符串"的属性值，如图 4-139 所示。

图 4-138　消息框

图 4-139　"属性表"任务窗格

　　⑨ 关闭"属性表"任务窗格。按如图 4-140 所示在"SQL 视图"输入创建传递查询的 SELECT 语句。单击鼠标右键，在打开的快捷菜单中选择"数据表视图"，查询结果如图 4-141所示。

图 4-140　传递查询的 SELECT 语句

图 4-141　查询结果

习题与实训四

一、选择题

1. 在 Access 中,如果想要将查询结果存放到已有的表中,应使用下列哪种查询实现(　　)。
   （A）生成表查询　（B）交叉表查询　　（C）选择查询　　　　（D）追加查询

2. 在 Access 查询中,字符型数据要用(　　)括起来。
   （A）＄　　　　　　（B）％　　　　　　（C）＃　　　　　　　（D）′

3. 若要统计"学生"表中 1990 年出生的学生人数,应在查询"设计视图"中将"学号"字段的"总计"单元格设置为(　　)。
   （A）Sum　　　　　（B）Total　　　　　（C）Count　　　　　（D）Max

4. 如果希望查询运行时,用户可以动态输入查询条件的值以返回不同的查询结果,则应该使用的查询是(　　)。
   （A）选择查询　　（B）交叉表查询　　（C）参数查询　　　（D）操作查询

5. 如果想要将"成绩"表中不及格的分数均加上 10 分,应该使用的查询是(　　)。
   （A）追加查询　　（B）参数查询　　　（C）更新查询　　　（D）删除查询

6. 查询的功能不包括(　　)。
   （A）显示图形　　（B）选择记录　　　（C）分组计算　　　（D）选择字段

7. 在查询的"设计视图"窗口中,(　　)不是"设计网格"中的行。
   （A）排序　　　　（B）显示　　　　　（C）类型　　　　　（D）条件

8. 假设某个数据库的表中有一个"工作时间"字段,要查找 20 天前参加工作的记录,条件表达式为(　　)。
   （A）＝Date()－20　　　　　　　（B）＜Date()－20
   （C）＞Date()－20　　　　　　　（D）＜＞Date()－20

9. 假设某数据库的表中有一个"出生日期"字段,要查找 1994 年出生学生记录,条件表达式为(　　)。
   （A）Between ＃1994-01-1＃ And ＃1994-12-31＃
   （B）Between ″1994-01-1″ And ″1994-12-31″
   （C）Between ″1994.01.1″ And ″1994.12.31″
   （D）＃1994.01.1＃ And ＃1994.12.31＃

10. 用于获得字符串 S 最左边 5 个字符的函数是(　　)。
    （A）Left(S,5)　　　　　　　　（B）Right(S,5)
    （C）Leftstr(S,5)　　　　　　　（D）Leftstr(S,0,5)

11. 条件表达式"性别＝″男″AND 工资＞8000"的含义是(　　)。
    （A）性别为"男"并且工资大于 8000 的记录
    （B）性别为"男"或者工资大于 8000 的记录
    （C）性别为"男"并非工资大于 8000 的记录
    （D）性别为"男"或者工资大于 8000,且二者选一的记录

12. 表达式"Between 80 And 95"的含义是( )。

(A) 数值 80 到 95 之间的数字

(B) 数值 80 和 95 这两个数字

(C) 数值介于 80 和 95 之间的数字,但包含 80 和 95 这两个数字

(D) 数值介于 80 和 95 之间的数字,但不包含 80 和 95 这两个数字

13. 假设数据库中的某个表有一个"姓名"字段,要查找姓"王"的记录,条件表达式为( )。

(A) Not ″王＊″　　　　　　　　(B) Like ″王″

(C) Left([姓名],1)＝″王″　　　(D) ″王″

14. 在 Access 数据库中创建一个新表,应该使用的 SQL 语句是( )。

(A) Create Table　　　　　　　(B) Create Index

(C) Alter Table　　　　　　　　(D) Create Database

15. 在创建查询时,若要筛选出图书编号是"T101"或"T102"的记录,可以在查询的"设计视图"的"条件"行中输入( )。

(A) ″T101″ OR ″T102″　　　　　(B) ″T101″ AND ″T102″

(C) IN (″T101″ AND ″T102″)　　(D) NOT IN (″T101″ AND ″T102″)

16. 在 SQL 查询中"GROUP BY"的含义是( )。

(A) 选择行条件　　　　　　　　(B) 对查询进行排序

(C) 选择列字段　　　　　　　　(D) 对查询进行分组

17. SQL 中的 DROP 语句是用于从数据库中( )。

(A) 修改数据　　(B) 删除表　　(C) 插入表　　(D) 新建表

18. 对于参数查询,"输入参数值"对话框的提示文本设置在"设计网格"的( )。

(A) "显示"行　　　　　　　　　(B) "字段"行

(C) "条件"行　　　　　　　　　(D) "或"行

19. 在查询的"设计视图"中,若要把原表中的"name"字段名称改为"姓名",则字段表达式应为( )。

(A) name:姓名　　　　　　　　(B) 姓名:name

(C) name(姓名)　　　　　　　　(D) 姓名(name)

20. 在 Select 语句中使用 Order By 是为了指定( )。

(A) 查询的表　　　　　　　　　(B) 查询结果的顺序

(C) 查询的条件　　　　　　　　(D) 查询的字段

二、填空题

1. Access 数据库系统提供 4 种查询向导,分别是简单查询向导、_____、_____、_____。

2. 在 Access 中,查询的"设计视图"界面分为上下两个部分,上部分是_____,下部分是查询的"设计网格"窗口。

3. 操作查询包括_____、_____、_____和_____。

4. 查询"学生"表中"专业"为"财务管理"或"会计学"的查询条件是_____。

5. 如果要在查询的条件之间具有多个字段的"与"和"或"关系,则用户只需记住下面的输入法则:相同行之间是的_____关系,不同行之间是_____的关系。

6. 如果要进行模糊查询,需要使用什么特殊运算符_____。

7. Access 查询的数据源可以来自_____和_____。

8. 查询"课程"表中"课程名称"不为空值的查询条件是_____。

9. 返回当前系统日期的函数是_____。

10. 如果要把"成绩表"中分数不及格的学生分数改为 0 分,应使用_____查询。

11. SQL 特定查询主要包括_____、_____、数据定义查询和子查询等。

12. 在 SQL 的 Select 语句中,用_____关键字对查询的结果排序。

三、上机实训

根据"图书管理系统"数据库,完成下列实训任务。

任务一 创建选择查询

📖 实训目的

1. 掌握使用"查询向导"创建选择查询;

2. 掌握使用"设计视图"创建选择查询;

3. 熟悉各种查询条件的设置;

4. 掌握在查询中统计数据。

📖 实训内容

1. 使用"查询向导"创建一个名称为"任务 1-1 图书库存信息"的简单查询,要求查询结果显示图书名称、作者、出版社、出版日期、价格和数量等 6 个字段。

2. 创建一个名称为"任务 1-2 读者借书信息"的查询,用于检索读者借阅图书的情况,要求查询结果显示借书证号、姓名、证件类型、借阅时间、还书时间和图书名称等 6 个字段。

3. 创建一个名称为"任务 1-3 读者基本信息"的查询,用于检索读者的借书证类型、最大借阅数等信息,要求查询结果显示姓名、借书证号、借书证类型、单位名称、职务、最大借阅数和最长借出时间等 7 字段,查询结果按"单位名称"降序排列。

4. 创建一个名称为"任务 1-4 库存量小于 10 的图书"的查询,用于检索库存数量小于 10 的图书信息,要求查询结果显示图书编号、图书名称、类别名、作者、出版社、出版日期、价格和数量等 8 个字段,并按"类别名"升序排列。

5. 创建一个名称为"任务 1-5 姓张的读者信息"的查询,用于检索姓为"张"的读者基本信息,要求查询结果显示姓名、借书证号、单位名称、职务、性别和出生日期等 6 个字段。

6. 创建一个名称为"任务 1-6 90 年或 92 年出生的读者"的查询,用于检索"1990"年或"1992"年出生的读者信息,要求查询结果显示姓名、单位名称、职务、性别和出生日期等 5 个字段。

7. 创建一个名称为"任务 1-7 读者人数"的查询,用于统计全部读者的数量。

8. 创建一个名称为"任务 1-8 不同种类图书数量"的查询,用于统计不同图书类别的图书数量,查询结果显示类别名、图书库存量。

任务二 创建高级查询

📖 实训目的

1. 掌握使用"交叉表查询向导"创建交叉表查询;

2. 掌握使用"设计视图"创建交叉表查询;

3. 掌握创建单参数查询;

4. 掌握创建多参数查询;

5. 熟练创建各种操作查询。

📖 **实训内容**

1. 使用"交叉表查询向导"创建一个名称为"任务 2-1 统计读者人数"的交叉表查询,用于统计不同单位不同性别的读者人数,要求查询结果显示单位名称、读者人数。

2. 使用"设计视图"创建一个名称为"任务 2-2 统计图书库存量"的交叉表查询,用于统计不同图书类别不同出版社的图书库存量,要求查询结果显示类别名、库存数量。

3. 创建一个名称为"任务 2-3 图书借阅信息"的参数查询,根据提示输入某一类"借书证类型",检索出该类借书证类型的借阅信息,要求查询结果显示借书证类型、借书证号、数量、图书名称、借阅时间和还书时间等 6 个字段。

4. 创建一个名称为"任务 2-4 图书库存信息"的参数查询,根据提示输入两个月份,检索出这两个月份之间出版的图书库存信息,要求查询结果显示图书名称、类别名、作者、出版社、出版日期和数量等 6 个字段。

5. 创建一个名称为"任务 2-5 会计系借书证信息"的生成表查询,将单位名称为"会计系"的借书证所有信息生成到新表中,新表名称为"会计系借书证信息"。

6. 创建一个名称为"任务 2-6 信息工程系借书证信息"的追加查询,将单位名称为"信息工程系"的借书证所有信息追加到"会计系借书证信息"表中。

7. 创建一个名称为"任务 2-7 更改联系电话"的更新查询,将"会计系借书证信息"表中"联系电话"字段的区位号更改为:010。

8. 创建一个名称为"任务 2-8 删除会计系借书证信息"的删除查询,将"会计系借书证信息"表中单位名称为"会计系"的所有记录删除掉。

任务三 创建 SQL 查询

📖 **实训目的**

1. 熟悉使用 SQL 语句定义数据库对象;

2. 掌握使用 SQL 语句操作数据;

3. 掌握在 SQL 语句查询数据;

4. 掌握创建 SQL 特定查询。

📖 **实训内容**

1. 创建一个名称为"任务 3-1 创建部门表"的查询,用于创建一个"部门"表,该表由"单位名称"、"负责人"、"办公电话"和"手机号码"4 个字段组成,并设定"单位名称"为主键,"负责人"字段值不为空。

2. 创建一个名称为"任务 3-2 向部门表添加字段"的查询,用于向"部门"表添加一个"部门简介"字段,该字段的数据类型为备注型。

3. 创建一个名称为"任务 3-3 删除部门表"的查询,用于将"部门"表删除掉。

4. 创建一个名称为"任务 3-4 创建索引"的查询,用于给"部门"表按"单位名称"降序创建唯一索引,索引名称为:单位名称_唯一索引。

5. 使用"SQL 视图"创建一个名称为"任务 3-5 插入一条记录"的查询,用于向"部门"表插入一条记录,所添加的各字段值为:"信息工程系","李楠","(020)82660126 ",13350161228。

6. 使用"SQL 视图"创建一个名称为"任务 3-6 插入多条记录"的查询,用于向前面任务所创建的"会计系借书证信息"表中添加单位名称为"外语系"的借书证信息。

7. 使用"SQL 视图"创建一个名称为"任务 3-7 更新有效时间字段"的查询,用于将"会计系借书证信息"表中"单位名称"为"外语系"的"有效时间"字段值延长到"2016"年。

8. 使用"SQL 视图"创建一个名称为"任务 3-8 删除借书证信息"的查询,用于将"会计系借书证信息"表中证件类型为"学生证"的借书证信息删除掉。

9. 创建一个名称为"任务 3-9 检索管理员信息"的 SQL 查询,查询"管理员"表所有管理的信息。

10. 创建一个名称为"任务 3-10 检索"文化程度"为硕士男管理员信息"的 SQL 查询,查询"管理员"表"文化程度"为"硕士"的男管理员信息,查询结果显示职工编号、姓名、性别、籍贯、出生日期和工龄,并按"工龄"降序排列。

11. 创建一个名称为"任务 3-11 统计图书的平均价格"的 SQL 查询,用于统计每类图书的平均价格,要求查询结果显示"类别名"和"平均价格"字段。提示:使用 AVG 聚合函数。

12. 创建一个名称为"任务 3-12 创建子查询"的 SQL 查询,查询出所有比图书"飘"的价格还要高的图书库存信息,要求查询结果显示图书名称、类别名、作者、出版社、价格、数量和入库时间。提示:使用子查询。

13. 使用"SQL 视图"创建一个名称为"任务 3-13 创建联合查询"的查询,用于查询"图书类别编号"为"002"或其他图书类别且出版社为"中国水利水电出版社"出版的图书库存信息,查询结果显示"图书名称"、"图书类别编号"、"作者"、"出版社"、"出版日期"和"价格"等字段。

14. 使用"SQL 视图"创建一个名称为"任务 3-14 检索职称为副教授的教师信息"的传递查询,用于查找职称为"副教授"的教师的姓名、性别、籍贯、专业、科室和手机等 6 个字段。

模块五　窗体的设计与创建

 学习目标

- 了解窗体的功能、类型；
- 学会使用向导创建窗体；
- 学会使用设计视图创建窗体；
- 掌握主/子窗体的创建；
- 熟悉窗体中常用控件的使用；
- 掌握窗体及控件的属性设置；
- 熟练使用窗体对数据进行操作。

窗体作为 Access 数据库对象之一，可用于为数据库应用程序创建用户界面，便于用户向数据库中输入数据，并对数据库中的数据进行浏览和编辑等操作，还可以控制程序的运行流程。绑定窗体是将窗体直接连接到数据源（如表或查询）的窗体，并可用于输入、编辑或显示来自该数据源的数据。另外，用户也可以创建未绑定窗体，该窗体没有直接连接到数据源，但仍然包含操作应用程序所需的命令按钮、标签或其他控件。

本模块着重介绍绑定窗体。可以使用绑定窗体来控制对数据的访问，如显示哪些字段或数据行。例如，某些用户可能只需要查看包含许多字段的表中的几个字段，为这些用户提供仅包含那些字段的窗体，可以方便他们使用数据库。还可以向窗体添加命令按钮和其他功能以自动执行常见操作。

可以将绑定窗体看作窗口，人们可通过它查看和访问数据库。有效的窗体可以提高用户使用数据库的效率，原因是可以省去搜索所需内容的步骤。外观设计良好的窗体可以增加用户使用数据库的乐趣和效率，还有助于避免输入错误的数据。

1. 窗体的组成

窗体实际上就是 Windows 操作系统的一种窗口，它提供了一个界面给用户操作使用。它包含了一般窗口的主要组成部分，并且根据用户的需要，可以在窗体中添加不同用途的控件。

从外观看，一个完整的窗体由主体、窗体页眉、窗体页脚、页面页眉和页面页脚 5 个部分组成，如图 5-1 所示。在窗体的设计视图中，这 5 个部分被分为 5 个区域，每个区域被称为"节"。在每一个节中，用户可以添加各种控件，并且设置各个节的属性，例如设置背景颜色或图片。有了这个结构，窗体只是一个空架子，通过窗体操作数据才是核心内容，所以，通常窗体还要和数据源绑定。下面对窗体的 5 个组成部分及数据源进行介绍。

图 5-1 窗体的组成

① 窗体页眉：用来显示窗体的标题等信息。在窗体的设计视图中，它位于窗体的顶部，或第一个打印页的顶部，类似一本书的封面，一个窗体只能有一个窗体页眉。

② 窗体页脚：通常用来显示窗体的创建日期时间或创建者的信息，它对于窗体中的每条记录都是一样的，它位于窗体的底部或最后一个打印页的后面，类似一本书的封底。一个窗体只能有一个窗体页脚。

③ 主体：用来显示数据表中的记录，由各种控件组成，它位于窗体的中部，是所有窗体都必须有的设计区。相当于一本书的正文章节部分。

④ 页面页眉：在窗体的每一页顶部显示页标题，页面页眉只能出现在打印的窗体中。

⑤ 页面页脚：在窗体的每一页底部显示日期时间或页码等信息，也只能出现在打印的窗体中。

⑥ 窗体数据源：用来设置窗体中显示数据的来源，可以是数据表或者查询。在设计视图中，数据源可以在窗体的"属性"对话框中的"数据"选项卡的"记录源"属性项进行设置。

2. 窗体的类型

Access 窗体有多种分类方法，通常可以按功能、按数据的显示方式和显示关系分类。

如果窗体按功能分类，其有如下四种类型：数据操作窗体、控制窗体、信息显示窗体和交互信息窗体。

① 数据操作窗体：用户对表或查询进行显示、浏览、输入和修改等多种操作。在实际应用当中，通常考虑把数据操作窗体与控制窗体结合起来一起使用。

② 控制窗体：主要用来操作或控制程序的运行。这类窗体通常通过"命令按钮"等控件来接受并执行用户请求。

③ 信息显示窗体：主要用来显示信息。可以通过数值或图表的形式显示信息，如数据透视表和数据透视图。

④ 交互信息窗体：主要用于需要自定义的各种信息窗口，包括警告、提示信息，或要求用户填入内容等。如当输入数据违反有效性规则时，系统自动弹出的警告信息。

3. 窗体的视图

在 Access 2010 中，窗体的视图共有窗体视图、数据表视图、数据透视表视图、数据透视图视图、布局视图和设计视图等 6 种视图。其中最常用的是窗体视图、设计视图和布局视图。不同的视图之间可以方便地进行切换。窗体在不同的视图中完成不同的任务。

（1）窗体视图

它是窗体在设计视图中完成设计后，用户看到的结果，也是最常见的视图。

（2）数据表视图

数据表视图是显示数据库中数据的视图，它以表格的形式展现出来，也是完成窗体设计后的结果。在这种视图中，一次可以浏览数据表中的多条记录。

（3）数据透视表视图

它可以动态地更改窗体的版面布置，重构数据的组织方式，便于用户使用不同方法分析数据。它类似有交叉表查询的功能，可以实现数据的分类汇总、小计和总计等。

（4）数据透视图视图

它把表中的数据信息和数据汇总信息，以图形化的方式直观地显示给用户，如柱状图、饼图等。

（5）设计视图

设计视图是创建和设计 Access 数据库对象都具有的一种视图。在设计视图中不仅可以创建窗体，而且可以编辑修改窗体，从而使窗体的布局和外观更符合应用的要求。在窗体的设计视图中可以显示窗体的 5 个组成部分，但在默认情况下，只显示窗体的主体部分。

（6）布局视图

布局视图是 Access 2010 新增加的一种视图。它具有"所见即所得"的特点。在此视图中可以调整和修改窗体设计。能够根据实际数据调整列宽和行高，还能添加新的字段到窗体中，并设置窗体及其控件的属性。

项目一　创建窗体

Access 功能区"创建"选项卡的"窗体"组中，提供了多个创建窗体的功能按钮。其中包括："窗体"、"窗体设计"和"空白窗体"3 个主要按钮，还有"窗体向导"、"导航"和"其他窗体"3 个辅助按钮，如图 5-2 所示。使用设计视图创建窗体是创建窗体最重要、最常用的方法。

图 5-2　窗体组

任务一　快速创建窗体

◆ **任务描述**

快速创建窗体即使用"窗体"按钮来创建窗体，其数据源来自某个表或者某个查询，所创建的窗体布局简单规范，创建过程快捷，但缺少灵活性。此方法创建的窗体是一种单个记录的窗体。

📖 **任务分析**

使用"窗体"按钮创建窗体,只需单击一次鼠标便可创建完成。使用该方法来创建窗体,数据源中的所有字段都将自动放置在窗体上。

📖 **知识链接**

在 Access 中,打开指定的数据库,在导航窗格中,选择作为窗体数据源的表或者查询,然后在功能区"创建"选项卡的"窗体"组中,单击"窗体"按钮,绑定数据源的窗体即刻创建完成,并以布局视图显示。

📖 **任务设计**

根据"教学信息管理系统"数据库中的教师表,快速创建窗体。操作步骤如下。

① 打开"教学信息管理系统"数据库,在导航窗格的下拉列表中选择"表",并选中"教师"表。

② 在功能区选择"创建"选项卡的"窗体"组,单击"窗体"按钮,即可完成教师窗体的创建,并以布局视图显示。如图 5-3 所示。

③ 在快速访问工具栏,单击"保存"按钮,在弹出的"另存为"对话框中,输入窗体的名称"教师",然后单击"确定"按钮,如图 5-4 所示。

图 5-3　教师窗体　　　　　　　　　图 5-4　"另存为"对话框

任务二　使用"多个项目"创建窗体

📖 **任务描述**

创建一个可显示多条记录的窗体。

📖 **任务分析**

在"多个项目"的窗体中,窗体中一行就显示一条记录,这样一个窗体在一页中可以排列若干行,从而提高数据浏览和编辑的效率。

📖 **知识链接**

在 Access 中,打开指定的数据库,在导航窗格中,选择作为窗体数据源的表或者查询。在功能区"创建"选项卡的"窗体"组,单击"其他窗体"按钮,在打开的下拉列表中,单击"多个项目"命令,绑定数据源的多项目窗体即创建完成。

📖 **任务设计**

根据"教学信息管理系统"数据库中的教师表,使用"多个项目"方法创建窗体。

① 打开"教学信息管理系统"数据库,在导航窗格的下拉列表中选择"表",并选中"教师"表。

② 在功能区选择"创建"选项卡的"窗体"组，单击"其他窗体"按钮，在下拉列表中单击"多个项目"命令，即可完成多个项目教师窗体的创建，并以布局视图显示。如图 5-5 所示。

教师编号	姓名	性别	籍贯	出生日期
9600110	包天民	男	上海	1970/5/26
9600111	刘东晓	男	山东	1979/12/29
9600112	陈丽梅	女	山西	1962/4/29
9600113	曹红本	女	河南	1979/10/29
9600114	张可馨	女	河南	1970/5/26
9600115	马风亮	女	四川	1972/4/29
9600116	林汉东	男	北京	1963/5/19
9600117	邢小梅	女	广东	1977/12/11
9700605	王雪萍	女	广东	1979/10/6
9700606	陈丽仙	女	上海	1978/9/9
9700607	杨灵灵	女	北京	1972/4/29

图 5-5 多个项目教师窗体

③ 在快速访问工具栏，单击"保存"按钮，在弹出的"另存为"对话框中，输入窗体的名称"多个项目教师窗体"，然后单击"确定"按钮。

任务三 创建"分割窗体"

📖 任务描述
创建一个被分割为上下两部分的窗体，上半部分显示单条记录，下半部分显示多条记录。

📖 任务分析
将数据源中数据的整体和局部显示在一个窗体中，便于用户浏览和操作数据库中的数据。

📖 知识链接
"分割窗体"用于创建一种具有两种布局形式的窗体。在窗体的上半部分是单一记录布局形式，一行显示一个字段。在窗体的下半部分是多条记录的数据表布局形式，一行显示一条记录。分割窗体为用户浏览记录带来方便，既可以宏观上浏览多条记录，又可以微观上详细地浏览一条记录。

📖 任务设计
根据"教学信息管理系统"数据库中的教师表，创建"教师"分割窗体。

① 打开"教学信息管理系统"数据库，在导航窗格的下拉列表中选择"表"，并选中"教师"表。

② 在功能区选择"创建"选项卡的"窗体"组，单击"其他窗体"按钮，在下拉列表中单击"分割窗体"命令，即可完成"教师"分割窗体的创建，并以布局视图显示。如图 5-6 所示。

③ 在快速访问工具栏，单击"保存"按钮，在弹出的"另存为"对话框中，输入窗体的名称"教师分割窗体"，然后单击"确定"按钮。

图 5-6　教师分割窗体

任务四　创建数据透视图窗体

📖　**任务描述**

创建基于数据源的数据透视图窗体

📖　**任务分析**

为了在海量的数据中直观地反映关键数据之间的关系,并且对数据进行分类汇总和统计,用户可以使用交互性很强的数据透视图来实现。

📖　**知识链接**

数据透视图是一种具有交互功能的图,使用它可以将数据库中的数据通过图的形式直观地显示给用户,它通常反映了数据之间的相互关系,并可将数据统计的结果显示在图中。整个数据库透视图的创建要分两步,第一步创建数据透视图的框架,第二步用户通过选择填充有关信息。

📖　**任务设计**

以"教学信息管理系统"数据库中的教师表为数据源,创建数据透视图窗体,制作各职称教师人数分布情况图。操作步骤如下。

① 打开"教学信息管理系统"数据库,在导航窗格的下拉列表中选择"表",并选中"教师"表。

② 在功能区选择"创建"选项卡的"窗体"组,单击"其他窗体"按钮,在下拉列表中单击"数据透视图"命令,打开"数据透视图"的设计窗口。这只是一个数据透视图的框架。

③ 在"数据透视图视图/设计"选项卡的"显示/隐藏"组中,双击"字段列表"按钮,打开字段列表,在"图表字段列表"中,将"职称"字段拖到下方的"将分类字段拖到此处"的位置。然后将"教师编号"字段拖到上方的"将数据字段拖到此处"的位置。系统自动对此字段进行计数操作,这时在图表区默认显示图为柱状图,如图 5-7 所示。至此数据透视图窗体创建完成。如果要更改图的类型,可单击"数据透视图视图/设计"选项卡的"类型"组中的"更改图表类型"按钮,在其中有"柱状图"、"条形图"、"饼图"等供选择。

④ 在快速访问工具栏,单击"保存"按钮,在弹出的"另存为"对话框中,输入窗体的名称"教师不同职称人数情况窗体",然后单击"确定"按钮。

图 5-7　数据透视图创建完成的结果

任务五　使用窗体向导创建窗体

📖 任务描述
使用窗体向导创建窗体即按照系统给定的步骤,一步一步地完成窗体的创建。

📖 任务分析
使用"窗体"按钮创建窗体虽然简单快捷,但是窗体无论在内容和外观上都不可选择,受到很大的限制,难以满足用户的需要,因此可以使用窗体向导来创建内容丰富、外观多样的窗体。

📖 知识链接
使用窗体向导创建窗体的方法是创建窗体的常用方法,和前几种方法创建的窗体最大的不同是,此方法创建窗体的数据源可以是多个表或者多个查询。此方法适合快速创建内容较复杂,形式多样的窗体,如果创建后的窗体需要进行修改,可以在设计视图中再做调整。

📖 任务设计
根据"教学信息管理系统"数据库中的教师表,使用窗体向导创建"教师信息"窗体。

① 打开"教学信息管理系统"数据库,在导航窗格的下拉列表中选择"表",并选中"教师"表。

② 在功能区选择"创建"选项卡的"窗体"组,单击"窗体向导"按钮。

③ 在打开的"请确定窗体上使用哪些字段"对话框中,在"表和查询"下拉列表中光标已经定位在先前指定的数据源"教师"表,单击 » 按钮,把表中全部字段送到右边的"选定字段"窗格中,或者在"可用字段"窗格中逐一选择所需字段,然后单击 > 按钮,把选中的字段送到右边的"选定字段"窗格中,再单击"下一步"按钮,如图 5-8 所示。

④ 在打开的"请确定窗体使用的布局"对话框中,选择"纵栏表",单击"下一步"按钮,如图 5-9 所示。

图 5-8 "请确定窗体上使用哪些字段"对话框

图 5-9 "请确定窗体使用的布局"对话框

⑤ 在打开的"请为窗体指定标题"对话框中,输入窗体标题"教师信息",选取默认设置:"打开窗体查看或输入信息",再单击"完成"按钮,如图 5-10 所示。

⑥ 这里打开的是窗体的窗体视图,用户可看到完成后的窗体效果,如图 5-11 所示。

图 5-10 "请为窗体指定标题"对话框

图 5-11 教师信息窗体的窗体视图

任务六 使用"空白窗体"按钮创建窗体

📖 任务描述

使用"空白窗体"按钮创建窗体是在布局视图中创建数据表式窗体。

📖 任务分析

使用"空白窗体"按钮创建窗体非常直观,不用进行视图转换,设计者就可以立即看到创建后的结果,所有的操作都在布局视图中进行。

📖 知识链接

空白窗体是一种所见即所得的窗体创建方式,即当向空白窗体添加字段后,立即显示出具体的记录信息。

📖 任务设计

使用"空白窗体"按钮创建"教学信息管理系统"数据库中的"学生"窗体。操作步骤如下。

①　打开"教学信息管理系统"数据库,在功能区选择"创建"选项卡的"窗体"组,单击"空白窗体"按钮。

②　这时打开了"空白窗体"视图,同时在右侧打开了"字段列表"窗格,显示了当前数据库中所有的表,如图5-12所示。

③　单击"学生"表前的"＋"号,展开"学生"表所包含的字段,逐个双击学生表中的"学号"等字段,这些字段被添加到空白窗体中,这时立即显示"学生"表中的第一条记录信息,同时"字段列表"的布局从一个窗格变为三个小窗格,分别是"可用于此视图的字段"、"相关表中的可用字段"和"其他表中的可用字段",如图5-13所示。

图5-12　"空白窗体"视

图5-13　添加了字段后的空白窗体和"字段列表"窗格

④　如果选择相关表字段,则由于表之间已经建立了关系,因此将自动创建出主/子窗体结构的窗体,展开"成绩"表,双击其中的"分数"字段,该字段添加到空白窗体中,显示学生的成绩信息,如图5-14所示。

图5-14　添加了成绩表分数字段后的空白窗体

⑤　在快速访问工具栏,单击"保存"按钮,在弹出的"另存为"对话框中,输入窗体的名称"学生成绩信息",然后单击"确定"按钮。

项 目 二　设 计 窗 体

在大多数情况下,使用向导或者其他方法创建的窗体只能满足一般的需要,用户缺乏自主性,不灵活,不能够创建结构和内容复杂的窗体。通常要创建灵活复杂的窗体,可以有两种选择,第一种选择是直接在设计视图中对窗体进行设计。另一种选择是先使用窗体向导或其他方法快速创建窗体,然后在设计视图中进行调整修改。

任务一　认识窗体的设计视图

📖 任务描述

窗体的设计视图是设计和编辑窗体的工作区。在设计窗体的过程中,可以使用系统提供的各种工具,这些工具都放置在窗体设计工具选项卡中(包括设计、排列和格式 3 个类别),使用它们可以确定窗体的显示信息,对窗体进行布局和修饰窗体的外观。

📖 任务分析

使用设计视图设计窗体,设计者可以灵活地选择窗体的内容组成、定制不同样式的窗体,通过此方法,能最大限度地满足用户的要求。

📖 知识链接

1. 窗体设计视图的结构

在功能区选择"创建"选项卡的"窗体"组,单击"窗体设计"按钮,就可打开窗体的设计视图,如图 5-15 所示。

所有的窗体都有主体节,在默认情况下,设计视图只显示主体节,如果要添加其他节,可在窗体中单击鼠标右键,在快捷菜单中选择"窗体页眉/页脚"或"页面页眉/页脚"命令,如图 5-16 所示。这样所选择的节就被添加到窗体上。如果不需要这些节用户可以取消显示,在图 5-16 的快捷菜单中,再次单击"窗体页眉/页脚"或"页面页眉/页脚"命令,则相应的节就被隐藏起来。

图 5-15　窗体的设计视图　　　　　　　　　图 5-16　快捷菜单

窗体中各个节的分界横条被称为节选择器,使用它可以选定节,上下拖动它可以调整节的高度,左右拖动它可以调整节的宽度(调整时所有节的宽度同时调整),在窗体的左上角标尺最左侧的小方块,是"窗体选择器"按钮,双击它可以打开窗体的属性设置窗口,如图 5-17 所示。

图 5-17　窗体中的节和选择器

2. 窗体设计工具选项卡

打开窗体的设计视图后,在顶部出现了窗体设计工具选项卡,它由"设计"、"排列"和"格式"3 个子选项卡组成,其中"设计"选项卡中包括"视图"、"主题"、"控件"、"页眉/页脚"和工具等 5 个组,它们提供了窗体的设计工具,如图 5-18 所示。

图 5-18　"设计"选项卡

"排列"选项卡中有"表"、"行和列"、"合并/拆分"、"移动"、"位置"和"调整大小和排序"等 6 个组,主要用来对齐和排列控件,如图 5-19 所示。

图 5-19　"排列"选项卡

"格式"选项卡中有"所选内容"、"字体"、"数字"、"背景"和"控制格式"等 5 个组,用来设置控件的各种格式,如图 5-20 所示。

图 5-20　"格式"选项卡

3．设计选项卡

下面介绍设计选项卡中 5 个组及其功能。

（1）视图组

单击视图组的视图按钮,在下拉列表中选择 6 种视图中的某一种,可以在不同的窗体视图之间切换。

（2）主题组

主题组中包括"主题"、"颜色"和"字体"3 个按钮,单击每一个按钮可以进一步打开相应的下拉列表,然后在列表中选择相应的命令进行设置。主题的作用是提供整个窗体的视觉外观。当设置窗体为某个主题,或选择某种颜色和字体后,将会使整个窗体的外观、颜色和字体发生变化。

（3）控件组

控件组就是一个控件工具箱,里面放置了各种各样的控件,这些控件可供设计者添加到窗体中,是整个窗体的主要界面元素。具体控件的功能和使用方法将在后面做介绍。

（4）页眉/页脚组和工具组

页眉/页脚组用于设置窗体的页眉/页脚和页面的页眉/页脚。工具组用于提供窗体设计中相关的附加功能。其组成按钮功能如表 5-1 和表 5-2 所示。

表 5-1　页眉/页脚组命令按钮

按钮	名称	功能
	徽标	用于具有公司徽标的个性化窗体
	日期和时间	在窗体中插入日期和时间
	标题	用于创建窗体标题,快速完成,不需任何设置

表 5-2　工具组命令按钮

按钮	名称	功能
	添加现有字段	显示表的字段列表,可将字段添加到窗体中
	属性表	显示窗体或窗体上某个对象的属性对话框
	代码	显示当前窗体的 VBA 代码
	Tab 键次序	改变窗体上控件获得焦点的键次序
	子窗体	在新窗口中添加子窗体
	将宏转变为代码	将窗体的宏转变为 VBA 代码

4．排列选项卡

下面介绍排列选项卡中的组及其功能。

（1）表组

表组中包括网格线、堆积、表格和删除布局 4 个按钮。

（2）行/列组

该组中的命令按钮主要作用是在窗体中不同方向插入行或者列。

（3）合并/拆分组

合并和拆分功能是 Access 2010 新增的功能，使用它可以像在 Excel 中一样拆分和合并控件。

（4）移动组

使用它可以向上或向下快速移动控件到窗体中的某个位置。

（5）位置组

用于调整控件的位置，包括以下 3 个按钮。

控件边距：调整控件内文本和控件边界之间的距离。

控件填充：调整一组控件在窗体上的布局。

定位：调整控件在窗体上的位置

（6）调整大小和排序

此组中的"大小/空格"和"对齐"按钮用于调整控件的排列。"置于顶层"和"置于底层"按钮是 Access 2010 新增的功能，用于调整图像所在的图层位置。其中"置于顶层"按钮将所选对象置于其他所有对象的前面；"置于底层"按钮将所选对象置于其他所有对象的后面。

📖 任务设计

根据"教学信息管理系统"数据库中的"学生"表，使用窗体的"设计视图"创建窗体，操作步骤如下。

① 打开"教学信息管理系统"数据库，在功能区的"创建"选项卡的"窗体"组中，单击"窗体设计"按钮，打开窗体的"设计视图"。

② 在打开的"窗体设计工具/设计"选项卡的"工具"组中，单击"添加现有字段"按钮，在窗体"设计视图"右侧出现"字段列表"窗格，从中找到"学生"表，单击前面的"＋"号，将其展开，依次双击所需放置到设计视图中的字段，这时所选取的字段以文本框的形式按顺序从上至下排列在主体节中，如图 5-21 所示。

③ 切换到"窗体视图"，单击快速访问工具栏的"保存"按钮，在"另存为"对话框中输入窗体的名称"学生窗体"，然后单击"确定"按钮完成窗体创建，结果如图 5-22 所示。

图 5-21　使用"设计视图"创建的窗体

图 5-22　创建完成的学生窗体的效果

任务二　窗体中的控件及其应用

📖 **任务描述**

窗体像一个台子，上面可以放很多的物品，这些物品整齐有序地排列，它们各自都有各自的用途。控件就相当于物品，了解各种控件的功能和熟练使用各种常用控件是创建友好用户界面的关键。

📖 **任务分析**

通常要创建结构复杂，功能多样的窗体，必须使用设计视图或布局视图来完成。而这两种视图中，各种控件的操作和属性设置都必须由设计者来实现，所以熟悉常用控件的功能和熟练掌握常用控件的创建非常重要。

📖 **知识链接**

1. 常用控件及其功能

在 Access 中，控件是放置在窗体对象上的对象，窗体就像一个容器，它里面可以放置不同的控件（包括窗体本身，称为子窗体控件）。控件在窗体中起着显示数据、执行操作和修饰窗体的作用。所有控件都有属性，不同的控件属性的项目和数量不全相同，但是有些属性是大多数控件共有的，如标题、名称和高度等属性。

（1）文本框控件

文本框控件既可以用来显示指定的数据，又可以用来输入和编辑数据。文本框控件分为三种类型：绑定型、未绑定型和计算型。绑定型文本框与表或查询中的字段相关联，用来显示其中的数据，并能对其内容进行修改。在设计视图中，绑定型文本框显示表或查询中具体字段的名称。未绑定型文本框并不链接到表或查询的字段，在设计视图中以"未绑定"字样显示，通常用来显示提示信息或接受用户数据输入。计算型文本框，用来放置计算表达式以显示表达式的结果。如在文本框中输入"＝Date()"，则此文本框就为计算型文本框，并在文本框中显示当前系统日期。

（2）标签控件

使用标签控件主要是在窗体上显示一些说明和注释性的文字，此标签称为独立标签。另外，在创建除标签外的其他控件时，将同时创建一个标签到该控件上，此标签称为附加标签，如文本框、组合框都有一个附加标签。

（3）标题控件

标题控件实际上就是一个标签，用于在窗体页眉中创建窗体标题，在设计视图中创建窗体时，如果以某名称对窗体进行过保存，那么再添加标题控件时，将自动以窗体名称作为窗体标题显示在窗体页眉中，此时可以设置标题的字体、字号等属性。

（4）复选框、切换按钮和选项按钮控件

复选框、切换按钮和选项按钮控件作为单独的控件用来显示表或查询中的"是/否"值。当选中复选框或选项按钮时，设置为"是"，否则为"否"。对于切换按钮，如果单击它，其值为"是"，否则为"否"。

（5）选项组控件

选项组控件是一个容器控件，它里面可以放置选项按钮、复选框或切换按钮，使用它可以在一组值中选择单个或多个值。如果里面是选项按钮,一次只能选一个值;如果里面是复选框,一次可选多个值。

(6) 组合框和列表框控件

组合框和列表框控件在功能上十分相似。当要输入的数据的数量和内容是确定的情况下,可以使用组合框或列表框控件,如窗体上输入的数据取自一个表或查询的某个字段时,或者在创建列表框或组合框控件时,用户自己输入所有可能的取值时。组合框控件不仅可以从列表中选择数据,而且可以输入数据,但是列表框控件只能从列表中选择数据。从外观上看,可以将组合框看作是折叠起来的列表框。

组合框(或列表框)分为绑定型和未绑定型两种。绑定型组合框(或列表框)与表的一个字段链接起来,在设计视图中,一定显示的是该字段的名称,而在窗体视图中,当选择下一条记录时,组合框(或列表框)的值也随着变化。在窗体上创建未绑定型组合框(或列表框),主要是为了通过选择组合框(列表框)中的列表值来决定窗体上查询的内容。通常使用向导来创建未绑定型组合框(或列表框),为组合框(或列表框)获取数据的方法有下列 3 种。

① 自行键入所需的值

② 在基于组合框中选定的值而创建的窗体上查找记录

③ 查阅表或查询中的值

(7) 命令按钮控件

在窗体中使用命令按钮控件来执行某个操作,以控制程序的运行。如显示下一条记录,关闭窗口等。命令按钮执行的操作分为六大类:记录导航、记录操作、窗体操作、报表操作、应用程序和杂项共 32 个操作。它包含了 Access 的常用操作。

(8) 选项卡和附件控件

当窗体中的内容较多无法在一页面中显示,或者为了在窗体中分类显示不同的信息时,可以使用选项卡进行分页,这时只要单击选项卡上的标签,就可以在不同的页面进行切换。

附件控件用来保存 Office 文档。

(9) 图像控件

使用图像控件可以美化和修饰窗体。

(10) 子窗体/子报表控件

子窗体/子报表控件主要用在主窗体或主报表上,显示一对多关系表中的数据。

📖 **任务设计**

在窗体中添加各种用途的控件。

(1) 添加文本框控件

在窗体中添加两个文本框控件,用来显示当前系统日期和输入密码,操作步骤如下。

① 打开数据库,在"创建"选项卡的"窗体"分组中,单击"窗体设计"按钮,创建一个新窗体。

② 在"设计"选项卡的"控件"分组中,单击"文本框"按钮,再将光标移到窗体上,按住鼠标左键拖动鼠标画出一个大小合适的文本框,这时打开"文本框"向导对话框,如图 5-23 所示。在此可以设置文本框中文字的字体、字形、字号以及对齐方式等。

③ 在"文本框向导"对话框中,单击"下一步"按钮,打开"输入法模式设置"对话框,如图 5-24 所示。在此对话框的"输入法模式设置"列表中,有 3 个列表项可选。如果文本框用于输入汉字,可选择"输入法开启";如果文本框用于接受输入英文和数字,可选择"输入法关闭"或"随意"。

图 5-23　"文本框"向导对话框　　　　　图 5-24　"输入法模式设置"对话框

④ 在"请输入文本框的名称"文本框中输入"输入密码",单击"完成"按钮,文本框创建完成,返回到设计视图中。

⑤ 双击文本框控件,打开其属性表。在属性表中,选择"数据"选项卡,单击"输入掩码"属性项右侧"生成器"的按钮,如图 5-25 所示。

⑥ 在打开的"输入掩码向导"对话框中,选择"密码",然后单击"完成"按钮,返回到"文本框属性"对话框,在"输入掩码"框中,显示属性值为"密码"。

⑦ 按照上述步骤在窗体中添加第二个文本框,然后双击它,打开属性表,选择"全部"选项卡,在"名称"和"控件来源"框中,分别输入属性值"当前日期"和表达式"＝Date()",设置"格式"属性为"长日期",如图 5-26 所示。

图 5-25　"输入密码"文本框控件属性表　　　图 5-26　"当前日期"文本框控件属性表

⑧ 单击"视图"按钮,把窗体从"设计视图"切换到"窗体视图",在"当前日期"文本框中显示当前系统日期。在"输入密码"文本框中,输入密码后显示"＊"号,如图 5-27 所示。

⑨ 保存窗体为"密码示例"。

（2）添加窗体标题

使用标题控件,可以直接在窗体中添加标题。以下是添加窗体标题的操作步骤。

① 打开"密码示例"窗体,切换到窗体的"设计视图"。

② 在"设计"选项卡的"页眉/页脚"组中,单击"标题"按钮。则在窗体中自动添加"窗体页眉/页脚"节,同时在窗体页眉中,立即显示窗体的标题"密码示例",它将窗体名称默认为窗体标题。如图 5-28 所示。

图 5-27 "密码示例"窗体

图 5-28 添加标题控件

（3）添加选项组

下面的示例介绍在窗体的设计视图中,使用向导来添加选项组。

打开"教学信息管理系统"数据库,创建"教师信息查询"窗体,添加教师职称选项组,操作步骤如下。

① 打开数据库,在"创建"选项卡的"窗体"分组中,单击"窗体设计"按钮,创建"教师信息查询"窗体,将除了"职称"字段之外的"教师编号"、"姓名"等字段添加到窗体中,接着在"设计"选项卡的"控件"组中,单击"选项组"控件按钮（默认情况下,"使用控件向导"按钮是打开的,如果要取消,可以单击此按钮）,然后在窗体主体节的适当位置拖动鼠标画出一个大小合适的矩形。

② 在打开的"请为每个选项指定标签"对话框中,依次输入每个选项的标签:"助教"、"讲师"、"副教授"和"教授"。再单击"下一步"按钮,如图 5-29 所示。

③ 在打开的"请确定是否使某选项成为默认选项"对话框中,要求确定是否需要默认选项。通常选择"是,默认选项是"单选按钮,并指定"讲师"为默认项,然后单击"下一步"按钮,如图 5-30 所示。

图 5-29　"请为每个选项指定标签"对话框　　图 5-30　"请确定是否使某选项成为默认选项"对话框

　　④ 在打开的"请为每个选项赋值"对话框中，默认即可，然后单击"下一步"按钮，如图 5-31 所示。

　　⑤ 在打开的"请确定对所选项的值采取的行动"对话框中，选择默认设置，然后单击"下一步"按钮，如图 5-32 所示。

图 5-31　"请为每个选项赋值"对话框　　图 5-32　"请确定对所选项的值采取的行动"对话框

　　⑥ 在打开的"请确定在选项组中使用何种类型的控件"对话框中，选择"选项按钮"及"蚀刻"单选按钮，然后单击"下一步"按钮，如图 5-33 所示。

　　⑦ 在打开的"请为选项组指定标题"对话框中，在"请为选项组指定标题"文本框中，输入标题"职称"，然后单击"完成"按钮，如图 5-34 所示。

图 5-33　"请确定在选项组中使用何种类型的空间"对话框　　图 5-34　"请为选项组指定标题"对话框

　　⑧ 在工具栏上，单击"视图"按钮，选择"窗体视图"，查看选项组设计结果，如图 5-35 所示。

　　(4) 创建未绑定型组合框，用来查阅表或查询中的值

　　在上面建立的"教师信息查询"窗体中，在窗体页眉中添加基于"院系"表的未绑定型组

合框,操作步骤如下。

① 打开"教师"窗体的设计视图,在"设计"选项卡的"控件"组中,单击"组合框"控件按钮,在窗体页眉节的合适位置单击鼠标,打开"请确定组合框获取其数值的方式"对话框,选择"使用组合框获取其他表或查询中的值",单击"下一步"按钮,如图 5-36 所示。

图 5-35 添加选项组后的窗体

图 5-36 "请确定组合框获取其数值的方式"对话框

② 在"请选择为组合框提供数值的表或查询"对话框中,选择"表:院系",单击"下一步"按钮,如图 5-37 所示。

③ 在"院系的哪些字段中含有要包含到组合框中的数值"对话框中,单击 → 按钮,依次把"可用字段"列表中的"系编号"和"系名称"字段移至"选定字段"列表中,然后单击"下一步"按钮,如图 5-38 所示。

图 5-37 设置组合框的数值来源

图 5-38 设置组合框中包含的列

④ 在打开的"请确定要为列表框中的项使用的排序次序"对话框中,选择"系名称"字段,排序方式默认为"升序",单击"下一步"按钮,如图 5-39 所示。

⑤ 在打开的"请指定组合框中列的宽度"对话框中,默认列的宽度和默认隐藏键列,单击"下一步"按钮,如图 5-40 所示。

图 5-39　设置列表框中的项的排序次序　　　　图 5-40　"请指定组合框中列的宽度"对话框

⑥ 在"请确定在组合框中选择数值后 Microsoft Access 的动作"对话框中，默认选择"记忆该数值供以后使用"单选按钮，单击"下一步"按钮，如图 5-41 所示。

图 5-41　"请确定在组合框中选择数值后 Microsoft Access 的动作"对话框

⑦ 在打开的"请为组合框指定标签"对话框中，默认组合框标签名称为"系名称"，单击"完成"按钮，如图 5-42 所示。

⑧ 单击"视图"按钮，切换到"窗体视图"，可以看到组合框的结果，如图 5-43 所示。

图 5-42　"请为组合框指定标签"对话框　　　　图 5-43　添加组合框后的窗体

（5）创建命令按钮

命令按钮的作用是执行某种操作。使用向导创建命令按钮是最简单的方法。

在"教师信息查询"窗体中，使用向导创建一个"添加记录"命令按钮。操作步骤如下。

① 打开"教学信息管理系统"数据库中的"教师信息查询"窗体，切换到设计视图。在"设计"选项卡的"控制"组中，单击"按钮"控件，在窗体页脚的适当位置单击鼠标，打开"请选择按下按钮时执行的操作"对话框。

② 在打开的对话框中，在"类别"列表中选择"记录操作"，在"操作"列表中，选择"添加新记录"，单击"下一步"按钮，如图 5-44 所示。

③ 在"请确定在按钮上显示文本还是显示图片"对话框中，选择"文本"单选按钮，使用文本默认内容"添加记录"，单击"下一步"按钮，如图 5-45 所示。

图 5-44　"请选择按下按钮时只需的操作"对话框　　图 5-45　"请确定在按钮上显示文本还是显示图片"对话框

④ 在"请指定按钮的名称"对话框中，为命令按钮指定名称"添加记录"，单击"完成"按钮，如图 5-46 所示。

⑤ 在窗体视图查看创建命令按钮的结果，如图 5-47 所示。

图 5-46　"请指定按钮的名称"对话框　　　　图 5-47　添加命令按钮后的窗体

（6）创建主/子窗体

下面介绍使用子窗体控件创建主/子窗体。需要注意的是，在创建主/子窗体之前，首先要在创建表时，设置好主窗体数据源的表和子窗体数据源的表之间的关系。

创建院系-教师主/子窗体，其中主窗体的数据源是"院系"表，子窗体的数据源是"教师"表，在窗体上浏览不同院系信息同时可获得各系教师信息。具体操作步骤如下。

① 打开"教学信息管理系统"数据库，选中"院系"表，在"创建"选项卡的"窗体"组中，单

击"窗体"按钮,快速创建院系窗体。

② 把院系窗体切换到设计视图,把光标放在窗体页脚节上,当光标变为上下箭头时,向下拖动鼠标,使主体节的高度增大,如图 5-48 所示。

③ 在"窗体设计工具/设计"选项卡的"控件"组中,单击"子窗体/子报表"控件按钮,在主体节的适当位置画一个矩形框,这时打开"子窗体向导"对话框,默认"使用现有的表和查询",单击"下一步"按钮,如图 5-49 所示。

图 5-48 "院系"窗体设计视图   图 5-49 "子窗体向导"对话框

④ 在打开的"请确定在子窗体或子报表中包含哪些字段"对话框中,在"表或查询"列表中,选择"表:教师",在"可用字段"列表中,把"姓名"、"性别"、"学历"和"职称"等字段移到"选定字段"列表中,如图 5-50 所示。

⑤ 在打开的"请确定是自行定义将主窗体链接到该子窗体的字段"对话框中,按默认设置各个选项,单击"下一步"按钮,如图 5-51 所示。

图 5-50 设置子窗体包含的字段   图 5-51 设置主窗体链接到子窗体的字段

⑥ 在打开的"请指定子窗体或子报表的名称"对话框中,默认子窗体的名称为"教师子窗体",单击"完成"按钮,窗体创建完成,如图 5-52 所示。创建好的院系-教师主/子窗体如图 5-53 所示。

图 5-52　"请指定子窗体或子报表的名称"对话框

图 5-53　创建完成后的院系-教师主/子窗体

任务三　设置窗体与控件的属性

📖　任务描述

了解和掌握窗体的设计视图的使用方法，以及各种常用控件的功能和使用之后。为了使设计的窗体更加符合用户和应用的需求，在窗体设计和控件操作过程中，应该熟练掌握窗体和控件的属性设置，这样才能使设计做到更加精细到位。

📖　任务分析

窗体和控件的属性设置主要是通过属性表的各个属性项的设置来实现的，熟悉各种常用属性的设置，有利于设计者高效正确地完成窗体的设计。

📖　知识链接

1.窗体和控件的属性表

窗体及其窗体上的各种控件都有着丰富的属性，这些属性反映了控件对象的状态和各个方面的特性，设置对象的属性是在对象的属性表中进行的。要对窗体或窗体上的某个对象设置属性，先要选中这个对象，然后在"设计"选项卡的"工具"组中，单击 按钮，或者双击所选中的对象。双击窗体左上角的"窗体选择器"可快速打开窗体的属性表。

窗体和控件的属性表分为格式、数据、事件、其他和全部等 5 个类别，其中常用的属性类别是格式、数据和事件。全部类别把前面 4 个属性类别的所有属性项目集中在一起。

2.格式属性

格式属性用来设置对象的外观，如高度、宽度和位置等。通常格式属性都设置了初始值，而其他属性通常没有，用户可以修改已有的属性值或添加属性值来改变所选对象的状态和行为。如表 5-3 所示是窗体的常用格式属性。

表 5-3　窗体的常用格式属性及其取值含义

属性名称	属性值	作用
标题	字符串	设置窗体标题所显示的文本
默认视图	连续窗体、单一窗体、数据表、数据透视表、数据透视图、分割窗体	决定窗体的显示形式
滚动条	两者均无、水平、垂直、水平和垂直	决定窗体是否具有滚动条或滚动条的形式
记录选定器	是/否	决定窗体是否具有记录选定器
浏览按钮	是/否	决定窗体是否具有记录浏览按钮
分割线	是/否	决定窗体是否显示窗体各个节间的分割线
自动居中	是/否	决定窗体显示时是否在 Windows 窗口中居中
控制框	是/否	决定窗体显示时是否显示控制框

3. 数据属性

窗体的数据属性组共有 14 个属性，主要用来指定窗体的数据源以及可对数据进行的操作。在"记录源"属性中可指定窗体所绑定的表或查询，另外还可指定筛选和排序的字段，如表 5-4 所示。

表 5-4　窗体常用的数据属性及其取值含义

属性名称	属性值	作用
记录源	表或查询名	指明窗体的数据源
筛选	字符串表达式	表示从数据源筛选数据的规则
排序依据	字符串表达式	指定记录的排序规则
允许编辑	是/否	决定窗体运行时是否允许对数据进行编辑修改
允许添加	是/否	决定窗体运行时是否允许对数据进行添加
允许删除	是/否	决定窗体运行时是否允许对数据进行删除

4. 事件属性

允许为一个对象发生的事件指定宏命令和编写事件过程代码。如一个命令按钮的"单击"事件发生，将触发与之关联的宏或事件过程运行，来完成特定的任务。控件事件属性的设置，将在宏的有关部分将结合起来介绍。

5. 其他属性

常用的其他属性有："名称"属性用来设置控件的名称，使其可以在其他地方被引用，但是窗体没有"名称"属性；"Tab 键索引"属性用来设定控件的〈Tab〉键次序。

📖 **任务设计**

打开"教学信息管理系统"数据库中已经创建好的窗体对象"学生窗体"，在窗体的窗体页眉添加一个标签控件，名称为"Title"，标题显示"学生基本信息"；在主体节添加一个绑定型文本框控件，用来显示学生的专业，该控件放置在距离窗体左边 0.7 cm，距离窗体上边 5.7 cm，文本框标签显示内容为"专业"。操作步骤如下。

① 打开"教学信息管理系统"数据库中的窗体对象"学生窗体"，切换到窗体的设计视图。

② 在打开的设计视图中,右击窗体主体节任意位置,在弹出的快捷菜单中选择"窗体页眉/页脚"命令,把窗体页眉/页脚节显示出来,然后在"窗体设计工具/设计"选项卡的控件组中,单击"标签"按钮,再把光标移到窗体页眉的合适位置,拖动鼠标画出一个矩形框,接着在矩形框中输入"学生基本信息",如图 5-54 所示。

③ 双击这个标签控件,在打开的属性表中,选择"其他"选项卡,设置"名称"属性值为"Title",如图 5-55 所示。

图 5-54 "学生窗体"设计视图

图 5-55 标签控件的属性表

④ 在右侧的"字段列表"窗格中,选择"学生"表的"专业"字段,按住鼠标左键,同时拖动鼠标移至主体节的合适位置,这时将自动生成和"专业"字段绑定的文本框控件,其标签标题为"专业",且文本框内容为实际专业内容,如图 5-56 所示。

⑤ 双击这个文本框的标签,打开其属性表,把"格式"选项卡中的"上边距"属性设为5.7 cm,"左"属性设为0.7 cm,如图 5-57 所示,至此窗体的设计完成。

图 5-56 "字段列表"窗格

图 5-57 文本框控件属性表

⑥ 将此窗体另存为"学生基本信息"窗体。

任务四　窗体上控件的操作和修饰美化窗体

📖 任务描述

要创建一个既美观又实用的用户界面,窗体不仅在功能上要完善,并且还需在布局和外观上下功夫,下面就如何在窗体上操作控件和修饰、美化窗体做介绍。

📖 任务分析

控件的操作主要是通过移动控件、调整控件大小和对齐控件等操作,使得窗体界面布局更整齐,组织更合理。而外观设置,主要是设置窗体中文字的字体、字号和颜色以及添加图片或背景,使窗体更美观、更个性化。

📖 知识链接

1. 选择控件

要对控件进行各种操作,首先要选定控件。在用鼠标左键点击所选控件之后,在控件的四周出现 6 个黑色方块称为控制柄。使用控制柄可以调整控件的大小和移动控件。选定控件的操作如下。

① 选择一个控件,左键单击该控件。

② 选择多个(不相邻)控件:按住〈Shift〉键,分别单击每个控件。

③ 选择多个(相邻)控件:在空白处按住鼠标左键拖动鼠标拉出一个虚线框,其所包围的控件全部被选中。

④ 选择所有控件:按〈Ctrl＋A〉键。

⑤ 选择一组控件:在垂直或水平标尺上,按住鼠标左键,这时出现一条垂直或水平的直线,拖动鼠标,直线所经过的控件全部被选中,然后松开鼠标左键。

2. 移动控件

可以使用鼠标或键盘来移动控件。

(1) 使用鼠标

首先选中一个或一组(几个)控件,当光标放在控件左上角之外的其他地方时,会出现垂直的十字箭头,这时拖动鼠标,可以移动一个或一组控件。

(2) 使用键盘

使用键盘移动选中的控件时,与它相关的附加标签会一起移动。选中需要移动的一个或一组控件,按住〈Ctrl＋←/→〉键左右移动;按住〈Ctrl＋↑/↓〉键上下移动。使用键盘可以精确地调整控件的位置。

3. 调整控件大小

控件大小的调整可以采用以下多种方法。

(1) 使用鼠标

将光标置于对象的控制柄上,当光标变成双箭头时拖动鼠标,可以改变对象的大小。当选中多个对象时,拖动鼠标则可同时改变多个对象的大小。

(2) 使用控件的属性设置控件大小和位置

打开控件的属性表窗口,在格式选项卡的"宽度"、"高度"、"左"和"上边距"中,输入具体的属性数值。

（3）使用键盘

按住〈Shift＋←/→〉键，横向缩小或放大；按住〈Shift＋↑/↓〉键，纵向缩小或放大。

4．对齐设置

通常使用鼠标拖动或键盘移动来调整控件的对齐，但是此方法效率低，而且达不到理想的效果。对齐控件的最便捷方法是使用系统提供的对齐功能。具体操作步骤如下。

首先选中需要对齐的一组控件，然后在"窗体设计工具/排列"选项卡的"调整大小和排列"组中，单击"对齐"按钮，在打开的列表中选择一种符合具体情况的对齐方式。

5．调整间距

调整多个控件的水平或垂直间距的具体操作步骤如下。

在"窗体设计工具/排列"选项卡的"调整大小和排列"组中，单击"大小/空格"命令，在打开的列表中，根据实际情况选择"水平相等"、"水平增加"、"水平减少"以及"垂直相等"等命令。

6．外观设置

控件的外观包括控件的前景、背景的颜色、文字内容的字体、字形、字号和颜色，以及控件的边框、特殊效果等多个格式属性，外观的设置通常在控件的属性表中，设置格式属性来实现。

7．在布局视图中微调窗体

布局视图是 Access 2010 中新增加的窗体的一种视图，通常用于修改窗体的最直观的视图。在布局视图中，窗体处于运行状态，在修改窗体的同时看到运行的结果。布局视图可用于设置控件大小或完成其他几乎所有影响窗体外观的工作。

📖 **任务设计**

根据"教学信息管理系统"数据库，创建"院系"窗体，在窗体页眉节添加标题为"院系信息一览"，字体为黑体，字号为 22，颜色为蓝色，设置窗体主体部分的背景色为浅灰 3，调整主体节中的文本框控件的宽度，使其适合所显示文本内容的大小。具体操作步骤如下。

① 打开"教学信息管理系统"数据库，在"导航窗格"中选择"院系"表，然后在"创建"选项卡的"窗体"组中，单击"窗体"按钮，这时就完成了院系窗体的创建，并显示其布局视图，如图 5-58 所示。

② 在窗体的布局视图中，系统自动在窗体页眉中添加了以窗体名称为标题内容的标题，在这里只要对其稍作修改，打开标题控件的属性表，选择"格式"选项卡，在"标题"属性中输入"院系信息浏览"，在"字体名称"属性中选择黑体，在"字号"属性中选择 22，在"前景色"（即文字颜色）属性中选择蓝色，如图 5-59 所示。

③ 接下来鼠标单击窗体主体节的空白处，这时在窗体的右侧属性表中出现主体节的所有属性，在"格式"选项卡中的"背景色"属性中选择浅灰 3，如图 5-60 所示。

④ 在布局视图的功能区出现"窗体布局工具"选项卡，该选项卡和设计视图中的"窗体设计工具"选项卡一样，都包含有"设计"、"排列"和"格式"3 个子选项卡，只是在前者的"排列"子选项卡中少了"调整大小和顺序"组。这就表示在布局视图中不允许对单个控件进行大小调整和排序。另外，在布局视图中和设计视图中一样，都可以对控件的属性进行设置。选中系编号字段，该字段文本框变成黄色框线，然后把光标放在垂直框线上，这时光标变成水平双箭头，按住左键向左拖动鼠标使所有字段的文本框整体缩小，当拖至适当的地方，松

开鼠标左键,至此完成控件宽度的调整,如图 5-61 所示。

图 5-58 "院系"窗体的布局视图   图 5-59 在布局视图中修改"标题控件"属性表

图 5-60 设置主体节属性   图 5-61 调整控件的位置和大小

项目三 使用窗体操作数据

窗体作为用户和数据库系统进行信息交互的接口,必然涉及对数据库中的数据进行各种各样的操作。窗体提供给用户一个数据操作平台,通过窗体,用户可以浏览数据表或查询中的记录,这些信息呈现出来的样式可以有多种多样,如纵栏式的、表格式的以及分割窗体样式等等;通过窗体,用户可以用添加记录的方式添加新的数据到已有的表中;通过窗体,用户可以修改或删除表中原有的数据;通过窗体,可以查找你所需要的特定数据;通过窗体,使用排序和筛选等方法重新组织窗体上的数据。

任务一 查看、添加、修改与删除记录

📖 任务描述

通过使用记录导航工具条,在窗体中查看记录信息、添加新的记录;如果窗体数据是允

许编辑和删除的,可以直接在与字段绑定的文本框中修改已有数据,还可以通过记录选择器选定一条或多条记录,并将其删除。

📖 **任务分析**

使用窗体操作数据,可以避免用户对数据库进行直接操作,并且可以限定用户所进行的操作本身和操作的数据范围。

📖 **知识链接**

查看记录:使用记录导航工具条在不同记录之间切换。

添加记录:右键单击记录选择器,在快捷菜单中选择"新记录"命令。当输入完一条记录后,新添加的记录内容自动保存。

修改记录:直接修改选中的记录中的某个字段的内容,当光标移开时,修改内容自动保存。

删除记录:单击"记录选择器"选中某条记录,然后在键盘上按〈Del〉键,系统将给出提示信息,若单击"是"按钮,则删除选定的记录,且删除操作无法撤销。

📖 **任务设计**

在"教学信息管理系统"数据库中的"学生"窗体中,添加一条新记录,其中"政治面貌"字段设为"团员",然后将"团员"修改为"党员",最后将添加好的这条记录删除掉。操作步骤如下。

① 打开"教学信息管理系统"数据库中的"学生"窗体,在窗体下方单击记录导航工具条的"新(空白)记录"按钮,即在原有最后一条记录的下方增加一行输入新记录,如图 5-62 所示。

② 输入完一条记录后,按回车键,记录自动保存,然后将光标定位到这条记录的"政治面貌"字段,将"团员"修改为"党员",再将鼠标点击其他位置,修改生效。

③ 光标移到要删除行的最前方,然后鼠标右击,在弹出的快捷菜单中选择"删除记录"命令,如图 5-63 所示。

图 5-62 在窗体中添加新记录　　　　　图 5-63 在窗体中删除记录

④ 在弹出的警告提示对话框中,单击"是"按钮,将删除选定记录,并且删除操作是不可撤销的,如图 5-64 所示。

图 5-64　提示对话框

任务二　查找、排序与筛选记录

📖 **任务描述**

当窗体上显示的记录有成千上万条时，要从中快速找到用户指定的内容，使用系统提供的查找功能，将又快又准；当要对显示的记录进行分组，可以先对其进行排序；当只要显示符合用户要求的信息时，可以使用筛选功能，把不符合要求的记录隐藏起来。

📖 **任务分析**

通过查找、排序和筛选操作，可以提高用户获取所需数据的能力，进一步细化对数据的操作。

📖 **知识链接**

查找和替换数据：在功能区的"开始"选项卡的"查找"组中，单击"查找"或"替换"按钮，然后打开"查找和替换"对话框，在"查找"选项卡的"查找内容"框中，输入要查找的内容，再分别设置"查找范围"、"匹配"和"搜索"等项目，最后单击"查找下一个"按钮进行查找，如图 5-65 所示。如果要把查找到的内容替换成别的内容，只需在"替换"选项卡中的"替换为"框中输入替换后的内容，然后单击"替换"或"全部替换"按钮。如图 5-66 所示。

图 5-65　查找对话框

图 5-66　替换对话框

① 记录排序：单击用于排序的记录字段，然后在功能区的"开始"选项卡的"排序和筛选"组中，单击"升序"或"降序"按钮。

② 数据筛选：在功能区的"开始"选项卡的"排序和筛选"组中，有与筛选相关的四个按钮，分别是"筛选器"、"选择"、"高级"和"切换筛选"。其中"筛选器"和"选择"按钮只在对单个字段内容进行筛选时，才有效。当选择一条记录时，可以同时对多个字段设置筛选条件，单击"高级"按钮，在下拉列表中选择"按窗体筛选"或"高级筛选/排序"命令进行筛选。"切换筛选"按钮用来在筛选前和筛选后的窗体之间进行切换。

📖 **任务设计**

在"教学信息管理系统"数据库中的"学生"窗体中筛选出 1991 年后出生且籍贯为广东的学生。操作步骤如下。

① 打开"教学信息管理系统"数据库中的"学生"窗体,在功能区的"开始"选项卡的"排序和筛选"组中,单击"高级"按钮,在下拉列表中选择"按窗体筛选"命令。

② 在打开的按窗体筛选设置窗口中,在"出生日期"字段下输入"＞♯1991-12-31♯",在"籍贯"字段下输入"广东",如图 5-67 所示。

③ 然后单击"切换筛选"按钮,完成筛选,筛选后结果如图 5-68 所示。

图 5-67　在"按窗体筛选"窗口中设置筛选条件

图 5-68　筛选完成后的结果

习题与实训五

一、选择题

1. 不属于 Access 窗体视图的是(　　)。

　　(A) 设计视图　　(B) 布局视图　　　(C) 页面视图　　　(D) 数据表视图

2. 用于创建窗体或修改窗体的是(　　)。

　　(A) 窗体视图　　(B) 透视图视图　　(C) 透视表视图　　(D) 设计视图

3. 控件的显示效果可以通过其"特殊效果"属性来设置,下列不属于"特殊效果"属性值的是(　　)。

    (A) 蚀刻　　　　(B) 平面　　　　　(C) 凹陷　　　　　(D) 倾斜

4. 下面关于组合框和列表框叙述正确的是(　　)。

    (A) 列表框和组合框都可以显示一行或多行数据

    (B) 可以在列表框中输入新值,而组合框不能

    (C) 可以在组合框中输入新值,而列表框不能

    (D) 在列表框和组合框均能输入新值

5. 不是文本框控件的类型有(　　)。

    (A) 绑定型　　　(B) 未绑定型　　　(C) 计算型　　　　(D) 非计算型

6. 为窗体上的控件设置 Tab 键的顺序应选择属性表中的选项卡是(　　)。

    (A) 格式　　　　(B) 其他　　　　　(C) 事件　　　　　(D) 数据

7. 在窗体中,用来输入和编辑字段数据的交互性控件是(　　)。

    (A) 列表框　　　(B) 标签　　　　　(C) 复选框　　　　(D) 文本框

8. 要改变窗体中文本框控件的数据源,应设置的属性是(　　)。

    (A) 记录源　　　(B) 控件来源　　　(C) 筛选查询　　　(D) 默认值

9. 不是窗体组成部分的是(　　)。

    (A) 窗体页眉　　(B) 窗体页脚　　　(C) 主体　　　　　(D) 窗体设计器

10. 下列不属于控件格式属性的是(　　)。

    (A) 标题　　　　(B) 数据来源　　　(C) 字号　　　　　(D) 背景色

11. 若在文本框中输入文本时达到密码显示"＊"号的效果,应设置的属性是(　　)。

    (A) 默认值　　　(B) 输入掩码　　　(C) 密码　　　　　(D) 标题

12. 窗体中可以包含一列或多列数据,用户只能从列表中选择值,而不能输入新值的控件是(　　)。

    (A) 列表框　　　　　　　　　　　　(B) 组合框

    (C) 列表框和组合框　　　　　　　　(D) 以上两者都不可以

13. 创建窗体的数据源不能是(　　)。

    (A) 单个表　　　　　　　　　　　　(B) 多个表

    (C) 单表创建的查询　　　　　　　　(D) 多表创建的查询

14. 创建带子窗体的窗体时,主窗体和子窗体对应表之间的关系是(　　)。

    (A) 一对一　　　(B) 一对多　　　　(C) 多对多　　　　(D) 任意

15. 窗体中所包含的窗体称为(　　)。

    (A) 子窗体　　　(B) 主窗体　　　　(C) 父窗体　　　　(D) 控件

二、填空题

1. 窗体中的数据主要来源于_____和_____。

2. 窗体由多个部分组成,每个部分称为一个_____,大部分的窗体只有_____。

3. 对象的_____描述了对象的状态和特性。

4. 在创建主/子窗体之前,必须设置_____。

5. 在选择多个(不相邻)控件时,按住_____,分别单击每个控件。

6. 文本框可分为三种类型,分别是＿＿＿＿、＿＿＿＿和＿＿＿＿。

7. 当窗体的筛选条件有多个时,可以使用＿＿＿＿和＿＿＿＿进行筛选。

8. 窗体可以用于查看数据,同时可以输入数据、编辑数据和＿＿＿＿。

9. 窗体的数据源可以是＿＿＿＿,也可以是＿＿＿＿。

10. 在窗体的布局视图中,和设计视图一样,可以对控件的＿＿＿＿进行设置。

三、上机实训

根据"图书管理系统"数据库,完成下列实训任务。

任务一　创建窗体

📖 **实训目的**

1. 掌握快速创建窗体的方法。

2. 熟悉使用"多个项目"创建窗体的方法。

3. 熟练掌握创建"分割窗体"的方法。

4. 了解创建数据透视图窗体的方法。

5. 熟练掌握使用窗体向导创建窗体的方法。

6. 熟悉使用"空白窗体"按钮创建窗体的方法。

📖 **实训内容**

1. 利用"图书管理系统"数据库的"管理员"表,使用快速创建窗体的方法,创建一个名称为"图书管理员"的窗体。

2. 利用"图书管理系统"数据库的"图书借阅"表,使用"多个项目"创建窗体的方法,创建一个名称为"图书借阅"的窗体。

3. 利用"图书管理系统"数据库的"借书证"表,使用"分割窗体"创建窗体的方法,创建一个名称为"借书证"的分割窗体。然后,使用数据透视图窗体,统计出不同类别借书证的人数,如图 5-69 所示。

图 5-69　不同类别借书证人数统计的柱状图

4. 利用"图书管理系统"数据库的"图书库存"表,使用窗体向导创建窗体的方法,创建一个名为"图书库存"的窗体。

5. 利用"图书管理系统"数据库的"图书类别"表,使用"空白窗体"按钮创建窗体的方法,创建一个名为"图书类别"的窗体。

任务二　设计窗体

📖 实训目的

1. 熟练掌握常用控件的使用方法。
2. 熟练掌握属性对话框的使用方法。
3. 熟练掌握标题、日期时间、页码在窗体中的添加。
4. 掌握窗体中各个节的操作。
5. 掌握使用"子窗体/子报表"控件创建"主/子窗体"的方法。

📖 实训内容

1. 在"图书管理系统"数据库中新建一个窗体,命名为"图书借阅情况统计",要求如下。

(1) 在窗体页眉节中添加标题,显示内容为"图书借阅情况统计"。

(2) 在主体节中添加一个选项组控件,选项组标签显示为"请选择您的借书证类别",选项内容为"学生借书证"、"教师借书证"。

(3) 在主体节中添加一个"退出"命令按钮,名称为"quit",单击该按钮后,可关闭当前窗体。

(4) 在窗体页脚节中插入当前系统日期。

(5) 将窗体边框改为"对话框边框"样式,并关闭窗体中的记录选择器和取消窗体中的水平和垂直滚动条。

2. 在"图书管理系统"数据库中新建一个名为"图书库存信息管理"的窗体,要求如下。

(1) 在窗体的窗体页眉节中添加一个标签控件,名称为"title",标题为"图书库存信息浏览",字体为黑体,字号为20,字体颜色为红色,文本对齐为居中。

(2) 在主体节中添加"图书编号"、"图书名称"、"图书类别编号"、"作者"、"出版社"、"价格"、"数量"、"入库时间"字段,然后将"图书类别编号"文本框删除,在原来位置添加一个组合框控件,组合框标签显示为"类别名",组合框中内容显示为"图书类别"表中具体图书类别名称。

(3) 在窗体页脚节中添加两个命令按钮,分别命名为"ok"和"quit",按钮标题分别为"确定"和"退出"。两按钮的高度和宽度分别为 0.7 厘米和 1.5 厘米,"确定"按钮上边距为 0.5 厘米,左边距为 2 厘米,"退出"按钮上边距为 0.5 厘米,左边距为 5 厘米。

(4) 将窗体标题设置为"图书库存信息",设置"入库时间"文本框控件的格式为"短日期"。

3. 利用上一题创建的窗体,在此基础上按照以下要求补充窗体的设计。

(1) 在窗体主体节中合适位置添加一个计算型的文本框控件,文本框标签内容为"总价",文本框中要求显示当前图书库存中此图书的总价格,计算公式为:[价格]＊[数量]。

(2) 设置"总价"文本框的格式为"货币",小数位数为 2 位。

(3) 统计当前库存图书的总数量,使用文本框控件将此信息显示在窗体页眉中的合适位置。标签显示为"库存图书总量",文本框显示内容为"xxx 册",例如"540 册"。

(4) 将窗体的背景设置为某张图片,图片平铺设置为"是"。

4. 在"图书管理系统"数据库中,首先使用窗体向导新建一个名为"图书管理"的窗体,其主体节中包含职工编号、姓名、性别、民族、籍贯等信息,然后在主体节合适位置使用"子窗体/子报表"控件创建一个名为"图书借阅"的子窗体。

任务三 窗体的综合应用

📖 **实训目的**

1. 熟练掌握格式化窗体的方法。

2. 熟练掌握对窗体中数据的操作。

3. 综合运用窗体的各种知识,创建满足用户需要的窗体。

📖 **实训内容**

1. 在"图书管理系统"数据库中创建两个窗体:"选择图书类别"窗体和"库存图书浏览"窗体,并有如下要求。

(1) 使用窗体设计视图创建"库存图书浏览"窗体,在窗体页眉节中显示标题为"库存图书浏览",格式为宋体红色加粗 20 号字,在此标题下画一条直线,格式为蓝色 3 磅稀疏点线。在窗体页脚节显示系统当前的日期和时间,如图 5-70 所示。

图 5-70 "库存图书浏览"窗体效果图

(2) 利用设计视图创建"选择图书类别"窗体,里面添加一个组合框控件和两个命令按钮,如图 5-71 所示。

图 5-71 "选择图书类别"窗体效果图

(3) 要求单击"选择图书类别"窗体中的"确定"按钮后,按照组合框中所选定的值打开对应的"库存图书浏览"窗体。

(4) 将两个窗体的窗体边框都设置为"对话框边框"样式,并取消窗体中的记录选择器、水平和垂直滚动条。将"选择图书类别"窗体中的记录导航按钮取消。

模块六　报表的设计与创建

 学习目标

- 熟悉报表的组成和类型；
- 熟悉创建报表的方法和报表视图；
- 掌握报表的创建和编辑；
- 掌握报表的分组和排序；
- 认识子报表和报表的打印。

报表是 Access 数据库的第四大数据库对象，报表是以打印格式显示数据的一种有效方式，用户可以设置报表的外观和尺寸，并按不同的格式查看和打印信息，以及给报表添加多级汇总、统计、图片和图表。

在着手创建和设计报表之前，先让我们了解一下报表的功能，以及熟悉报表的组成、报表的类型和报表的视图。

1. 报表的功能

报表是为输出到屏幕或打印设备上而建立的一种对象。由于报表是用于统计和显示数据的，因此其提供了其他数据库对象无法比拟的数据视图和分类能力。在报表中，可以对数据进行排序和分组，可以按分组次序显示数据，以有可以将汇总或其他统计信息显示和打印出来。报表主要有下列三项基本功能。

① 从多个表/查询中提取数据并进行排序、分组、统计。

② 生成带有数据透视图或透视表的报表，增加数据的可读性。

③ 将数据源按分组生成数据清单，制作数据标签。

报表是为了显示和打印而创建的，创建内容丰富的报表可以提高对数据的分析效率。

2. 报表的组成

报表的结构和窗体类似，也是由节组成的，报表就是利用不同的节，将从数据源中所提取的信息有机地展现在用户面前。在报表的设计视图中用户可以清楚地看到报表的 7 个节：报表页眉、页面页眉、组页眉、主体、组页脚、页面页脚和报表页脚。

报表中的每个节有其特定的作用，并且按照一定的顺序打印在页面和报表上，节的具体位置及作用如表 6-1 所示。

表 6-1 报表中节的具体位置和作用

节	报表中位置	作用
报表页眉	只出现在报表开始的位置	在报表中显示标题、徽标、图片以及其他报表的标识物
页面页眉	位于每页的顶部	显示字段标题、页号、日期和时间
组页眉	位于分组字段的开始处，即需要对字段进行排序或分组的地方	显示分组字段标题和总结性的文字
主体	位于每个报表的中间	显示记录的详细内容
组页脚	位于分组/排序字段的末端，报表主体之后和页面页脚之前	显示计算和汇总信息
页面页脚	位于每页的底部	可以显示日期、页号、报表标题或其他信息
报表页脚	只出现在报表结束位置	总结性文字

在默认情况下，新建的报表"设计视图"窗口只包括页面页眉、主体和页面页脚三个节。用户通过右击鼠标，在弹出的快捷菜单中选择"报表页眉/页脚"，来添加或删除报表的报表页眉/报表页脚节；通过设置"设计"选项卡上"分组和汇总"组中的"分组和排序"选项，来添加或删除报表的组页眉/组页脚节。在图 6-1 所示的报表设计视图中包含了报表的全部 7 个节，下面对报表中各个节的内容作简要介绍。

图 6-1 组成报表的节

（1）报表页眉

位于整个报表的顶部，通常只在报表第一页的顶部打印一次，在第一页的最上方，其下面才是第一页的页面页眉，一般用来显示报表的标题、说明性文字、公司标识、制作时间或制作单位等信息。

（2）页面页眉

页面页眉位于报表页眉之下，其上的文本或字段等内容通常出现在报表的每页顶端，一般用于显示报表每列的列标题、页码、日期等信息。

（3）组页眉

当对报表数据进行排序/分组时，则会出现组页眉。组页眉的内容出现在分组字段的开始处，一般用于显示分组项目的名称或者提示信息。

（4）主体

主体节位于整个报表的中间，是报表的主体部分，是输出数据的主要区域，数据源中每条记录的详细信息都在主体节中显示。可以利用计算控件对每行数据进行计算，如根据学生出生日期计算其年龄。

通过"设计"选项卡"分组和汇总"组中的" 隐藏详细信息 "按钮来设置是否显示/隐藏报表的主体内容，如果隐藏详细信息则可以设计一个不带主体或只显示某些组的总计报表。

（5）组页脚

当对报表数据进行排序/分组时，才可以添加组页脚。组页脚的内容出现在组的末尾，一般用于显示分组字段的总计值、平均值等信息。

（6）页面页脚

页面页脚位于报表中每一页的底部，一般用于显示页码、控制项的总计等信息，数据显示安排在文本框和其他一些类型的控件中。

（7）报表页脚

报表页脚在报表的最后一页显示，一般用于显示整个报表的计算汇总或其他的统计信息，在输出时与报表页眉一样，整个报表中只出现一次。由于最后一条记录可以在页内任意处，报表页脚也是紧接着最后一条记录，因此报表页脚通常会在此页的页面页脚上方，这一点与在设计窗口中显示的效果是相反的。

3. 报表的类型

在 Access 中，报表的主要类型分为以下 4 种：纵栏式报表、表格式报表、图表报表、标签报表。

（1）纵栏式报表

纵栏式报表将数据表的每一条记录以垂直的方式排列，然后在排列好的字段内显示数据。使用纵栏式报表可以创建一个或两个垂直的列，各个字段的名称都显示在该字段的左侧。如图 6-2 所示。

纵栏式报表的特点：一次只显示一条记录的多个字段，字段标题信息不是在页面页眉中，而是在主体节中。

（2）表格式报表

表格式报表实质是一个二维表，由行和列的形式显示数据，通常一行显示一条记录、一页显示多条记录，记录的字段标题信息显示在页面页眉中，如图 6-3 所示。另外，还可以在表格式报表中设置分组字段，显示分组统计数据。

（3）图表报表

图表报表是指包含图表显示的报表类型。在报表中使用图表，可以更加直观地表示出数据之间的关系。图表报表的效果类似于 Excel 的图表，图 6-4 所示的图表报表是用于统计不同职称的教师人数。

图 6-2 纵栏式报表

图 6-3 表格式报表

图 6-4 图表报表

（4）标签报表

标签报表是一种特殊类型的报表。在实际应用中经常会用到标签,例如,物品标签、客户标签等。在 Access 中,用户既可以手工设计标签,也可以利用标签向导快速生成所需的标签,如图 6-5 所示。

4. 报表的视图

打开任意一个报表,单击"开始"选项卡上"视图"组中的"视图"按钮,用户可以看到 Access 中报表的视图包括四种:报表视图、打印预览视图、布局视图和设计视图,如图 6-6 所示。

图 6-5 标签报表

图 6-6 报表视图

（1）设计视图

设计视图是用户自定义报表的窗口,见图 6-1。在设计视图中用户可以设计和修改报表结构,添加控件和表达式,设置控件的各种属性,美化报表等。

打开报表设计视图的方法为:在导航窗格中选中报表,鼠标右击,在弹出的快捷菜单中选择"设计视图"命令;单击"开始"选项卡上"视图"组中的"设计视图"按钮;当以其他视图方式打开报表时,鼠标右击,在弹出的快捷菜单中选择"设计视图"命令。

(2)打印预览视图

打印预览视图可以让用户在打印报表之前先查看报表的打印效果,以便随时调整报表的设置,其功能与 Microsoft Office Word 中的打印预览一样。

从报表其他视图切换到打印预览视图的方法为:单击"开始/设计"选项卡上"视图"组中的"打印预览"按钮;在打开的报表上鼠标右击,在弹出的快捷菜单中选择"打印预览"命令。图 6-7 所示的即为报表的打印预览视图。

图 6-7　报表的打印预览视图

(3)报表视图

报表视图与窗体视图一样,是报表的显示视图。

打开报表视图的方法为:在导航窗格中选中报表并双击;单击"开始/设计"选项卡上"视图"组中的"报表视图"按钮;在打开的报表上鼠标右击,在弹出的快捷菜单中选择"报表视图"命令。上述图 6-2 至图 6-5 均是报表视图。

(4)布局视图

布局视图窗口与报表视图窗口类似,但在布局视图窗口中用户可以调整各个控件的位置,重新布局各个控件,设置报表及其控件的属性,以及添加分组级别和汇总。

打开布局视图的方法为:在导航窗格中选中报表,鼠标右击,在弹出的快捷菜单中选择"布局视图"命令;单击"开始/设计"选项卡上"视图"组中的"布局视图"按钮;在打开的报表上鼠标右击,在弹出的快捷菜单中选择"布局视图"命令。图 6-8 所示即为报表的布局视图。

图 6-8　报表的布局视图

项目一　创建报表

报表的创建和窗体的创建非常相似,用户可以先使用自动报表功能或者报表向导快速创建报表,再使用设计视图对所创建的报表进行修改。

在着手创建报表之前,先让我们了解创建报表的方法。单击"创建"选项卡,可以看到如图 6-9 所示的"报表"组,其上的各个按钮表明创建报表的方法有多种。下面简要说明利用"报表"组上各个按钮创建报表的方法。

图 6-9　"报表"组

（1）报表

利用"报表"按钮,即可将当前选中/打开的数据表/查询作为数据源自动创建一个报表,并且数据源中的所有字段都将放置在报表上。

（2）标签

利用"标签"按钮,用户可以根据打开的"标签向导"对话框的提示创建标签报表。

（3）报表向导

利用"报表向导"按钮,可以让用户借助"报表向导"对话框的提示创建一个报表。使用这种方法不但可以让用户选择数据源和输出的字段,还可以在报表中对数据进行分组、排序等设置。

（4）空白

利用"空白"按钮,可以创建一个空白报表,再将选定数据源中的字段添加到报表来创建新的报表。

（5）报表设计

利用"报表设计"按钮,可以借助报表设计视图灵活的设计报表。

除此之外,用户还可以使用"图表"控件来创建图表报表。

本项目通过五个任务中的实例来介绍使用各种方法创建报表的过程。

任务一　自动创建报表

　　📖 **任务描述**

　　用户通过"报表"组中的"报表"按钮可以快速、便捷的创建简单报表。使用这种方法创建报表时,不能对数据进行排序或分组,也无法选择数据源中要输出的字段。因此创建好的报表,后续还要对其进行设计和修改。

　　📖 **任务分析**

　　要实现本任务,用户需要先熟悉报表类型和报表视图等知识要点。

　　📖 **知识链接**

　　使用"自动创建报表"方法创建报表的操作较为简单,用户选中用于创建报表的数据源,即可快速完成报表的创建。但这种方法只能基于单表/查询来创建报表。

　　📖 **任务设计**

　　根据"教学信息管理系统"数据库,创建一个名称为"项目 1-1-1 院系信息"的报表,用于输出"院系"表中所有字段信息。其操作步骤如下。

　　① 打开"教学信息管理系统"数据库,在导航窗格下拉列表中选择"表"对象。

　　② 在"表"对象列表中选择"院系"表。

　　③ 单击"创建"选项卡上"报表"组中的"报表"按钮📄,即完成报表的创建。

　　④ 单击快速访问工具栏上的保存按钮,在弹出的另存为对话框中输入报表名称"项目 1-1-1 院系信息"。创建好的报表如图 6-10 所示。

图 6-10　"项目 1-1-1 院系信息"报表

任务二　使用"报表向导"创建报表

　　📖 **任务描述**

　　虽然使用"报表"按钮可以自动创建报表,但其只能基于单表/单查询创建报表,并且它有一定的局限性,如输出数据源的全部字段、无法设置分组和排序。而使用"报表向导"创建报表,不仅数据源可以来自多个表/查询,而且还可以按照用户的特定需要有选择性的输出字段,以及设置排序或分组相关选项。下面通过 2 个实例介绍如何使用"报表向导"创建报表。

📖 **任务分析**

报表向导像窗体向导一样,其同样为用户提供了报表的基本布局,根据需要用户可以进一步地修改它。在使用报表向导时,用户根据系统提供的一系列与创建报表相关的对话框提示,一步一步的输入自己的设计思想,然后系统便会在接收到信息的基础上自动完成报表设计,因此简化了用户在报表中对字段进行逐一布局。

📖 **知识链接**

使用报表向导作为设计报表的起点,可以使报表的创建变得更为容易。由于报表向导可以为用户完成大部分基本操作,因此利用报表向导创建报表会提高效率。

📖 **任务设计**

1. 基于单表/查询创建报表

根据"教学信息管理系统"数据库,创建一个名称为"项目 1-2-1 课程信息"的报表,用于输出"课程"表中课程名称、课程类别、学时和学分等 4 个字段信息。其操作步骤如下。

① 单击"创建"选项卡上"报表"组中的"报表向导"按钮 🔍 报表向导 ,打开"报表向导"对话框。

② 在对话框的"表/查询"下拉列表框中选择数据源"课程",如图 6-11 所示。

③ 分别将"可用字段"列表框中的"课程名称"、"课程类别"、"学时"和"学分"字段拖放到"选定字段"列表框,如图 6-12 所示。

图 6-11　选择报表数据源

图 6-12　设置报表输出字段

④ 单击"下一步"按钮,进入询问"是否添加分组级别"的报表向导对话框,如图 6-13 所示,此处不设置分组。

⑤ 单击"下一步"按钮,进入设置报表排序的报表向导对话框,如图 6-14 所示,此处不设置排序。默认情况下按报表输出的第一个字段升序排列。

图 6-13　设置报表分组对话框　　　　图 6-14　设置报表排序对话框

⑥ 单击"下一步"按钮,进入设置报表布局方式的报表向导对话框,此处选择布局方式为"纵栏表",如图 6-15 所示。

⑦ 单击"下一步"按钮,进入设置报表标题的报表向导对话框,在文本框中输入报表名称:项目 1-2-1 课程信息,如图 6-16 所示。

图 6-15　设置报表布局对话框　　　　图 6-16　设置报表标题对话框

⑧ 选中"预览报表"单选按钮,单击"完成"按钮,即可出现如图 6-17 所示的"项目 1-2-1 课程信息"报表。

图 6-17　项目 1-2-1 课程信息报表

2. 基于多表/查询创建报表

根据"教学信息管理系统"数据库,创建一个名称为"项目 1-2-2 学生选课信息"的报表,用于输出每位学生的选课情况,报表结果输出姓名、专业、课程名称、学分和分数等 5 个字段。其操作步骤如下。

① 单击"创建"选项卡上"报表"组的"报表向导"按钮　，打开"报表向导"对话框。

② 在对话框的"表/查询"下拉列表框中先选择数据源"学生",并将"可用字段"列表框中的"姓名"和"专业"字段拖放到"选定字段"列表框。

③ 重复步骤②,分别将数据源"课程"表中的"课程名称"和"学分"字段拖放到"选定字段"列表框;将数据源"成绩"表中的"分数"字段拖放到"选定字段"列表框,结果如图 6-18 所示。

④ 单击"下一步"按钮,进入"确定查看数据的方式"的报表向导对话框,如图 6-19 所示,此处按默认方式,即"通过学生"查看数据。

图 6-18　设置报表输出字段　　　　图 6-19　设置报表查看数据的方式

⑤ 单击"下一步"按钮,进入询问"是否添加分组级别?"的报表向导对话框,此处不设置分组。

⑥ 单击"下一步"按钮,进入设置报表排序和汇总信息的报表向导对话框,如图 6-20 所示,此处不设置排序。默认情况下按报表输出的第一个字段升序排列。

⑦ 单击"汇总选项"按钮,弹出如图 6-21 所示的"汇总选项"对话框,在该对话框中可以设置字段的汇总值以及显示方式,此处按默认方式设置。单击"确定"按钮。

图 6-20　设置报表排序和汇总信息对话框　　图 6-21　设置汇总选项对话框

⑧ 单击"下一步"按钮,进入设置报表布局方式的报表向导对话框,此处选择布局方式为"递阶",如图 6-22 所示。

⑨ 单击"下一步"按钮,进入设置报表标题的报表向导对话框,在文本框中输入报表名称:项目 1-2-2 学生选课信息。单击"完成"按钮,创建好的报表如图 6-23 所示。

图 6-22　设置报表布局对话框　　　　图 6-23　"项目 1-2-2 学生选课信息"报表预览结果

任务三　使用"标签向导"创建标签报表

📖　任务描述

对于一个企业或学院来说,经常需要向外发送大量统一规格的信件,例如学院发出的录取通知书,通知书的内容极为相似。根据现有的学生录取信息,如何快速地为学院生成所有学生的录取通知书呢?

📖　任务分析

Access 2010 所提供的"标签向导"可以实现上述任务。标签是报表的一种特殊类型,将标签绑定到表/查询中,Access 会为数据源中的每条记录生成一个标签。

📖　知识链接

标签的格式比较简单和紧凑。"标签向导"用于将数据源中数据以标签形式显示出来,即用于快速生成标签报表。

📖　任务设计

根据"教学信息管理系统"数据库,创建一个名称为"项目 1-3-1 录取通知书"的报表,用于输出每位学生的录取通知书,报表结果输出姓名、录取专业及报到时间等相关信息。其操作步骤如下。

① 选中"表"对象列表中的"学生"表。单击"创建"选项卡上"报表"组中的"标签"按钮 📇 标签 ,打开"标签向导"对话框,按图 6-24 所示设置标签尺寸、度量单位、厂商等选项。

② 单击"下一步"按钮,进入"选择文本的字体和颜色"标签向导对话框,按图 6-25 所示设置字体为宋体、字号为 12、字体粗细为加粗、文本颜色为蓝色。

图 6-24　标签向导对话框

图 6-25　设置文本的字体和颜色

③ 单击"下一步",进入"确定邮件标签的显示内容"对话框,按图 6-26 所示设置原型标签。

在"原型标签"列表框中用户可以自由移动光标的位置,利用"Delete"键可以删除选取的字段,利用"Tab"键或下箭头键可以进行换行操作,以及根据需要添加一些标点符号或文本。

④ 单击"下一步"按钮,进入"确定按哪些字段排序"对话框,此处选择"姓名"字段,设置结果如图 6-27 所示。

图 6-26　设置邮件标签的显示内容

图 6-27　设置报表的排序字段

⑤ 单击"下一步"按钮,进入"指定报表的名称"对话框,在文本框中输人报表名称:项目1-3-1 录取通知书,如图 6-28 所示。

⑥ 选择"查看标签的打印预览"单选按钮,单击"完成"按钮,创建好的标签报表如图 6-29所示。

图 6-28　设置报表的名称

图 6-29　标签报表的预览效果

用户还可以利用"标签向导"对话框中的"自定义"按钮创建自己需要的标签。单击图 6-24 对话框中的"自定义"按钮,弹出如图 6-30 所示的"新建标签尺寸"对话框。在该对话框中用户可以根据需要选取已经建立的自定义标签,也可以利用"编辑"按钮对原有的自定义标签进行修改,如果以前从未定义过标签,则单击"新建"按钮,可以新建需要的自定义标签。

单击"新建标签尺寸"对话框中的"新建"按钮则会弹出如图 6-31 所示的"新建标签"对话框。用户根据需要在对话框中设定标签,以及对度量单位、标签类型和标签方向等选项进行设置。在对话框的下半部分标有一些尺寸方框,可以在其中输入数字。注意:采用公制时,单位为厘米。

图 6-30　新建标签尺寸对话框

图 6-31　新建标签对话框

设置完成后,单击"确定"按钮返回"新建标签尺寸"对话框。单击"新建标签尺寸"对话框中的"关闭"按钮即返回初始的向导对话框。

任务四　使用设计视图创建报表

📖　**任务描述**

虽然使用"报表"按钮或"报表向导"按钮,可以快速地创建报表,但是这两种方法都缺乏主动性和灵活性,创建的报表在很多情况下也不符合用户的要求。因此,可以利用报表的"设计视图"来创建报表,使用该方法用户可以自定义报表的显示内容、交互条件、数据分组和计算函数等,以及可以和窗体配合实现复杂的综合应用功能,以便创建更符合用户要求的专业报表。

📖　**任务分析**

当用户打开报表的"设计视图"窗口时,在 Access 应用程序窗口的功能区上出现"报表设计工具"选项卡及"设计"、"排列"、"格式"和"页面设置"子选项卡,如图 6-32 所示。在着手使用"设计视图"创建报表之前,先让我们熟悉这些选项卡上各个组中的按钮功能。

图 6-32　"报表设计工具"选项卡

知识链接

1."设计"选项卡

在"设计"选项卡中,除了"分组和汇总"组外,其他组都与窗体的设计选项卡相同,此处不再重复介绍。"分组和汇总"组上的按钮可用于对报表中的数据进行分组、排序和合计等操作,其使用方法将在下一个项目作介绍。

2."排列"选项卡

"排列"选项卡上各组的功能完全与窗体的"排列"选项卡相同,且组中各按钮的功能也完全相同,主要用于设置报表上各控件的属性。

3."格式"选项卡

"格式"选项卡上各组的功能也完全与窗体的"格式"选项卡相同,用于设置报表及其上各控件的字体、数字、背景和控件格式等属性。

4."页面设置"选项卡

"页面设置"选项卡是报表独有的选项卡,该选项卡包含"页面大小"和"页面布局"两个组,可用于对报表页面的纸张大小、边距、方向和列等选项进行设置,如图 6-33 所示。

图 6-33 "页面设置"选项卡

创建报表的目的是把数据打印输出到纸张上,因此设置纸张大小和页面布局是必不可少的工作。在创建报表之前设置这些选项可以提高工作效率。Access 中报表的纸张大小和页面布局都有默认设置,其纸张是 A4 纸。页边距除了使用三种固定格式之外,用户也可以自定义。对于数据列比较少,且要求不复杂的报表,建议采用默认的页面设置。而对于数据列较多,或者要求比较复杂的报表,开发人员可根据实际情况进行详细设置。

用户除了在"页面设置"选项卡中进行页面设置,也可以在报表打印预览时进行设置。报表页面设置主要包括设置边距、纸张大小、打印方向、页眉、页脚样式等。

"页面设置"的操作步骤如下。

① 在数据库窗口中,单击"页面设置"选项卡,见图 6-33。

② 在"页面大小"组,单击"纸张大小"按钮的下拉箭头,打开"纸张大小"列表框,列表中共列出 21 种纸张,如图 6-34 所示。用户可以从列表中选择合适的纸张。

③ 单击"页边距"按钮的下拉箭头,打开"页边距"列表框,如图 6-35 所示。用户根据需要选择一种页边距,即完成页边距的设置。

④ 在"页面布局"组中,单击"纵向"和"横向"按钮可以设置打印纸的方向;单击"列"按钮,打开如图 6-36 所示的"页面设置"对话框,在"列"选项卡中,可以设置在打印纸上输入的列数。

图 6-34 "纸张大小"列表框

图 6-35 "页边距"列表框

图 6-36 "页面设置"对话框

📖 **任务设计**

根据"教学管理信息系统"数据库,创建一个名称为"项目1-4-1 学生信息"的报表,用于输出学生的基本信息,报表结果输出姓名、性别、民族、籍贯、政治面貌、出生日期和专业等相关信息。其操作步骤如下。

① 在导航窗格中,选中"学生"表,单击"创建"选项卡上"报表"组中的"报表设计"按钮,打开如图 6-37 所示的报表"设计视图"窗口。

默认情况下,报表的"设计视图"显示报表设计的主体和页面页眉/页脚部分。

② 在"设计视图"窗口中右击,在弹出的快捷菜单中选择"报表页眉/页脚"命令,此时增加了"报表页眉/页脚"工作区,如图 6-38 所示。

图 6-37 报表"设计视图"窗口

图 6-38 添加"报表页眉/页脚"工作区

③ 在"报表页眉"工作区中添加一个标签控件,输入"学生基本信息",并设置标签的字体为:黑体、25 号、加粗、黑色、居中。

④ 在"页面页眉"工作区中添加报表所要输出的各字段标签控件,添加方法与步骤③相同。各标签控件的字体设为:宋体、14 号、加粗、红色、居中。

⑤ 在"主体"工作区中添加报表所要输出的各字段记录。添加方法是:单击"设计"选项卡

上"工具"组中的"添加现有字段"按钮,则在右侧出现"字段列表"框,将"学生"表中的姓名、性别、民族、籍贯、政治面貌、出生日期和专业字段拖放到"主体"工作区中,并调整该工作区中的字段与"页面页眉"工作区中的标签控件对应,字体效果也一样,其设计结果如图 6-39 所示。

⑥ 单击"保存"按钮,在"另存为"对话框中输入报表名称"项目 1-4-1 学生信息"。单击"确定"按钮,创建好的报表预览效果如图 6-40 所示。

图 6-39　报表设计结果

图 6-40　报表打印预览效果

任务五　创建图表报表

📖 任务描述

在报表中除了直接输出数据以外,还可以通过图表来显示数据,它会给人一种更加直观和耳目一新的感觉。本任务以在"教学管理信息系统"数据库中创建一个统计不同专业学生人数的三维饼图报表为例,讲述创建图表报表的操作步骤。

📖 任务分析

创建图表报表之前,用户需要熟悉报表设计视图和控件类型,以及如何向报表设计视图中添加控件。

📖 知识链接

报表中的控件与窗体中的控件类似,控件的添加方法、大小和格式的调整也一样。

📖 任务设计

根据"教学管理信息系统"数据库,创建一个名称为"项目 1-5-1 不同专业学生人数"的图表报表,用于统计并输出每个专业对应的学生人数,报表结果显示专业、学生人数等相关信息。其操作步骤如下。

① 打开"教学管理信息系统"数据库,单击"创建"选项卡上"报表"组中的"报表设计"按钮,进入该报表的"设计视图"窗口,如图 6-41 所示。

② 选择"设计"选项卡上"控件"组中的"图表"控件,按住鼠标左键并在报表的"主体"节上拖动鼠标画一个矩形框,弹出如图 6-42 所示的"图表向导"对话框。

③ 在对话框的"请选择用于创建图表的表或查询"列表框中选择用于创建报表的数据源"学生"。单击"下一步"按钮,在弹出的对话框中选择用于图表的字段,选择"学号"和"专业"字段,如图 6-43 所示。

图 6-41　报表的"设计视图"

图 6-42　"图表向导"对话框

图 6-43　设计用于图表的字段

④ 单击"下一步"按钮，弹出图表类型选择对话框，此处选择"三维饼图"，如图 6-44 所示。

图 6-44　选择图表类型

⑤ 单击"下一步"按钮，弹出设置图表布局方式对话框，如图 6-45 所示。单击"下一步"按钮，指定图表的标题为"统计不同专业的学生人数"。

图 6-45 设置图表的布局方式

⑥ 单击"完成"按钮,返回到报表的"设计视图"窗口。双击报表"设计视图"窗口中的图表,打开编辑图表窗口。选择"图表"->"图表选项"命令,弹出如图 6-46 所示的"图表选项"对话框,切换到"数据标签"选项卡,在"标签包括"选项组中勾选"值"复选框,单击"确定"按钮。

⑥ 右击鼠标,在弹出的快捷菜单中选择"报表视图"命令,创建好的图表报表效果如图 6-47 所示。

图 6-46 "图表选项"对话框

图 6-47 创建好的报表效果

项目二 设计与打印报表

Access 为用户提供丰富的报表编辑功能,包括设置报表格式、添加背景图案、添加日期和时间、添加页码、绘制线条和矩形、对报表进行排序和分组、使用函数对报表进行计算、设计主/子报表等功能。报表"设计视图"为用户提供强大的自定义设置功能,不仅可用于创建报表,还可以按用户的特定需求编辑和设计报表。

一般情况下,建议先使用报表向导方法创建基本满足要求的报表框架,再使用设计视图方法手动设计和修改报表。

任务一 设计排序和分组报表

📖 **任务描述**

报表中记录显示的顺序是与数据表的记录一致的,而数据表中记录的排列顺序默认是按照输入的先后顺序排列。输出报表时,通常需要按特定顺序组织记录。如在打印学生选课信息时,按分数降序排列记录。

对于多个报表来说,仅对记录排序还不够,还可能需要将它们划分为组。组是记录的集合,通过分组可以直观地区分各组记录,并显示每个组的详细内容和汇总数据。

📖 **任务分析**

本任务使用报表向导和报表设计视图两种方法介绍如何创建排序和分组报表。

📖 **知识链接**

所谓排序,就是对数据表中的记录按照一定特征或者某个字段的升序/降序进行排列。

所谓分组,就是把相同字段的记录排列在一起。

📖 **任务设计**

1. 使用报表向导创建排序和分组报表

根据"教学管理信息系统"数据库,创建一个名称为"项目 2-1-1 教师任课信息"的报表,用于输出教师的任课情况,报表结果输出系名称、姓名、职称、课程名称、学期、授课时间和授课地点等字段信息,并按系名称输出同一个系的教师课表,如果系名称相同则按职称降序排列输出记录。其操作步骤如下。

① 单击"创建"选项卡上"报表"组中的"报表向导"按钮,打开"报表向导"对话框。

② 在"表/查询"下拉列表框中选择"院系",并将"可用字段"列表框中的"系名称"字段拖放到"选定字段"列表框中。

③ 重复步骤②,依次将"教师"表中的"姓名"、"职称"字段;"课程"表中的"课程名称"字段;"授课"表中的"学期"、"授课时间"、"授课地点"字段拖放到"选定字段"列表框中,如图6-48 所示。

④ 单击"下一步"按钮,进入报表向导的"是否添加分组级别?"对话框,此处选择"系名称"字段作为分组字段,如图 6-49 所示。

图 6-48 设置报表输出字段

图 6-49 设置分组字段

⑤ 单击"下一步"按钮,进入报表向导的"请确定明细记录使用的排序次序:"对话框,此处选择"职称"字段,并设置"降序"排序,如图 6-50 所示。

图 6-50 设置排序字段

⑥ 单击"下一步"按钮,进入报表向导的"请确定报表的布局方式:"对话框,此处按默认值设置。

⑦ 单击"下一步"按钮,进入报表向导的"请为报表指定标题:"对话框,此处输入报表的标题为:项目 2-1-1 教师任课信息。

⑧ 选择"预览报表"单选按钮,单击"完成"按钮,创建好的报表预览效果如图 6-51 所示。

图 6-51 报表的打印预览效果

2. 使用设计视图创建排序和分组报表

将项目一创建的"项目 1-4-1 学生信息"报表,按专业进行分组,同一专业的学生按出生日期升序排列输出,并将报表重命名为"项目 2-1-2 学生分组信息"。其操作步骤如下。

① 选中"项目 1-4-1 学生信息"报表,鼠标右击,在弹出的快捷菜单中选择"设计视图"命令,打开报表的"设计视图"窗口,见图 6-38。

② 单击"设计"选项卡上"分组和汇总"组中的"分组和排序"按钮 ，打开"分组、排序和汇总"窗口，如图 6-52。

③ 单击窗口中的"添加组"按钮，在"分组形式 选择字段"下拉列表中选择"专业"；单击窗口中的"添加排序"按钮，在"排序依据 选择字段"下拉列表中选择"出生日期"，设置结果如图 6-53 所示。

图 6-52　"分组、排序和汇总"窗口　　　图 6-53　分组和排序设置结果

④ 进行分组设置后，报表的"设计视图"增加了"专业页眉"节，此时将"页面页眉"节中的"专业"标签剪切到"专业页眉"节，以及将"主体"节中的"专业"字段也剪切到"专业页眉"节，设置结果如图 6-54 所示。

⑤ 鼠标右击，在弹出的快捷菜单中选择"打印预览"命令，设置分组和排序后的报表打印预览效果如图 6-55 所示。

图 6-54　修改"设计视图"窗口　　　图 6-55　分组和排序后的报表预览效果

⑥ 关闭"项目 1-4-1 学生信息"打印预览视图。鼠标右击，在弹出的快捷菜单中选择"重命名"命令，输入报表名称：项目 2-1-2 学生分组信息。

任务二　设计统计报表

📖　任务描述

在前面的各个任务中，我们知道如何输出数据的明细、如何对记录进行排序和分组。如果用户想要对报表中的数据进行计算或汇总，如根据学生的出生日期计算其年龄、统计不同专业的学生人数，该如何在报表中输出这些数据的计算值呢？其实在报表的设计过程中，除了显示和打印数据表的明细信息，用户可以通过向报表中添加计算控件来实现对数据的计算和汇总。

任务分析

常用的计算控件有文本框,向报表中添加和设置控件的属性与向窗体中添加控件类似。根据报表的不同节显示不同的信息,在 Access 中利用计算控件进行计算并输出结果的操作主要有三种形式,即分别在报表页眉/页脚节、组页眉/页脚节和主体节中添加计算控件。

知识链接

1. 在报表页眉/页脚节中添加计算控件

在报表页眉/页脚节中添加计算控件,可以对某些字段的全部记录进行统计,如求累加和、最高分、总人数等。这种形式的计算一般是对报表字段列的纵向记录数据进行统计,并且经常使用 Access 提供的内置统计函数来完成相应的计算操作。此时只针对报表中的所有记录进行计算,因此需要将计算控件放在报表页眉/页脚节中。

2. 在组页眉/页脚节中添加计算控件

在组页眉/页脚节中添加计算控件,可以对分组记录进行统计,如求出每个专业的学生人数、不同课程的选修人数等。这种形式的计算一般是对报表分组字段的纵向记录数据进行统计,也常使用 Access 提供的内置统计函数来完成相应的计算操作。此时只针对报表中的一组记录进行计算,因此需要将计算控件放在组页眉/组页脚节中。

3. 在主体节中添加计算控件

在主体节中添加计算控件,可以对报表中每条记录的若干字段值进行计算,如求期末总分、平均分、年龄等。只需设置该计算控件源为记录中对应的字段的计算表达式即可,这里进行的是横向计算。

4. 常用的 SQL 聚合函数

为了更好地在报表中对数据进行统计,在日常中报表常用的函数主要是"SQL 聚合函数"中的 Avg(平均值)、Count(计数)、Max(最大值)、Min(最小值)和 Sum(求和)等,以及"日期/时间"类中的 Date(日期)、Now(日期与时间)、Time(时间)和 Year(年份)等。有关这些函数的功能及其使用已经在模块四中详细介绍过。

任务设计

1. 在报表页眉/页脚节中添加计算控件

根据"教学信息管理系统"数据库,复制项目二所创建的"项目 2-1-2 学生分组信息"报表,在报表的报表页眉节输出学生的总人数,并将报表重命名为"项目 2-2-1 统计学生总人数"。其操作步骤如下。

① 选中"项目 2-1-2 学生分组信息"报表,按<Ctrl+C>组合键复制报表。

② 按<Ctrl+V>组合键粘贴报表,然后将报表重命名为:项目 2-2-1 统计学生总人数。

③ 鼠标右击,在弹出的快捷菜单中选择"设计视图",打开报表的"设计视图"窗口,见图 6-53。

④ 在报表页眉节的右边添加一个文本框控件。文本框标签内容为:学生总人数;文本框标签及文本框字体格式为:宋体、20 号、红色、左对齐。

⑤ 选中文本框,鼠标右击,在弹出的快捷菜单中选择"属性"命令,弹出"属性表"任务窗格。切换到"数据"选项卡,在"控件来源"属性框中输入:=Count(*),如图 6-56 所示。

⑥ 关闭"属性表"任务窗格。鼠标右击,在弹出的快捷菜单中选择"打印预览"命令,统计学生总人数后的报表效果如图 6-57 所示。

图 6-56 "属性表"任务窗格　　　　图 6-57 统计学生总人数后的报表效果

2. 在组页眉/页脚节中添加计算控件

根据"教学信息管理系统"数据库,复制上述任务所创建的"项目 2-2-1 统计学生总人数"报表,将报表重命名为"项目 2-2-2 统计各专业最大出生日期",在报表的专业组页眉节输出各专业的最大出生日期。其操作步骤如下。

① 选中"项目 2-2-1 统计学生总人数"报表,按<Ctrl+C>组合键复制报表。

② 按<Ctrl+V>组合键粘贴报表,然后将报表重命名为:项目 2-2-2 统计各专业最大出生日期。

③ 鼠标右击,在弹出的快捷菜单中选择"设计视图"命令,打开报表的"设计视图"窗口。

④ 在专业组页眉节的右边添加一个文本框控件。文本框标签内容为:本专业最大出生日期;文本框标签及文本框字体格式为:宋体、15 号、加粗、蓝色、左对齐。

⑤ 选中文本框,鼠标右击,在弹出的快捷菜单中选择"属性"命令,弹出"属性表"任务窗格。切换到"数据"选项卡,在"控件来源"属性框中输入:=Max([出生日期]),如图 6-58 所示。

⑥ 关闭"属性表"任务窗格。鼠标右击,在弹出的快捷菜单中选择"打印预览"命令,统计各专业最大出生日期的报表效果如图 6-59 所示。

3. 在主体节中添加计算控件

根据"教学信息管理系统"数据库,复制上述任务所创建的"项目 2-2-2 统计各专业最大出生日期"报表,将报表重命名为"项目 2-2-3 计算学生年龄",根据学生的出生日期在报表主体节输出每位学生的年龄。其操作步骤如下。

① 选中"项目 2-2-2 统计各专业最大出生日期"报表,按<Ctrl+C>组合键复制报表。

② 按<Ctrl+V>组合键粘贴报表,然后将报表重命名为:项目 2-2-3 计算学生年龄。

③ 鼠标右击,在弹出的快捷菜单中选择"设计视图"命令,打开报表的"设计视图"窗口。

④ 在页面页眉节的右边添加一个标签控件,标签内容为:年龄;标签字体格式为:宋体、15 号、加粗、绿色、居中。

⑤ 在主体节的右边添加一个文本框控件,去掉文本框标签。设置文本框字体格式为:

宋体、15 号、加粗、绿色、居中。

图 6-58 设置"控件来源"属性

图 6-59 统计各专业最大出生的报表预览效果

⑥ 选中文本框,鼠标右击,在弹出的快捷菜单中选择"属性"命令,弹出"属性表"任务窗格。切换到"数据"选项卡,在"控件来源"属性框中输入:＝Year(Now())-Year([出生日期]),如图 6-60 所示。

⑦ 关闭"属性表"任务窗格。鼠标右击,在弹出的快捷菜单中选择"打印预览"命令,计算出学生年龄的报表效果如图 6-61 所示。

图 6-60 设置"控件来源"属性

图 6-61 计算学生年龄的报表预览效果

任务三 设计主/子报表

任务描述

如果用户想要在输出主要信息的同时可以看到其对应的明细数据,如查看每位学生基本信息的同时看到该学生的详细选课信息,该如何创建这样的报表呢 Access 中提供的主/

子报表可以解决这个问题。

📖 **任务分析**

把一个报表插入到另一个报表内部，被插入的报表称为子报表，包含子报表的报表叫做主报表。其中主报表可以是未绑定的，也可以是绑定的。对于绑定的主报表，它包含的是一对多关系"一"方的记录，而子报表显示"多"方的相关记录。另外主报表可以不基于数据表，主报表最多可以包含两级子窗体或报表。一般来说，用于创建主/子窗体的方法都可以用来创建主/子报表。

本任务将通过 2 个实例介绍创建主/子报表的方法。

📖 **知识链接**

用户在熟悉模块五窗体中的主/子窗体的创建方法、控件的添加和属性修改知识的基础上，即可轻松地实现本任务。

📖 **任务设计**

1. 在已有报表中创建子报表

根据"教学信息管理系统"数据库，在项目一创建的"项目 1-2-1 课程信息"报表中创建子报表，子报表的数据源是"学生"表和"成绩"表，要求能够在"项目 1-2-1 课程信息"报表中显示对应课程的学生选课成绩，包括"姓名"、"性别"、"出生日期"、"专业"和"分数"等字段。创建的主/子报表名称为"项目 2-3-1 课程选修信息"。其操作步骤如下。

① 选中"项目 1-2-1 课程信息"报表，按＜Ctrl＋C＞组合键复制报表。

② 按＜Ctrl＋V＞组合键粘贴报表，然后将报表重命名为：项目 2-3-1 课程选修信息。

③ 鼠标右击，在弹出的快捷菜单中选择"设计视图"命令，打开报表的"设计视图"窗口。

④ 在"控件"组的列表框中，单击"子报表"按钮▣，再在报表主体适当的位置单击鼠标生成类似文本框的控件。

⑤ 单击"设计"选项卡上"控件"组中的"子窗体/子报表"控件，在主体节课程信息的下方单击，弹出如图 6-62 所示的"子报表向导"对话框，此处选择子报表的数据来源为"使用现有的表和查询"。

⑥ 单击"下一步"按钮，进入子报表向导的"请确定在子窗体或子报表中包含哪些字段"的对话框，按图 6-63 所示设置。

图 6-62 "子报表向导"对话框

图 6-63 设置子报表输出字段

⑦ 单击"下一步"按钮，在弹出的如图 6-64 所示的对话框中选择"从列表中选择"单选按钮；单击"下一步"按钮，在弹出的如图 6-65 所示的对话框中输入子报表的名称：学生选修课程。

图 6-64 设置主/子报表链接的字段

图 6-65 设置子报表的名称

⑧ 单击"完成"按钮,返回到报表的"设计视图"窗口,修改主报表及子报表中各个控件的字体格式,如图 6-66 所示。

⑨ 鼠标右击,在弹出的快捷菜单中选择"打印预览"命令,创建好的"项目 2-3-1 课程选修信息"主/子报表打印预览效果如图 6-67 所示。

图 6-66 设置主/子报表的控件属性

图 6-67 创建好的主/子报表打印预览效果

2. 将已有报表添加到主报表中建立子报表

根据"教学信息管理系统"数据库,首先创建主报表"学生基本信息"和子报表"课程选修信息",然后将"课程选修信息"子报表添加到主报表中,新创建的主/子报表名称为"项目 2-3-2 学生选课成绩"。其操作步骤如下。

① 使用任意一种方法创建主报表"学生基本信息",报表布局格式为纵栏式,其打印预览效果如图 6-68 所示。

② 使用任意一种方法创建子报表"课程选修信息",报表布局格式为表格式,其打印预览效果如图 6-69 所示。

③ 选中主报表"学生基本信息"报表,按<Ctrl+C>组合键复制报表。

④ 按<Ctrl+V>组合键粘贴报表,然后将报表重命名为:项目 2-3-2 学生选课成绩。

⑤ 鼠标右击,在弹出的快捷菜单中选择"设计视图"命令,打开报表的"设计视图"窗口。

图 6-68 主报表"学生基本信息"

图 6-69 子报表"课程选修信息"

⑥ 单击"设计"选项卡上"控件"组中的"子窗体/子报表"控件,在主节中单击并拖动控件到合适大小。

⑦ 设置"子窗体/子报表"控件的标签内容为"课程选修信息",字体格式为:宋体、12号、加粗、绿色;选定"子窗体/子报表"控件,鼠标右击,在弹出的快捷菜单中选择"属性"命令,打开"属性表"任务窗格,在"数据"选项卡的"源对象"属性的下拉列表中选择"报表。课程选修信息",如图 6-70 所示。

⑧ 关闭"属性表"任务窗格,创建好的"项目 2-3-2 学生选课成绩"主/子报表的打印预览效果如图 6-71 所示。

图 6-70 设置"子报表"控件的属性

图 6-71 创建好主/子报表的打印预览效果

任务四 设计参数报表和交叉报表

📖 任务描述

在查询模块中用户知道如何创建参数查询以实现动态查询数据，以及知道通过交叉表查询来分类显示数据汇总。那我们创建的报表能否也具有交互功能和分类汇总输出信息呢？如输入"专业"，即可以输出该专业对应的所有学生信息；如输出不同职称、不同籍贯的男、女教师人数。答案是肯定的，本任务将介绍如何创建参数报表和交叉报表。

📖 任务分析

在参数查询中，用户通过输入查询条件的参数值来实现动态查询。本任务通过设置报表的记录源，来实现在报表中产生交互功能。

报表中的数据可以源于交叉表查询来建立，但是交叉表查询所生成的查询结果是静态的，当源数据表中的数据发生变化时，则需重新运行查询，否则报表中的数据将不能反映源数据的变化。为了能及时更新报表中的数据，用户可以将报表直接建立在交叉表查询之上，以便在报表中随时反映数据的变化。这种建立在交叉表查询之上的报表就是交叉报表。

📖 知识链接

用户在熟悉创建参数查询和交叉表查询的基础上，可以轻而易举的完成本任务。

📖 任务设计

1. 创建参数报表

根据"教学信息管理系统"数据库，以"学生"表为数据源，创建具有"专业"查询功能的报表，报表名称为"项目 2-4-1 按专业输出学生信息"。其操作步骤如下。

① 单击"创建"选项卡上"报表"组中的"报表设计"按钮，打开报表的"设计视图"窗口。

② 在报表右边的蓝色空白区右击，在弹出的快捷菜单中选择"属性"命令，弹出报表的"属性表"任务窗格，如图 6-72 所示。

③ 在"属性表"任务窗格中切换到"数据"选项卡，单击"记录源"属性边上的省略号按钮，打开"查询生成器"窗口。

④ 接着在"查询生成器"窗口中设置查询的数据源和查询字段，如图 6-73 所示。

图 6-72 "属性表"任务窗格

图 6-73 设置报表的参数查询

⑤ 单击"关闭"组中的"另存为"按钮,在弹出的"另存为"对话框中输入查询名称为"项目 2-4-1 报表参数查询",如图 6-74 所示。

⑥ 关闭"属性表"任务窗格完成报表的数据源设置,返回到报表的"设计视图"。单击"设计"选项卡上"工具"组中的"添加现有字段"按钮,弹出如图 6-75 所示的"字段列表"任务窗格。

图 6-74 "另存为"对话框

图 6-75 "字段列表"任务窗格

⑦ 将"字段列表"中的"专业"字段拖放到报表的"页面页眉"节中,将其他字段添加到报表的"主体"节中,并设置各个控件的字体格式,如图 6-76 所示。

⑧ 将报表的视图切换到"报表视图",弹出"输入参数值"对话框,此处输入"计算机科学",如图 6-77 所示。

图 6-76 设置好的报表"设计视图"

图 6-77 "输入参数值"对话框

⑨ 单击"确定"按钮,返回的参数报表结果如图 6-78 所示。单击"保存"按钮,将报表保存为:项目 2-4-1 按专业输出学生信息。

2. 创建交叉报表

根据"教学信息管理系统"数据库,以查询模块所创建的"项目 3-1-2 统计不同系不同职称的男女教师人数"交叉表查询为数据源,建立名称为"项目 2-4-2 输出不同系不同职称的男女教师人数"的报表。其操作步骤如下。

① 单击"创建"选项卡上"报表"组中的"报表设计"按钮,新建一个空报表。

② 在左边的导航窗格中选择"项目 3-1-2 统计不同系不同职称的男女教师人数"查询。

③ 将"项目 3-1-2 统计不同系不同职称的男女教师人数"查询拖放到报表"设计视图"的"主体"节中,弹出"子报表向导"对话框,在对话框中输入子报表名称为"统计教师人数 子报表",如图 6-79 所示。

图 6-78　参数报表的输出结果

图 6-79　设置子报表名称

④ 单击"完成"按钮,建立一个以"项目 3-1-2 统计不同系不同职称的男女教师人数"查询为数据源的子报表,即创建了一个主/子报表,主报表是一个空报表,子报表是一个交叉报表。

⑤ 在报表的"页面页眉"节添加一个标签控件,标签内容为:统计教师人数-交叉报表;字体格式为:宋体、20 号、加粗、浅蓝,如图 6-80 所示。

⑥ 单击"保存"按钮,将报表保存为:项目 2-4-2 输出不同系不同职称的男女教师人数。

⑦ 将报表切换到"报表视图",其输出结果如图 6-81 所示。

图 6-80　设置报表标题

图 6-81　交叉报表的输出结果

任务五　美化报表(格式、添加日期时间、添加页码、添加线条和矩形)

📖　任务描述

创建和设计报表之后,为了使其更加个性化与美观,用户可以使用 Access 2010 中的相关工具对报表进行美化操作。如设置控件和报表格式、添加背景图案、添加日期和时间、添加页码、绘制线条和矩形等。

📖　任务分析

要完成本任务,用户需要先熟悉报表主题、背景图像、添加日期和时间、添加页码和绘制线条/矩形框等相关知识。

📖　知识链接

1. 设置报表主题

当用户打开报表的"设计视图"窗口,单击"设计"选项卡上的"主题"组中的"主题"下拉列表框,可以看到系统提供了 44 种主题,通过使用这些主题可以一次性更改报表中所有文本的字体、字号、线条粗细及颜色等外观属性。

2. 添加背景图片

报表默认的背景是白色的,如果要想修改背景颜色,或者美化报表背景,可以为报表添加背景图片。要给报表添加背景图片,其方法如下。

方法 1:打开报表的"设计视图"窗口,鼠标右击,在弹出的快捷菜单中选择"属性"命令,打开"属性表"任务窗格;单击"格式"选项卡,选择"图片"属性进行背景图片设置。

方法 2:打开报表的"设计视图"窗口,单击"格式"选项卡上的"背景"组中的"背景图像"按钮,在下拉列表中选择"浏览"选项,在弹出的"插入图片"对话框中选择要插入的图片。

用户还可以设置背景图片的其他属性,如:"图片类型"属性框中选择"共享"、"嵌入"或"链接",指定图片的添加方式;在"图片平铺"属性框中选择是否平铺背景图片;在"图片对齐方式"属性框中选择"左上"、"右上"、"中心"、"左下"及"右下",指定图片对齐方式;在"图片出现的页"属性框中选择"所有页"、"第一页"及"无",指定图片在报表中出现的页码位置。

3. 添加日期和时间

经常需要给报表添加日期和时间,如制作时间或打印日期。Access 提供下列两种方法用于添加日期和时间。

方法 1:打开报表的"设计视图"窗口,单击"设计"选项卡上的"页眉/页脚"组中的"日期和时间"按钮 📅日期和时间。在弹出的"日期与时间"对话框中,选择日期和时间格式,单击"确定"按钮。

方法 2:使用时间函数的方法。首先打开报表的"设计视图"窗口,在报表上添加"文本框"控件,然后设置其"控件来源"的值为"=NOW()"或者"=DATE()"、"=TIME()"来显示日期与时间。用这种方法可以在报表的任意节中添加日期和时间控件,因此其更方便用户的排版。

4. 添加分页符和页码

(1) 在报表中添加分页符

在报表设计中,可以在某一节中使用分页控制符来标志数据输出需要另起一页的位置。例如,如果需要将报表中分组记录另起一页,可以通过设置组页眉/组页脚节的"强制分页"

属性来实现。

在报表中添加分页符的方法：打开报表的"设计视图"窗口，单击"设计"选项卡上"控件"组中的"分页符"控件█；在报表中需要设置分页符的位置上单击，将分页符设置在某个控件之上或之下，以免拆分了控件中的数据。Access 将分页符以短虚线标志在报表的左边界上。

（2）在报表中添加页码

如果需要在报表中显示报表的页数，可以通过添加页码来实现。使用自动创建报表或报表向导的方法所创建的报表，都会自动为报表添加页码。而用户想要手动添加页码，其方法为：打开报表"设计视图"窗口，单击"设计"选项卡上"页眉/页脚"组中的"页码"按钮；在弹出的"页码"对话框中，设置格式、位置和对齐等选项。

5. 绘制线条和矩形

在报表设计中，为了使报表有更好的显示效果，经常会通过添加线条或矩形控件来修饰版面。

（1）绘制线条

单击"设计"选项卡上"控件"组中的直线█控件；在报表中需要绘制线条的位置上单击并拖动；然后通过直线的"属性表"任务窗格设置直线的属性，如设置边框样式、边框宽度、边框颜色和特殊效果等。

（2）绘制矩形

绘制矩形控件与绘制线条类似，单击"设计"选项卡上"控件"组中的矩形█控件；在报表中需要绘制矩形的位置上单击并拖动；然后通过矩形的"属性表"任务窗格设置矩形的属性，如设置边框样式、边框宽度、边框颜色和特殊效果等。

📖 任务设计

1. 添加徽标和背景图片

根据"教学信息管理系统"数据库，复制前面任务所创建的"项目 2-2-1 统计学生总人数"报表，将报表重命名为"项目 2-5-1 给报表添加背景图片"，在报表页眉处添加徽标，给报表添加背景图片，并设置图片对齐方式为居中。其操作步骤如下。

① 选中"项目 2-2-1 统计学生总人数"报表，按＜Ctrl＋C＞组合键复制报表。

② 按＜Ctrl＋V＞组合键粘贴报表，然后将报表重命名为：项目 2-5-1 给报表添加背景图片。

③ 鼠标右击，在弹出的快捷菜单中选择"设计视图"命令，打开报表的"设计视图"窗口。

④ 将报表页眉处的标题和学生总人数往右移，以留出空间放置徽标。单击"设计"选项卡上"页眉/页脚"组中的"徽标"按钮█，在弹出的"插入图片"对话框中选择"向日葵.tif"图片，如图 6-82，单击"确定"按钮即完成徽标的插入。

⑤ 单击"格式"选项卡上"背景"组中的"背景图像"按钮，在弹出的"插入图片"对话框中选择"背景素材.jpg"图片，单击"确定"按钮即给报表插入背景图片，并设置"图片平铺"属性值为"是"。

⑥ 鼠标右击，在弹出的快捷菜单中选择"报表视图"，其结果如图 6-83 所示。

2. 添加日期和时间、页码

根据"教学信息管理系统"数据库，给上述任务创建的"项目 2-5-1 给报表添加背景图片"报表的报表页脚处添加系统当前的日期和时间；在报表的页面页脚处显示页数，页码格

图 6-82　"插入图片"对话框

图 6-83　添加徽标及背景图片后的报表效果

式为：第 X 页，共 Y 页。修改后的报表重命名为"项目 2-5-2 给报表添加日期和页码"。其操作步骤如下。

①　选中"项目 2-5-1 给报表添加背景图片"报表，按<Ctrl＋C>组合键复制报表。

②　按<Ctrl＋V>组合键粘贴报表，然后将报表重命名为：项目 2-5-2 给报表添加日期和页码。

③　鼠标右击，在弹出的快捷菜单中选择"设计视图"命令，打开报表的"设计视图"窗口。

④　单击"设计"选项卡上"页眉/页脚"组中的"日期和时间"按钮，在弹出的"日期和时间"对话框中设置"包含日期"选项和"包含时间"选项，如图 6-84，单击"确定"按钮即在报表页眉处插入日期和时间。

⑤　将插入报表页眉处的日期和时间剪切到报表页脚处，并设置字体格式为：宋体、12

号、加粗、红色。

⑥ 单击"设计"选项卡上"页眉/页脚"组中的"页码"按钮,在弹出的"页码"对话框中设置格式、位置、对齐等选项,如图 6-85 所示,单击"确定"按钮即在页面页脚处插入页码,设置页码的字段格式为:宋体、12 号、加粗、黑色。

图 6-84 "日期和时间"对话框

图 6-85 "页码"对话框

⑦ 切换报表到"报表视图",其结果如图 6-86 所示。

图 6-86 添加日期时间和页码后的报表结果

3. 绘制线条和矩形

根据"教学信息管理系统"数据库,给上述任务创建的"项目 2-5-2 给报表添加日期和页码"报表的页面页眉下方画双直线,直线的格式为:边框样式为点线,边框宽度为 3 磅,边框颜色为鲜绿色,特殊效果为平面;主体数据用矩形框框起来,矩形框格式为:边框样式为实线,边框宽度为 3 磅,边框颜色为红色,特殊效果为平面。修改后的报表重命名为"项目 2-5-3 给报表添加分页符和绘制线条"。其操作步骤如下。

① 选中"项目 2-5-2 给报表添加日期和页码"报表,按<Ctrl+C>组合键复制报表。

② 按<Ctrl+V>组合键粘贴报表,然后将报表重命名为:项目 2-5-3 给报表添加分页符和绘制线条。

③ 鼠标右击,在弹出的快捷菜单中选择"设计视图"命令,打开报表的"设计视图"窗口。

④ 单击"设计"选项卡上"控件"组中的直线控件,在页面页眉处的字段标签下方拖动鼠标画出两条直线。选定"直线"控件,按图 6-87 所示设置其"属性表"任务窗格。

⑤ 单击"设计"选项卡上"控件"组中的矩形控件,在主体节画出矩形。选定"矩形"控件,按图 6-88 所示设置其"属性表"任务窗格。

图 6-87　设置"直线"属性值　　　　图 6-88　设置"矩形"属性值

⑥ 切换报表到"报表视图",其结果如图 6-89 所示。

图 6-89　绘制直线和矩形后的报表结果

任务六　预览与打印报表

📖　**任务描述**

可以说,报表就是为了显示和打印数据而存在的,当对数据表中的数据进行分组和汇总之后,除了通过报表进行日常的数据查看外,还利用报表对数据进行打印输出。本任务将介绍如何对报表进行预览和进行打印之前的设置。

📖　**任务分析**

对报表进行打印之前,一般需要有以下三步准备。

① 进入报表的打印预览视图,预览报表。

② 设置报表的"页面设置"选项。

③ 设置打印时的各种选项。

📖　**知识链接**

1. 预览报表

当创建和设计报表过程中,用户往往要对该报表的打印效果进行预览,以查看报表的输出是否符合用户的设计要求,以便及时返回设计视图进行修改,直到设计的报表符合用户实际需求为止。

想要查看报表的打印效果,使用下列几种方法将报表切换到"打印预览"视图即可。

方法1：当报表处于其他视图时，鼠标右击，在弹出的快捷菜单中选择"打印预览"命令；

方法2：当报表处于其他视图时，单击"开始"选项卡上"视图"组中的"视图"按钮，在下拉列表中选择"打印预览"。

2. 页面设置

如果在"打印预览"视图中查看报表的页面不符合要求，可以使用"页面设置"选项卡对报表的页边距、打印方向、列的布局等进行操作。有关"页面设置"选项卡上各组功能已经在前面项目中作过介绍，此处不再重复。

3. 打印报表

设置好页面布局之后，就可以开始打印报表。单击"打印预览"选项卡上"打印"组中的"打印"按钮，在弹出的"打印"对话框中设置打印机和打印范围等选项。

📖 **任务设计**

根据"教学信息管理系统"数据库，打印预览和打印上一任务所创建的"项目2-5-3 给报表添加分页符和绘制线条"报表。其操作步骤如下。

① 在导航窗格中选中"项目2-5-3 给报表添加分页符和绘制线条"报表，双击打开"报表视图"。

② 鼠标右击，在弹出的快捷菜单中选择"打印预览"命令，打开报表的"打印预览"视图，如图6-90所示。

③ 单击"打印预览"选项卡上"打印"组中的"打印"按钮，在弹出的"打印"对话框按默认值设置各个选项，如图6-91所示。

图6-90 报表的"打印预览"视图

图6-91 "打印"对话框

④ 单击"确定"按钮即可打印"项目2-5-3 给报表添加分页符和绘制线条"报表。

习题与实训六

一、选择题

1. 以下叙述正确的是（ ）。

(A) 报表只能输入数据　　(B) 报表只能输出数据

(C) 报表可以输入和输出数据　　(D) 报表不能输入和输出数据

2. 报表不能完成的工作是（ ）。

(A) 分组数据　　(B) 汇总数据　　(C) 格式化数据　　(D) 输入数据

3. 在报表中,要计算"分数"字段的最高分,应将控件的"控件来源"属性设置为( )。

(A) ＝Max([分数])　　　　　　　　(B) Max(分数)

(C) ＝Max[分数]　　　　　　　　　(D) ＝Max(分数)

4. Access 报表中可以作为数据源的是( )。

(A) 表　　　　　　　　　　　　　(B) 查询

(C) Select 语句　　　　　　　　　(D) 以上都可以

5. 在报表设计中,以下可以做绑定控件显示字段数据的是( )。

(A) 文本框　　　(B) 标签　　　　(C) 命令按钮　　　(D) 图像

6. 用来查看报表页面数据输出形态的视图是( )。

(A) 设计视图　　　(B) 报表视图　　　(C) 打印预览　　　(D) 布局视图

7. ( )选项不是报表的组成部分。

(A) 报表页眉　　　(B) 报表主体　　　(C) 报表设计器　　　(D) 报表页脚

8. 在报表设计时,如果只在报表最后一页的主体内容之后输出规定的内容,则需要设置的是( )。

(A) 报表页眉　　　(B) 页面页眉　　　(C) 报表页脚　　　(D) 页面页脚

9. 要实现报表按某个字段分组统计输出,需要设置的是( )。

(A) 报表页脚　　　　　　　　　　(B) 主体

(C) 页面页脚　　　　　　　　　　(D) 该字段的组页脚

10. 在报表设计时,如果要统计报表中某个字段的全部数据,计算表达式应放在( )。

(A) 报表页眉或报表页脚区域　　　　(B) 页面页眉或页面页脚区域

(C) 主体区域　　　　　　　　　　(D) 组页眉或组页脚区域

二、填空题

1. 报表输出不可以缺少的内容是_____,要实现报表按某个字段分组统计输出,需要设置_____。

2. 目前比较流行的报表类型有 4 种,分别纵栏式报表、_____、_____和_____。

3. _____视图用于创建和编辑报表的结构。

4. 完整的报表设计通常由报表页眉、报表页脚、页面页眉、_____、_____、组页眉和组页脚 7 个部分组成。

5. 如果要在报表上绘制水平线或垂直线,使用_____控件,然后拖动鼠标以创建线条。

6. 报表通过_____可以实现同组数据的汇总和显示输出。

7. 要在报表上显示格式为"第 2 页,共 10 页"的页码,则诸控件的控件来源属性应设置为_____。

8. 主子报表通常用于显示具有_____关系的多个表或查询的数据。

三、上机实训

根据"图书管理系统"数据库,完成下列实训任务。

任务一 创建和设计报表

📖 **实训目的**

1. 熟练掌握创建报表的各种方法；
2. 掌握报表的编辑；
3. 掌握报表的分组和排序；
4. 掌握设计统计报表；
5. 熟悉报表的美化。

📖 **实训内容**

1. 以"管理员"表为数据源，使用自动创建报表的方法，创建一个名称为"任务 1-1 管理员信息"的报表，创建的报表效果如图 6-92 所示。

图 6-92 "任务 1-1 管理员信息"报表的布局视图

2. 以"借书证"表为数据源，使用标签向导创建一个名称为"任务 1-2 借书证信息"的查询，用于输出读者借书信息，创建好的报表效果如图 6-93 所示。

3. 使用报表向导创建一个名称为"任务 1-3 图书库存信息"的报表，要求输出类别名、图书名称、作者、出版社、出版日期、价格和数量，并按照"类别名"分组，按"出版日期"升序排列。创建好的报表效果如图 6-94 所示。

图 6-93 "任务 1-2 借书证信息"报表视图　　　　图 6-94 "任务 1-3 图书库存信息"报表视图

4. 使用"设计视图"创建一个名称为"任务 1-4 读者借书信息"的报表，要求输出读者姓名、单位名称、图书名称、借阅时间、数量和还书时间等字段信息，创建好的报表效果如

图 6-95 所示。

图 6-95　"任务 1-4 读者借书信息"报表的报表视图

5.编辑和美化上述所创建的"**任务 1-4 读者借书信息**"报表,编辑后的报表重命名为"**任务 1-5 美化读者借书信息**"。具体要求如下。

① 格式设置:在报表页眉处添加标题:读者借阅信息,字体格式为:华文彩云、28 号、加粗、红色、居中;页面页眉处的标签字体格式为:黑体、12 号、加粗、黑色;主体节字体格式为:宋体、12 号、黑色;报表页眉节背景色为浅兰色;页面页眉节背景色为浅黄色;主体节背景色为鲜绿色。美化后的报表效果如图 6-96 所示。

图 6-96　美化后的报表效果

② 将"背景.jpg"图片以"平铺"方式添加到该报表中作为背景,图片的缩放模式为"拉伸"。插入背景后的报表效果如图 6-97 所示。

图 6-97　插入背景图片后的报表效果

③ 在报表"页面页脚"的左侧添加当前日期,右侧添加页码,页码格式为:第 X 页,共 Y 页,日期和页码的字体格式为:12 号、加粗、黑色。添加日期和页码后的报表效果如图 6-98 所示。

图 6-98 添加日期和页码后的报表效果

6. 复制上述所创建的"任务 1-3 图书库存信息"报表,将其重命名为"任务 1-6 统计图书库存",要求统计出每一类图书的库存数量,以及所有图书的库存总量。统计库存数量后的报表效果如图 6-99 所示。

图 6-99 统计图书库存数量的报表效果

7. 以"借书证类型"表和"借书证"表为数据源,创建一个名称为"任务 1-7 读者借书证信息主子报表"。创建好的主子报表如图 6-100 所示。

图 6-100 创建好的主子报表效果

8. 以"借书证类型"表为数据源,创建一个名称为"任务 1-8 统计不同借书证类型人数"的图表报表,图表类型为"柱形图",创建好的图表报表如图 6-101 所示。

图 6-101   创建好的图表报表

模块七　宏的设计与创建

学习目标

- 掌握宏的概念和类型；
- 掌握创建宏的基本方法；
- 了解事件的概念和常用事件；
- 掌握宏的运行和调试方法；
- 结合窗体中的事件，掌握宏的应用。

在前面的模块中已经介绍了 Access 2010 数据库的表、查询、窗体和报表 4 个对象，它们各自具有强大的数据处理能力，能独立地完成数据库中的特定任务，但是这些对象各自独立工作，无法相互协调结合在一起使用。要想将这些对象有序地组合起来，成为一个功能完善的系统，需要使用宏和模块两种对象来实现。和模块相比，宏的操作更简单易学。

1. 宏的作用

在 Access 中，宏的作用主要表现在以下几个方面。

（1）连接多个窗体和报表

在比较复杂的数据库应用系统中，操作的窗体或报表有很多，需要在不同窗体或报表之间进行调用。例如，在"教学信息管理系统"数据库中，已经建立了"教师"和"授课"窗体，使用宏可以在"教师"窗体中，通过与宏相关联的命令按钮或嵌入宏来打开"授课"窗体，从而获知教师的授课信息。

（2）自动查找和筛选记录

宏可以提高查找记录的速度。例如，在窗体中，通过组合框设置要查询的数据内容，然后建立一个"查找"命令按钮，在其对应的宏的操作参数中以组合框中数据内容作为筛选条件，就可以快速查到指定记录。

（3）自动进行数据校验

在窗体中对特殊数据进行处理或校验时，可以使用宏方便地设置检验数据的条件，并给出相应的提示信息。

（4）设置窗体和报表属性

使用宏可以设置窗体和报表的大部分属性。例如，在某些情况下，使用宏可以将窗体或控件隐藏起来。

（5）自定义工作环境

使用宏可以在打开数据库时自动运行宏，并将几个对象联系在一起，执行一组特定的操作。使用宏还可以自定义窗体中的菜单栏。

2．宏的类型

（1）独立宏

它是一个独立的对象，可以不依赖其他对象就能运行。独立宏在导航窗格中可见。

（2）嵌入宏

与独立宏不同，嵌入宏要嵌入到窗体、报表或控件对象的事件中。可以直接在窗体、报表或控件的事件属性选项卡中的某个事件属性中通过宏生成器，来设计嵌入宏，这时嵌入宏被作为它所嵌入的对象的一部分。嵌入宏在导航窗格中是不可见的。

（3）数据宏

数据宏是 Access 2010 中新增的一种宏，它允许在表事件（如添加记录、修改或删除记录等）中被自动调用运行。数据宏不会出现在导航窗格中。

数据宏分为两种：一种是由表事件触发的数据宏（也称"事件驱动的"数据宏）；一种是为响应按名称调用而运行的数据宏（也称"已命名的"数据宏）。

（4）子宏

子宏通常作为宏结构的一部分，它本身也是一个宏，是共同存储在一个宏名下的一组宏的集合，该集合通常只作为一个宏使用。在一个宏中包含一个或多个子宏，每个子宏又可以包含多个操作。子宏有单独的名称并可独立运行，如果要引用宏中的子宏，它的语法是：宏名称.子宏名。

使用子宏使得数据库的操作和管理更方便。例如，在窗体中要添加一个菜单，可以用宏定义一个菜单，再创建几个子宏，每个子宏对应菜单中的一个菜单项。

（5）带条件的宏

所谓带条件的宏就是在其他宏当中加入一个或多个计算结果等于 True/False 或"是/否"或"0/－1"的表达。当表达式的计算结果为 False、"否"或"0"时，其后面的操作将不执行，反之则执行。

3．宏的结构

宏是由操作、注释、参数、组、条件和子宏等几部分组成。

（1）宏操作

宏操作是构成宏的最基本、最核心的内容，没有宏操作，就没有宏。Access 2010 提供了六十多种宏操作，例如，打开表（OpenTable）、关闭窗口（CloseWindows）等。表 7-1 中列出了 Access 2010 的主要宏操作。

表 7-1　Access 2010 的主要宏操作构

	操作名称	参数	说明
窗口管理	CloseWindows	对象类型、对象名称、保存	关闭指定的 Access 窗口。如果没有指定窗口，则关闭活动窗口
	MaximizeWindows		最大化活动窗口
	MinimizeWindows		最小化活动窗口
	MoveAndSizeWindows	右、向下、宽度、高度	移动活动窗口或调整其大小
	RestoreWindows		将窗口恢复为原来的大小

	操作名称	参数	说明
宏命令	CancelEvent		取消一个事件
	ClearMacroError		清除宏对象上的一个错误
	OnError	下一个、宏名、失败	指定宏出现错误时如何处理
	SetLocalVar	名称、表达式	将本地变量设置为给定值
	SetTempVar	名称、表达式	将临时变量设置为给定值
	RunCode	函数名称	调用 VBA 函数过程
	RunMacro	宏名、重复次数、重复表达式	运行宏
	StopAllMacros		停止当前正在运行的所有宏
筛选/排序/搜索	ApplyFilter	筛选名称、Where 条件	对表、窗体或报表应用筛选、查询或 SQL WHERE 子句
	FindNext		查找下一条记录，该记录符合由前一个 FindRecord 操作或"字段中查找"对话框所指定的准则
	FindRecord	查找内容、匹配、区分大小写、搜索等	查找符合该操作参数指定的准则的第一个数据实例
	OpenQuery	查询名称、视图、数据模式	在数据表视图、设计视图或"打印预览"中打开选择查询或交叉表
	Requery	控件名称	查询
			通过重新查询控件的数据源来刷新活动对象指定控件中的数据
	ShowAllRecords		显示所有记录
	数据导入/导出		
	ExportWithFormating		将指定数据库对象的数据输出为某种格式文件
	WordMailMerge		执行邮件合并操作
	数据库对象	控件名称	
	GoToControl		把焦点移到打开的窗体、窗体数据表、表数据表、查询数据表中的
		页码、右、下	当前记录的特定字段或控件上
	GoToPage	对象类型、对象名称、记录、偏移量	在活动窗体中将焦点移到某一特定页的第一个控件上
	GoToRecord	窗体名称、视图、筛选名称、Where 条件、	使指定记录成为打开的表、窗体或查询结果集中的当前记录
	OpenForm	数据模式、窗体模式	在窗体视图、设计视图中打开窗体
	OpenReport	报表名称、视图、筛选名称、Where 条件	
		表名、视图、数据模式	在设计视图或打印预览中打开报表或立即打印报表
		对象类型、对象名称	

	操作名称	参数	说明
筛选/排序/搜索	OpenTable	控件名称,属性,值	在数据表视图、设计视图或打印预览中打开表
	RepaintObject		完成指定的数据库对象的任何未完成的屏幕更新
	SetProperty		设置控件属性
	系统命令	选项	
	Beep	菜单名称、菜单宏名称、状态栏文字	可表示错误情况或重要的事件发生,通过计算机发出嘟嘟声
	CloseDatabase	消息、发嘟嘟声、类型、标题	关闭当前数据库
	QuitAccess		退出 Access
	AddMenu		创建全局菜单栏
	MessageBox		显示包含警告信息或其他信息的消息框
	SetMenuItem		设置"加载项"选项卡上的自定义或全局菜单上的菜单项的状态

（2）注释

它对宏的全部或一部分进行说明或解释,主要目的是增加宏的可读性。添加注释是设计者的一个好习惯,方便其他人理解宏,有助于以后对宏的维护。

（3）参数

参数是一些值,它向宏操作提供具体信息。有些宏操作没有参数,但大部分的宏操作都有参数,带参数的宏操作,有些参数是必须的,有些参数是可选的。例如,打开窗体宏操作,要指定打开的窗体名称,这个参数是必须的。而宏操作"StopMacro"用于终止当前运行的宏,它是没有参数的。

（4）组

组是 Access 2010 引入的一个新概念,主要目的是为了更加有效地管理宏。使用组可以把宏的若干操作,根据它们操作目的的相关性进行分块,一个块就是一个组。这样宏的结构显得十分清晰,阅读起来更方便。需要特别注意的是,此处的组和以前版本中的宏组是两个完全不同的概念。

（5）条件

条件就是计算结果等于 True/False 或"是/否"或"－1/0"的任何表达式,如果没有条件,宏操作将按顺序执行。但是,在实际应用中,往往完成一个任务,会有很多不同的情况出现,从而导致不同的结果,这时,就需要针对不同情况,设定一些条件,当条件成立时,就执行某些操作,当条件不成立时,就执行另外的操作。这样就使得宏的处理能力更强。

项目一　宏的设计和创建

要创建宏,首先要了解"宏"选项卡和宏设计器。在 Access 数据库中,创建一个宏对象,如同创建其他对象一样,系统都提供了一个相同的方法,使用设计器来设计和创建。在系统功能区的"创建"选项卡的"宏与代码"组中,有一个宏按钮，单击此按钮,即可打开"宏工具设计"选项卡,使用选项卡上的按钮可进行宏的设计。

任务一 创建独立宏

📖 任务描述

独立宏是不依赖于任何窗体、报表等对象而存在的,可以不需要事件触发就能执行。独立宏在"宏工具设计"选项卡中,使用宏设计器来设计,并且每个独立宏都有一个宏名。当独立宏创建完成后,可以直接按运行按钮 ！来运行。

📖 知识链接

1."宏工具设计"选项卡

在打开的"宏工具设计"选项卡中,共有 3 个组,分别是"工具"、"折叠/展开"和"显示/隐藏",如图 7-1 所示。

图 7-1 "宏工具设计"选项卡

① "工具"组包括运行、调试宏以及将宏转变成 Visual Basic 代码三个按钮。

② "折叠/展开"组提供浏览宏代码的几种方式:展开操作、折叠操作、全部展开、全部折叠。展开操作可以详细地阅读每个操作的细节,包括参数的设置。折叠操作可以把宏操作收缩起来,只显示操作名称,不显示操作的参数。

③ "显示/隐藏"组用来显示和隐藏操作目录。

2. 操作目录

在打开"宏工具设计"选项卡后,在 Access 窗口的下方,分为 3 个窗格:左侧为导航栏,用来显示宏对象,中间是宏设计器,右侧是操作目录,如图 7-2 所示。

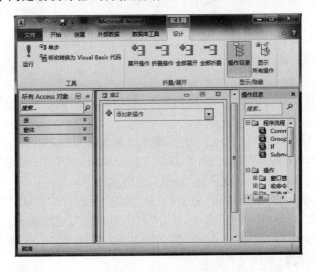

图 7-2 宏设计器窗格

操作目录窗格由三部分组成,上面是程序流程部分,中间是操作部分,下面是当前数据库中的所有宏。

(1) 程序流程

包括注释、组、条件和子宏。

(2) 操作

操作部分把宏操作按操作性质分为 8 组,分别是"窗口命令"、"宏命令"、"筛选/查询/搜索"、"数据导入/导出"、"数据库对象"、"数据输入操作"、"系统命令"和"用户界面命令",一共 66 个操作。当展开每个组时,可以显示出该组中的所有宏。

(3) 在此数据库中

这个区域列出了当前数据库中的所有宏,以便于用户重复使用所创建的宏和事件过程代码。展开"在此数据库中",一般还会显示下一级列表"窗体"、"报表"和"宏",进一步展开窗体、报表和宏后,可显示出在报表、窗体和宏中的嵌入的事件过程或宏。如果表中包含数据宏,则显示中还会包含表对象。

3. 宏设计器

Access 2010 重新设计了宏设计器,与以前的版本相比,宏设计器十分类似于 VBA 事件过程的开发界面,使得设计开发宏更加方便。

当创建宏后,在宏设计器中会出现一个组合框,组合框中显示添加新操作的占位符,组合框前面有个绿色十字,这是展开/折叠按钮,如图 7-3 所示。

图 7-3　宏设计器的"添加新操作"组合框

添加新操作的方式有以下 3 种。

① 直接在组合框中输入宏操作名称。

② 单击组合框右侧的下拉箭头,在打开的下拉列表中,选择宏操作,如图 7-4 所示。

③ 从"操作目录"窗格的"操作"组中,把某个操作拖拽到组合框中。

　📖　**任务分析**

创建独立宏很简单,使用宏设计器,可以快速地创建独立宏。当独立宏创建完成后,它可以被任意窗体或报表调用。

　📖　**任务设计**

创建一个系统自动运行的独立宏,宏名为 AutoExec。它在启动数据库后将自动运行,用来打开一个登录窗体。操作步骤如下。

① 首先用窗体设计视图,创建一个登录窗体。窗体上包括两个文本框控件,一个用来输入用户名,另一个用来输入密码,另外添加两个命令按钮,一个为"登录"命令按钮,另一个为"退出"命令按钮。该登录窗体创建后,如图 7-5 所示。

② 在"创建"选项卡的"宏与代码"组中,单击"宏"按钮,打开"宏设计器"。

③ 在"操作目录"窗格的"操作"组中,展开"数据库对象",把"OpenForm"操作拖到组合框中。接下来设置参数,单击"窗体名称"组合框右侧的下拉箭头,在列表中选择"登录"窗体,其他参数为默认设置,如图 7-6 所示。

④ 在"快速访问工具栏"中单击"保存"按钮,以"AutoExec"名称保存独立宏。这样以后启动"教学信息管理系统"数据库时,宏 AutoExec 自动运行,打开登录窗体。

图 7-4 "添加新操作"列表框

图 7-5 登录窗体

图 7-6 操作参数的设置

任务二 创建子宏

任务描述
在一个宏中可以包含多个子宏,每个子宏都必须定义自己的宏名,以便分别引用。

任务分析
创建含有子宏的宏的方法与创建宏的方法基本相同,在创建过程中要对每个子宏命名。

知识链接
在"创建"选项卡的"宏与代码"组中,单击"宏"按钮,打开"宏工具设计"选项卡,在左侧的"操作目录"窗格中,把"程序流程"组的"子宏"用鼠标拖到中间的"宏设计器"窗格中的"添加新操作"组合框,或者单击"添加新操作"组合框右侧的下拉按钮,在下拉列表中选择"子宏(Submacro)",此时用户可以对子宏进行设置,如图 7-7 所示。

图 7-7 子宏的设置

系统默认第一个子宏的名称为"Sub1",用户可以将其改为自己设定的名称。注意在子宏中,添加新操作时不能再添加子宏。如果要继续为宏添加子宏,应该在子宏外面另外添加,可重复以上操作。

任务设计
在"教学信息管理系统"数据库中创建一个宏,其包括三个子宏,分别是全部、男生和女生。操作步骤如下。

① 打开"教学信息管理系统"数据库,在功能区"创建"选项卡的"宏与代码"组中,单击"宏"按钮,然后打开"宏工具设计"选项卡。

② 在打开"宏工具设计"选项卡的"宏设计器"窗格中,用鼠标单击"新添加操作"组合框右侧的下拉按钮,在下拉列表中选择"子宏(Submacro)",然后在子宏的设置区块中,设定子宏的名称,将默认名称"Sub1"改为"全部",接下来在子宏的"新添加操作"组合框中,添加宏

操作"ShowAllRecords",至此,第一个名称为"全部"的子宏被创建完成。

③ 再创建第二个名称为"男生"的子宏,在第一个子宏外下方的"新添加操作"组合框中,用鼠标单击其右侧的下拉按钮,在下拉列表中选择"子宏(Submacro)",然后在子宏的设置区块中,设定子宏的名称,将默认名称"Sub2"改为"男生",接下来在子宏的"新添加操作"组合框中,添加宏操作"ApplyFilter",设置参数"当条件"的值为"[学生]![性别]="男"",至此,第二个名称为"男生"的子宏被创建完成。

④ 创建"女生"子宏的操作过程与"男生"子宏类似,只是子宏名称改为"女生",在宏操作"ApplyFilter"中,设置参数"当条件"的值为"[学生]![性别]="女"",最后,单击"保存"按钮,在"另存为"对话框中输入名称为"学生查询宏",创建后的宏如图 7-8 所示。

图 7-8　学生查询宏的设计视图

任务三　创建带条件的宏

　📖　**任务描述**

通常,宏是按照顺序从第一个宏操作依次往下执行。但在某些情况下,要求宏能按照给定的条件进行判断来决定是否执行某些操作。在实际应用当中,经常在宏里面设置条件,来控制宏运行的流程。

　📖　**任务分析**

当宏带了条件,就会出现条件成立和不成立的情况,从而使得宏沿着不同的分支执行,这正好反映了对实际问题进行处理的逻辑。

　📖　**知识链接**

条件通常用一个表达式来描述,在表达式中常常要引用到窗体或报表中的控件对象,具体引用的方法如下。

引用窗体中控件的语法格式为

Forms![窗体名]![控件名]或[Forms]![窗体名]![控件名]

引用报表中控件的语法格式为

Reports![报表名]![控件名]或[Reports]![报表名]![控件名]

在宏里面加入条件以后,宏会变得复杂一些。当"If"后的条件成立时,则执行一个逻辑块,逻辑块由一个或多个宏操作组成;当条件不成立时,如果没有"Else"分支,则执行"End if"后的宏操作,如果有"Else"分支,就执行它包含的逻辑块。

　📖　**任务设计**

在"教学信息管理系统"数据库中,创建一个登录验证宏。在创建独立宏任务中创建的登录窗体中,当单击"登录"命令按钮来运行该宏时,对用户输入的用户名和密码进行验证,只有当用户名和密码都输入正确时，才能登录系统，否则，弹出消息框显示提示信息。具体操作步骤如下。

① 打开"教学信息管理系统"数据库，在功能区"创建"选项卡的"宏与代码"组中，单击"宏"按钮，然后打开"宏工具设计"选项卡。

② 在"添加新操作"组合框中，输入"If"，然后按回车键。在条件表达式文本框中输入"Forms!［登录］!［User］<>"admin" or Forms!［登录］!［Password]<>"123456""，在"Then"后面添加一个逻辑块，它由 5 个宏操作组成：发出嘟嘟警报声、弹出消息框、将两个文本框中内容清空、焦点回到第 1 个文本框。当用户名或密码不对时，将执行此逻辑块，宏操作的具体参数设置如表 7-2 所示。

表 7-2 宏操作参数设置

宏操作	操作参数
Beep	无参数
MessageBox	消息："用户名或密码错，请重新输入。"标题："出错" 其他默认
SetProperty	控件名称：User 属性：值 值：空格
SetProperty	控件名称：Password 属性：值 值：空格
GoToControl	控件名称：User

③ 如果输入的用户名和密码正确，则转入另一个分支执行，此分支是在"Else"后面的一个逻辑块，只有一个宏操作"OpenForm"，设置窗体名称参数为"系统主界面"，其他参数默认，执行后打开系统的主界面窗体。整个宏的设计视图，如图 7-9 所示。

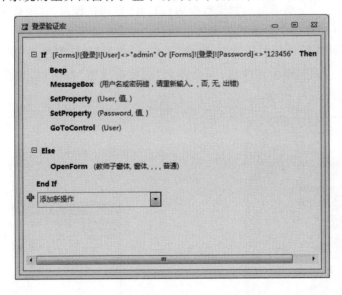

图 7-9 "登录验证宏"的设计视图

④ 单击"保存"按钮，在打开的"另存为"对话框中输入宏名称为"登录验证宏"，单击"确定"按钮，至此一个带条件的宏创建完成。

任务四　创建嵌入宏

📖 任务描述

嵌入宏不会出现在导航窗格的宏对象列表中,它被嵌入到窗体或报表中,当窗体或报表的某个事件发生时,就激活嵌入在其中的宏,执行相应的操作。

📖 任务分析

宏的条件、操作和参数对于初学者来说还是有一定难度的,要想掌握宏应该注重嵌入宏的学习。嵌入宏的引入使得 Access 的开发工作变得更加灵活,把原来事件过程中需要编写事件过程代码的工作,都用嵌入宏来代替。

📖 知识链接

通常通过事件触发宏运行,都是先建立一个宏,然后将该宏插入到窗体等对象中。现在,可以直接在窗体或报表的设计视图中,用宏生成器来嵌入一个宏,这个宏只能在该窗体或报表中运行,而无法被其他窗体或报表所调用。

📖 任务设计

在"教学信息管理系统"数据库中,打开在"模块五 项目一 任务二"中创建的"多个项目教师窗体"窗体,当在窗体中选择一条记录要删除时,弹出一个消息框用于提醒用户注意。具体操作步骤如下。

① 在导航窗格中,选择窗体对象中的"多个项目教师窗体"窗体,然后右击,在弹出的快捷菜单中选择"设计视图"命令。

② 在打开的窗体设计视图中,如果属性表已经出现,则用鼠标单击窗体设计视图左上角的"窗体选择器"(一个小矩形),如果属性表没打开,则用鼠标双击"窗体选择器"来打开窗体属性表。这时在属性表中显示的是窗体的属性,如图 7-10 所示。

③ 将窗体属性表的选项卡切换到"事件"选项卡,找到"确认删除前"属性,单击文本框,在右侧出现一个 … 按钮,单击该按钮,则会弹出"选择生成器"对话框,选择"宏生成器",单击"确定"按钮,如图 7-11 所示。

图 7-10　窗体的属性表

图 7-11　"选择生成器"对话框

④ 在打开的宏设计器中,添加"MessageBox"宏操作,设置"消息"参数为"删除数据之

后无法恢复数据",设置"标题"参数为"警告",如图 7-12 所示。

⑤ 单击"保存"按钮,关闭宏设计器,返回到窗体的设计视图,这时在属性表中的"确认删除前"属性文本框中出现一个"[嵌入的宏]",如图 7-13 所示,然后单击"保存"按钮,将窗体保存。

图 7-12　嵌入宏的设计器

图 7-13　添加"嵌入宏"之后的窗体属性表

项目二　宏的运行与调试

任务一　宏的运行

📖 任务描述

宏设计好之后需要运行才会产生结果。运行宏的方法有很多种,具体使用哪一种,要结合实际需要来决定。

📖 任务分析

不管宏的类型是哪一种,宏都是由一个或多个宏操作组成的。设计宏的主要目的就是可以重复调用,并且自动执行其所包含的宏操作,从而完成用户提交的任务。

📖 知识链接

宏的运行方法主要有以下几种。

1. 自动运行宏

在 Access 中,系统定义了指定宏名为"AutoExec"的宏为"自动运行宏",在启动数据库的同时会自动运行宏名为"AutoExec"的宏中包含的宏操作。如果要绕过宏的自动运行,可在打开数据库时按住<Shift>键。

2. 直接运行宏

可以使用以下方式之一来直接运行宏。

方法 1:在导航窗格中,选中并双击宏对象。

方法 2:在导航窗格中,右击宏对象,在弹出的快捷菜单中选择"运行"命令。

方法 3:在宏设计器中,单击"工具"组中的运行按钮❗。

3. 从其他宏中运行宏

如果要从其他宏中运行宏，将 RunMacro 宏操作添加到相应的宏中，并且将宏名参数设置为要运行的宏名。

4. 通过事件触发宏

事件是指对象能识别或检测的动作，当动作发生于某一对象上，其对应的事件就会被触发。Access 可以响应多种类型的事件，如单击、数据更改、窗体打开或关闭等。事件的发生通常是用户操作的结果。通过在窗体、报表或控件上发生的事件，用户可以添加宏作为事件的触发响应。

📖 任务设计

创建一个宏，根据条件判定是否执行其后的操作，如果条件满足，则调用另一个宏运行。其操作步骤如下。

① 打开"教学信息管理系统"数据库，在创建好的学生窗体中，添加一个选项组控件，其中包括 3 个选项："全部"、"男生"和"女生"，选项组的标题为"按性别"，名称为"sex"；再添加一个命令按钮，标题为"查询"，如图 7-14 所示。

② 新建一个宏，在功能区"创建"选项卡的"宏与代码"组中，单击"宏"按钮。

③ 在打开的宏设计器中，单击"添加新操作"组合框右侧的下拉按钮，在下拉列表中选择"If"宏操作，然后，在"If"后设置条件表达式为"[Forms]！[学生窗体]！[sex]=1"，在"Then"后添加新操作"RunMacro"，操作参数设置：宏名称为"学生查询宏.全部"，其他参数不做设置，然后再添加另外两个条件逻辑块，操作同上，最后，单击"保存"按钮，将宏保存为"按性别查询学生宏"，设置结果如图 7-15 所示。

图 7-14 学生窗体

图 7-15 "按性别查询学生宏"设计视图

④ 打开"学生窗体"的设计视图，双击"查询"命令按钮，打开其属性表，在属性表中，选择"事件"选项卡，设置"单击"属性值为"按性别查询学生宏"，如图 7-16 所示。

⑤ 将设计视图切换到窗体视图，在"按性别"选项组中单击"男生"选项，然后单击"查询"按钮，查询结果如图 7-17 所示。

图 7-16 "学生窗体"的设计视图

图 7-17 窗体设计完成后的操作结果

任务二 宏的调试

📖 任务描述

宏的调试是创建宏后必须进行的一项工作,尤其是对于由多个操作组成的复杂的宏,更是需要反复地调试,以观察宏的执行流程和每一个操作的结果。这样可以保证在数据库运行时,不会因为宏的问题造成错误。

📖 任务分析

宏是由宏操作组成的,调试宏就是让宏操作一个一个地执行,每当执行完一个宏操作就暂停,然后显示执行结果的详细信息。

📖 知识链接

Access 提供了单步执行的测试工具来调试宏,所谓单步执行就是从组成宏的第一个宏操作开始,按照宏的执行流程,一步一步地执行,每执行一个宏操作后暂停,用户可以通过查看"单步执行宏"对话框了解正在执行的宏的一些信息,包括宏名称,如果是带条件的宏,则显示条件表达式的判断结果,正在执行的操作名称和参数。如果宏操作运行无错误,则在对话框中单击"继续"按钮,否则,弹出一个消息框,告知用户相关错误信息,然后对发生错误的操作进行修改,通过重复多次地修改和调试,直至整个宏都运行正确。

📖 任务设计

打开"教学信息管理系统"数据库,调试独立宏。操作步骤如下。

① 在"导航窗格"中,选择"AutoExec"宏,然后右击,在弹出的快捷菜单中选择"设计视图"命令。

② 在打开的设计视图中,单击左上角"工具"组中的单步按钮🖮,再单击运行按钮❗,打开"单步执行宏"对话框,如图 7-18 所示。

③ 在打开的"单步执行宏"对话框中,可以看到当前运行的宏的宏名称、条件、操作名称和参数等一系列信息,然后单击"单步执行"或"继续"按钮,如果执行没有出错,将打开"登录"窗体,再执行后面的宏操作;如果执行出错,将弹出警告消息框,告知相关的错误信息,然后单击"停止所有宏"按钮,停止宏的执行,返回"AutoExec"宏的设计视图,修改宏的设计。

图 7-18 "单步执行宏"对话框

项目三 宏的应用

任务一 结合窗体实现宏的应用

📖 任务描述

先创建一个"学生信息子系统"窗体,然后在窗体上添加一个学生信息浏览菜单,菜单包括三个菜单项,分别是学生基本信息浏览、学生选课信息浏览和学生成绩信息浏览。

📖 任务分析

此任务要用到子宏,每个子宏对应菜单的一个菜单项,添加菜单的操作由"AddMenu"宏操作完成。

📖 知识链接

在宏的综合应用中,宏的使用通常要和表、窗体和报表等其他 Access 数据库对象结合在一起。一般分为三步来完成:首先,创建窗体或报表等对象;其次,根据实际需要,选择设计独立宏、嵌入宏等不同类型的宏;最后,将创建完成的宏与窗体、报表等对象的事件相关联,再进行调试运行宏。

📖 任务设计

首先创建"学生信息子系统"窗体;然后设计两个宏:一个用来添加菜单,另一个宏包含三个子宏,对应每个菜单项;最后,设置"学生信息子系统"窗体属性表中其他选项卡的菜单栏属性项。具体操作步骤如下。

① 打开"教学信息管理系统"数据库,在功能区的"创建"选项卡的"窗体"组中,单击"窗体设计"按钮。

② 在打开的窗体设计视图中,右击主体节区域任意位置,在弹出的快捷菜单中选择"窗体页眉/页脚"命令,在窗体上显示窗体页眉和页脚部分。

③ 在"窗体设计工具/设计"选项卡的"控件"组中单击"标签"控件按钮,光标移到窗体页眉的合适位置,拖动鼠标画一个大小合适的矩形框,然后在其中输入"学生信息子系统",如图 7-19 所示,单击"保存"按钮,在弹出的对话框中,输入窗体名称"学生信息子系统"。

④ 回到功能区,在"创建"选项卡的"宏与代码"组中,单击"宏"按钮。

⑤ 在打开的"宏工具/设计"选项卡的宏设计器中,单击"添加新操作"组合框右侧的下拉按钮,在打开的下拉列表中选择"SubMacro",然后修改子宏的名称为"学生基本信息浏览",再设置"添加新操作"为"OpenForm","窗体名称"为"学生基本信息",重复上述操作,依次添加"学生选课信息浏览"和"学生成绩信息浏览"子宏,"窗体名称"分别为"学生选课信息"和"学生成绩信息",然后单击"保存"按钮,在弹出的对话框中输入宏的名称为"学生信息浏览",如图 7-20 所示。

图 7-19　"学生信息子系统"窗体

图 7-20　"学生信息浏览"宏设计视图

⑥ 再回到功能区,在"创建"选项卡的"宏与代码"组中,单击"宏"按钮。

⑦ 在打开的"宏工具/设计"选项卡的宏设计器中,单击"添加新操作"组合框右侧的下拉按钮,在打开的下拉列表中选择"AddMenu"命令,然后设置操作参数,添加"菜单名称"为"学生信息浏览",添加"菜单宏名称"为"学生信息浏览",单击"保存"按钮,将宏命名为"学生信息浏览菜单",如图 7-21 所示。

图 7-21　"学生信息浏览菜单"宏设计视图

⑧ 然后打开"学生信息子系统"窗体的设计视图,在窗体的属性表中,选择"其他"选项卡,在"菜单栏"属性中输入"学生信息浏览菜单"宏名称,如图 7-22 所示。

⑨ 把"学生信息子系统"窗体的设计视图切换到窗体视图,在 Access 2010 中,窗体的菜

单栏和工具栏放置在"加载项"选项卡中,如图 7-23 所示。

图 7-22 "学生信息子系统"窗体的属性表　　　图 7-23 添加了菜单栏的"学生信息子系统"窗体

习题与实训七

一、选择题

1. OpenQuery 操作的功能是打开(　　)。

　(A) 报表　　　　　(B) 表　　　　　(C) 窗体　　　　　(D) 查询

2. 在宏的表达式中引用报表 BR 上的控件 name 的值,下面正确的引用是(　　)。

　(A) name　　　　　　　　　　(B) BR! name

　(C) Reports. name　　　　　　(D) [Reports]! [BR]! name

3. 创建宏时,下列哪些是必须要创建的?(　　)。

　(A) 宏名　　　　　(B) 条件　　　　　(C) 宏操作　　　　　(D) 注释

4. 有关宏操作的叙述中,错误的是(　　)。

　(A) 宏操作可以转化为相应的模块代码

　(B) 包含子宏的宏用来管理相关的一系列宏

　(C) 使用宏可以启动其他应用程序

　(D) 所有宏操作都一定要设置操作参数

5. 要建立自动运行宏,宏名称应当固定为(　　)。

　(A) AutoExe　　　(B) AutoExec　　　(C) AutoKeys　　　(D) Auto

6. 关于宏的执行,以下说法不正确的是(　　)。

　(A) 在"导航窗格"中,选择"宏"对象列表中的某个宏名并双击,可以直接运行该宏中的第一个子宏的所有宏操作

　(B) 在"导航窗格"中,选择"宏"对象列表中的某个宏名并双击,可以直接运行该宏中的第二个子宏的所有宏操作

　(C) 可以在一个宏中运行另一个宏

　(D) 在一个宏中可以含有 IF 逻辑块

7. 在宏中,用于显示所有记录的宏命令是(　　　)。

(A) MsgboxAllRecords　　　　　　　(B) ShowAllRecords

(C) SetProperty　　　　　　　　　　(D) SaveRecords

8. 表达式 If(23/5.5 <= 3 Or 5 >= 6, 68, 176)的结果是(　　　)。

(A) 5　　　　　(B) 6　　　　　(C) 68　　　　　(D) 176

9. 在"导航窗格"的"宏"对象列表中不显示(　　　)。

(A) 嵌入宏　　　(B) 独立宏　　　(C) 有子宏的宏　　　(D) 带条件的宏

10. 能制作菜单的宏操作是(　　　)。

(A) AddMenu　　　(B) Menu　　　(C) ApplyFilter　　　(D) Filter

11. 为控件设置属性值的宏操作是(　　　)。

(A) SetValue　　　(B) SetProperty　　　(C) Value　　　(D) SetLocalVar

12. 在 Access 系统中提供了(　　　)执行的宏调试工具。

(A) 同步　　　(B) 异步　　　(C) 单步　　　(D) 走步

13. 下列说法错误的是(　　　)。

(A) 嵌入宏只能被定义它的窗体或报表调用

(B) 独立宏可以被不同的窗体或报表重复调用

(C) 带条件的宏必须要加入 If 逻辑块

(D) 嵌入宏可以出现在"导航窗格"中

14. 如果要在一个宏中调用另一个宏,需使用的宏操作是(　　　)。

(A) RunCode　　　(B) RunMacro　　　(C) Redo　　　(D) StopMacro

15. 能打开警告和消息框的宏操作是(　　　)。

(A) MsgBox　　　(B) Echo　　　(C) MessageBox　　　(D) Beep

二、填空题

1. 宏是由一个或多个_____组成的集合,其中每个_____都实现特定的功能。

2. 使用_____可以确定在某些情况下运行宏时,是否执行某个操作。

3. 宏的使用一般是通过窗体或报表中的_____实现的。

4. 如果要建立一个宏,希望执行该宏后,首先打开一个表,然后打开一个窗体,那么在该宏中应该使用_____和_____两个宏操作。

5. 定义_____有利于数据库中宏对象的管理。

6. 实际上所有宏操作都可以转换为相应的模块代码。它可以通过_____来完成。

7. 如果要引用宏中的子宏,采用的语法是_____。

8. 可以直接在窗体或报表的设计视图中,用_____来嵌入一个宏。

9. 带参数的宏操作,有些参数是必须的,有些参数是_____。

10. 操作目录窗格由三部分组成,上部是_____部分,中间是_____部分,下部是_____的所有宏。

三、上机实训

根据"图书管理系统"数据库,完成下列实训任务。

任务一 创建独立宏

实训目的

1. 熟练使用宏设计器创建独立宏。

2. 掌握宏操作参数的设置。

3. 掌握宏的各种常用操作,如删除、重命名和运行等。

实训内容

1. 在"图书管理系统"数据库中建立一个窗体,里面包含 3 个命令按钮,要求单击"命令"按钮能够将本学期所做的部分上机实训所创建的对象打开(包括查询、窗体、报表作业各一个)。按钮上显示的文字为要打开的对象名。

2. 在"图书管理系统"数据库中建立一个名称为 AutoExec 的宏,实现自动打开上题中创建的窗体。

3. 在"图书管理系统"数据库中创建一个宏,其操作功能为打开一个窗体,此窗体显示的内容是读者的借书证信息,要求在窗体中只显示外语系学生的借书证信息,并且信息记录只能查看不能更改。

任务二 创建嵌入宏

实训目的

1. 理解嵌入宏的概念。

2. 掌握嵌入宏的特点。

3. 掌握创建和使用嵌入宏的方法。

实训内容

1. 在"图书管理系统"数据库中,根据"图书借阅"表,创建一个名为"图书借阅信息"的窗体,打开此窗体的属性表,在"确认删除前"事件中嵌入宏操作,完成在删除数据操作之前,进行警告提示,提示信息为"请确认是否进行此删除操作"。

2. 在"图书管理系统"数据库中,创建一个窗体,其中包含 3 个命令按钮,分别为"打开借书证信息窗体"按钮、"打开图书库存信息窗体"按钮及"打开图书管理员信息窗体"按钮,要求使用嵌入宏实现以下功能:当单击任意一个命令按钮,都可以打开相应的窗体。

任务三 创建子宏

实训目的

1. 掌握在宏设计器中子宏的创建方法。

2. 掌握宏中的条件设置。

3. 掌握使用对象事件触发宏执行的方法。

实训内容

1. 在"图书管理系统"数据库中,创建一个窗体显示逾期未还图书借阅信息,显示内容包括借书证号、姓名、职务、性别、图书编号、数量、借阅时间和还书时间。

2. 在"图书管理系统"数据库中,创建一个窗体,里面包括一个选项组,标签为"请选择借书证类型",选项为"学生借书证"和"教师借书证",另外还包括两个命令按钮,一个按钮标题为"确定",另一个按钮标题为"退出"。当选择某一个选项,并且单击"确定"按钮后,将打开显示此类借书证的图书借阅信息的窗体,如果单击"退出"按钮,将关闭当前窗体。

3. 在"图书管理系统"数据库中,分别创建两个子宏,一个子宏名为"教师借书证",设置两个条件:当借阅图书数量超出最大借阅数时,弹出警告提示框,提示信息"您借阅的图书数量最多为 10 本";当借出时间超出借出最长时间时,弹出警告提示框,提示信息"您借阅的图书借阅时间最多为 90 天";另一个子宏名为"学生借书证",要求同前者,只是修改最大借阅数为 5 和借出最长时间为 360。保存包含此两个子宏的宏为"图书借阅判断"。

任务四　宏的综合应用

📖 **实训目的**

1. 掌握使用宏创建菜单的方法。

2. 掌握调试和运行宏的方法。

3. 熟练运用各种宏实现程序各项功能。

📖 **实训内容**

1. 在"图书管理系统"数据库中,创建"图书管理信息系统"窗体,利用子宏创建一个菜单"图书信息查询",其包括的菜单项有库存图书信息查询、图书借阅信息查询及逾期未还图书信息查询。

2. 在"图书管理系统"数据库中,创建"系统登录"窗体,要求如下。

(1) 在此窗体中包括两个文本框,两个命令按钮,一个文本框用来输入图书管理员的职工编号,另一个文本框用来输入密码,一个命令按钮的标题为"登录",另一个命令按钮的标题为"退出"。

(2) 当输入了正确的职工编号(保存在数据库的管理员表中)和密码"1234",并单击"登录"按钮时,打开"图书管理信息系统"窗体(此窗体上题已创建)。

(3) 接收职工编号和密码的文本框都不能为空,否则提示警告信息"职工编号和密码不能为空"。

(4) 如果输入的职工号或密码不正确,使用消息框提示"职工编号或密码不正确",然后将职工编号和密码两个文本框的内容都清空,并将焦点移回到"职工编号"文本框。

模块八　模块和 VBA 编程应用

 学习目标

- 掌握类模块和标准模块的创建方法；
- 掌握 VBA 程序设计常用数据类型和数据库对象；
- 掌握 VBA 流程控制语句的使用；
- 掌握过程调用和参数传递；
- 了解并掌握 VBA 数据访问对象 ADO。

在 Access 系统中，借助宏对象可完成一些事件的响应处理，如打开窗口、报表和输出消息等，将宏、窗体和报表等数据库对象结合起来，不用编写程序就可以建立功能完善的数据库管理系统。虽然宏很好用，但其功能是有限的，只能处理一些简单的操作，而且运行速度较慢，也不能直接运行很多 Windows 的程序，尤其是不能自定义一些函数，当需要对某些数据进行一些特殊的分析时，它就无能为力了。由于这些局限性，所以在给数据库设计一些特殊的功能时，需要用到"模块"对象来实现，而这些"模块"都是由一种称为"VBA"的语言来实现的。使用它编写程序，然后将这些程序编译成拥有特定功能的"模块"，以便在 Access 中调用。

本章主要内容包括模块的概念、VBA 程序设计基础、常用函数、VBA 的程序结构、VBA 编程环境、VBA 的数据库编程。

项目一　模块与过程的创建

模块是书写和存放程序代码的地方。可以将一段具备特殊功能的代码放入模块中，当指定的事件激活模块时，其中包含的代码对应的操作就会被执行，而程序则是由过程组成的。

任务一　将宏转换为模块

📖　任务描述

虽然宏有很多功能，但是其运行速度比较慢，也不能直接运行 Windows 程序，不能自定义函数，如果要对数据进行特殊的分析或操作时，宏的能力就有限了。因此，微软公司设计了"模块"这个代码容器。其中包含执行相关操作的语句，它可以使 Access 自动化，可以创建自定义的解决方案。在模块中，程序代码的具体实现却是在过程中实现的。在 VBA 中可以将宏转换为模块。

任务分析

在 Access 系统中,可以将创建好的宏转换为等价的模块的形式。根据要转换的宏的类型不同,转换操作有两种情况,一种是转换窗体或报表中的宏,另一种是转换不属于任何窗体和报表的全局宏。

知识链接

1. 模块概述

模块是 Access 中一个重要的数据库对象,模块中可包含一个或多个过程,过程是由一系列 VBA 代码组成的。它包含许多 VBA 语句和方法,以执行特定的操作或计算数值。模块和宏的使用很相似,Access 中的宏也可以保存为模块,这样运行起来速度会加快。宏的每一个操作在 VBA 中都有相应的等效语句,使用这些语句可以实现所有的单个宏命令。

2. 模块的分类

模块分以下两种类型。

(1)标准模块

标准模块中含有常用的子过程和函数过程,以便在数据库的其他模块中进行调用。标准模块中通常包含一些通用过程和常用过程,并不与任何对象有关。

(2)类模块

类模块是一种包含对象的模块,当在程序中创建一个新的对象时,窗体和报表模块都属于类模块,而且它们各自与某一个窗体和报表关联。窗体和报表模块通常都含有事件过程,用于响应窗体和报表中的事件,也可以在窗体和报表模块中创建新过程。

3. 模块的组成

无论是类模块还是标准模块都由 3 部分组成:声明、事件过程和通用过程部分。过程分为两种类型:子过程(Sub)和函数过程(Function)。

(1)声明部分

用户可以在声明中定义变量、常量、用户自定义类型和外部过程。在模块中声明部分和过程部分是分开的,用户在声明部分中设定的常量和变量都是全局的,声明部分中的内容可以被模块中的所有过程调用。

(2)事件过程部分

事件过程是附加在窗体和控件上的,当发生某个事件的时候,通过执行相应的过程对该事件做出响应。

(3)通用过程部分

有时,多个不同的事件可能使用相同的代码,为此,可以将这段代码独立出来,编写一个过程,这种过程称为通用过程。它独立于事件过程之外,可供其他过程调用。通用过程只有被其他过程调用时才执行。

任务设计

1. 转换窗体或报表中的宏

根据"教学信息管理系统"数据库,将"登录"窗体转换为模块。其操作步骤如下。

① 打开"教学信息管理系统"数据库,在导航列表中展开已创建的窗体,右击"登录"窗体,选择"设计视图"。

② 在"窗体设计工具"中的"设计"选项卡中,单击"工具"组中的"将窗体的宏转换为

Visual Basic 代码"按钮,弹出如图 8-1 所示对话框。

③ 用户根据需要,勾选对话框中的两项复选框内容,单击"转换"按钮。

④ 弹出"转换完毕"提示对话框,如图 8-2 所示,单击"确定"按钮完成窗体宏转换。

图 8-1 "转换窗体宏"对话框   图 8-2 "转换完毕"对话框

转换报表宏的操作与窗体宏的转换方法类似,就不再叙述了。

2. 转换全局宏

转换全局宏的操作步骤如下。

① 打开"教学信息管理系统"数据库,在导航列表中展开已创建的宏,右击"Stu_info_find"宏,选择"设计视图"。

② 在"宏工具"功能面板中的"设计"选项卡中,单击"工具"组中的"将窗体的宏转换为Visual Basic 代码"按钮,如图 8-3 所示。

图 8-3 转换全局宏

③ 用户根据需要可勾选对话框中的两项复选框内容,单击"转换"按钮。

④ 弹出"转换完毕"提示对话框,单击"确定"按钮完成窗体宏转换。

任务二　创建模块

📖　任务描述

使用模块能自定义过程或函数,使得用户在处理相关操作时更加灵活和自由,同时有了模块,用户能实现更多的数据库操作功能。比如,建立一个模块以实现用户输入圆的半径,则可以计算出该圆面积。

📖 **任务分析**

要计算圆的面积,则要知道圆的面积公式,其次是通过什么样的方式编写代码。在 Access 系统中,可以创建模块来实现用户自定义的用户代码。过程是模块的组成单元。过程分为两类:子过程(Sub)和函数(Function)。用户代码可以用子过程和函数两种方式实现。

📖 **知识链接**

1. 子过程

子过程又称为 Sub 过程,可以执行一系列操作,无返回值,定义格式如下:

```
Sub 过程名
［程序代码］
End Sub
```

2. 函数过程

函数过程又称为 Function 过程,可以执行一系列操作,有返回值,定义格式如下:

```
Function 过程名
［程序代码］
End Function
```

📖 **任务设计**

在 Access 中.可以创建类模块、标准模块。创建模块的操作步骤如下。

① 打开数据库,单击"创建"功能面板中的"宏与代码"组中的"模块"按钮,如图 8-4 所示。

图 8-4 创建模块功能面板

② 出现如图 8-5 所示的"Microsoft Visual Basic"窗口。

图 8-5 "Microsoft Visual Basic"窗口

③ 在右窗格中编写如下代码:

```
Sub mymessage()
    Dim strmsg As String, strinput As String
```

```
        strmsg = "请输入一个数"
        strinput = InputBox(strmsg)
        MsgBox ("你输入数的平方是:" & strinput * strinput & "。")
End Sub
```

④ 单击工具栏中的""按钮,以"求圆的面积"为名称保存模块,最终效果如图 8-6 所示。到此一个模块就创建好了。

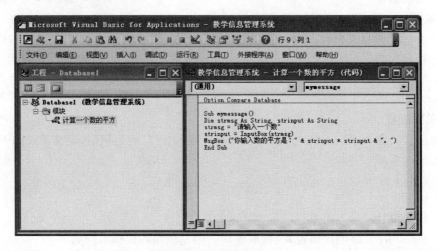

图 8-6 模块代码窗口

当然用户也可以通过"插入"菜单中的"过程"、"模块"、"类模块"和"文件"命令来添加相应组件的模块。

项目二 VBA 编程及应用

VBA 是 Microsoft Office 系列软件的内置语言,与 Visual Basic 具有相同的语言功能。在进行 VBA 程序设计之前,首先应该掌握程序设计的基础知识,掌握 VBA 中使用的数据类型、VBA 中的变量、常量和数组、VBA 中常用的运算符及运算符优先顺序和函数的知识。

任务一 初识 VBA 编程环境 VBE

📖 任务描述

在 VBE 窗口中编写一个已给定的示例代码,通过此实例来认识 VBE 窗口的基本操作,以掌握 VBE 中的常用功能。

📖 任务分析

VBE 窗口包括很多子窗口。如:代码窗口、本地窗口、立即窗口、监视窗口、对象浏览器、工程资源管理器和属性窗口等。这些窗口在不同层面上帮助用户分析程序代码。

📖 知识链接

1. 面向对象程序设计的基本概念

所谓面向对象的程序设计,就是将面向对象的思想应用到软件工程中,并指导开发、维护软件。面向对象就是基于对象的概念,以对象为中心,类和继承为构造机制,认识了解描述客观世界以及开发出相应的软件系统。对象是由数据和容许的操作组成的封装体。

Access 内嵌的 VBA 是面向对象的编程机制和可视化的编程环境,同时也提供了访问数据库和操作表中数据的基本方法。

(1) 对象和类

在 Access 中,表查询、窗体、报表、页、宏和模块都是数据库的对象,控件是窗体或报表的对象。不同的对象通过不同的属性相互区别。

类是具有相同属性和方法的集合。在窗体或报表设计视图窗口中,工具箱中的每一个控件就是一个类,而窗体或报表中创建的具体控件则是类的对象。属于同一个类的两个对象是通过属性值来区分的。对象是通过属性、方法和事件进行描述的,对象的执行行为称为方法,事件是可以被对象识别的动作。

(2) 属性、方法和事件

属性、方法和事件是构成对象的三要素。

属性描述了对象的性质,如命令按钮控件的标题、名称、图片等属性。对象属性的引用方式为:对象名. 属性。

方法描述了对象的行为,即在某个对象上执行的一个过程,如打开或关闭窗体等。对象方法的引用方式为:对象名. 方法。

事件是由 Access 定义好的,可以被窗体、报表以及窗体或报表上控件等对象所识别的动作,如对象的单击、双击等操作。可以利用宏对象或者编写代码过程(称为事件过程或事件响应)来处理窗体、报表或控件的事件。

2. Visual Basic 编辑环境

在进行 VBA 编写程序时,需要进入编程环境,然后才能进行程序的代码设计,VBA 的编程环境称为 Microsoft Visual Basic Edit (简称 VBE),实际上就是 Visual Basic 编辑环境。

(1) VBE 窗口的组成

VBE 窗口组成和其他 Windows 环境下的其他窗口相似,由菜单栏、工具栏、VBE 窗口等部分组成。

① 菜单栏。VBE 菜单栏包括文件、编辑、视图、插入、调试、运行、工具、外接程序、窗口和帮助。如图 8-7 所示为 VBE 窗口的菜单栏组成。

图 8-7　VBE 窗口的菜单栏组成

② 工具栏。VBE 工具栏包括"标准"工具栏、"编辑"工具栏、"调试"工具栏和"用户窗体"等多种工具栏。

• "标准"工具栏。标准工具栏是 Windows 中常用的工具栏,包含保存、新建、撤消、复制、粘贴、查找等常用工具。如图 8-8 所示为"标准"工具栏组成。

• "编辑"工具栏。"编辑"工具栏包含几个编辑代码时经常使用的工具,包括属性/方法列表、常数列表、快速信息、参数信息、自动完成关键字、缩进、凸出、切换断点等工具。如图 8-9 所示为"编辑"工具栏组成。

• "调试"工具栏。调试工具栏主要用于程序的调试工具,主要包括设计模式、过程于程序/用户窗体、中断、逐语句、逐过程、跳出、本地窗口、立即窗口、监视窗口、快速窗口和调用堆栈等。如图 8-10 所示为"调试"工具栏。

图 8-8 "标准"工具栏组成

图 8-9 "编辑"工具栏组成

③ 用户窗体工具栏。用户窗体工具栏主要用于窗体中对象的位置和对齐方式的设置，主要包括移至顶层、移至底层、组、取消组、对齐、居中、相同尺寸、缩放等。如图 8-11 所示为用户窗体工具栏。

图 8-10 "调试"工具栏

图 8-11 "用户窗体"工具栏

（2）VBE 窗口

VBE 使用一组窗口来显示不同对象或者完全不同的任务。VBE 窗口包括代码窗口、本地窗口、立即窗口、监视窗口、对象浏览器、工程资源管理器和属性窗口。

① 代码窗口。代码窗口用来编写、显示以及编辑 VBA 代码。打开模块的代码窗口可以查看不同窗体或模块中的代码，并且可以在它们之间进行编辑操作。如图 8-12 所示为"求两个数的和"代码窗口。

图 8-12 "求两个数的和"代码窗口

在窗口中，包括对象框、过程/事件框、全模块视图、过程视图和代码编辑区。

• 对象框：是一个列表框，用于显示所选对象的名称，单击列表框中右边的箭头显示窗口中的所有对象。在对象框中，如果列出的是"通用"，则过程框会列出所有的声明、对应程序代码以及为此窗体所创建的常规过程。

• 过程/事件框：也是一个列表框，可以列出所有 VBA 的事件。当选择了一个事件，则与事件名称相关的过程，会显示在代码窗口。

• 全模块视图：显示模块的全部代码。

• 过程视图：显示模块的过程代码。

• 代码编辑区：用来编辑代码的区域。

② 本地窗口。本地窗口自动显示当前的变量声明及变量值,若本地窗口是可见的,则每当执行方式切换到中断模式或者操作栈中的变量时,它就会自动重新显示。如图8-13所示为本地窗口。

本地窗口的部件有"调用堆栈"按钮、"表达式"、"值"和"类型"组成。

单击"调用堆栈"按钮,可以打开"调用堆栈"对话框,显示调用堆栈中的过程。

"表达式"列出变量的名称。

"值"列出所有变量的值。

"类型"列出变量的类型,在此不能编辑。

③ 立即窗口。立即窗口是在中断模式下,用来显示过程框中的内容。在立即窗口中,键入或粘贴一行代码按回车键可以直接执行。如图8-14所示为立即窗口。

图8-13 本地窗口

图8-14 立即窗口

④ 监视窗口。监视窗口用来显示当前工程中定义的监视表达式的值。当工程中定义的有监视表达式时,监视窗口就会自动打开。如图8-15所示为监视窗口。

监视窗口的部件有"表达式"、"值"、"类型"和"上下文"组成。

"表达式"列出监视表达式。并且最左边列出监视视图。

"值"列出在切换成中断模式时表达式的值。可以利用编辑键,对值进行编辑。

"类型"列出表达式的类型。

"上下文"列出监视表达式的内容。

如果进入中断模式时,监视表达式的内容不在范围内,则当前的值不显示。

⑤ 对象浏览器。对象浏览器用于显示对象库及工程中过程的可用类、属性、方法、事件及常数变量,可以用来搜索或使用已有的对象,或是来源于其他应用程序的对象。如图8-16所示为对象浏览器窗口。

图8-15 监视窗口

图8-16 "对象浏览器"窗口

对象浏览器窗口的部件有工程库框、搜索文本框、搜索结果列表、类列表、成员列表等组成。

工程/库框：显示活动工程当前所引用的库，可以在引用对话框中添加库。

搜索文本框：包括用来搜索的字符串。

搜索结果列表：显示搜索字符中所包含工程的对应库、类及成员。

类列表：显示工程/库框中选定的库或工程中所有可能的类。

成员列表：按组显示出在"类"框中所选类的成员，在每个组中按字母排序。

⑥ 工程资源管理器。工程资源管理器显示工程层次结构的列表及每个工程所包含与引用的项目。在工程资源列表窗口中列出了所有已经装入的工程及工程中的模块。如图8-17所示为工程资源管理器窗口。

工程资源管理器包括查看代码、查看对象和切换文件夹按钮。

查看代码：显示代码窗口，以编写或编辑所选工程目标代码。

查看对象：显示选取的工程，可以是文档或者用户应用窗体的对象窗口。

切换文件夹：可以显示或隐藏正在显示对象的文件或文件夹。

⑦ 属性窗口。属性窗口列出了选定对象的属性，可以改变或查看这些属性。当选取多个控件时。属性窗口会列出所有控件的共同属性。如图8-18所示为属性窗口。

图 8-17　"工程资源管理器"窗口

图 8-18　属性窗口

📖 任务设计

1. 进入 VBE 编写示例程序代码

示例代码：

```
Sub Sum()
    Dim a As Integer, b As Integer
    a = 12：b = 20
    Debug.Print "计算两个数的和"
    Debug.Print "a = ", a, "b = ", b
    Debug.Print "a + b = ", a + b
End Sub
```

当要编写代码时，需要用 VBA 编程，这时需要进入 VBE 环境，Access 提供了以下启动VBE 环境的方法。

方法1：在数据库中，单击"创建"→"Visual Basic"命令，进入 VBE 窗口。

方法2：在 VBE 窗口中，单击"插入"→"模块"命令，在右窗格的代码窗口中输入上述"示例代码"中所示的代码。

方法 3：单击工具栏上的"保存"按钮，输入模块名："求两个数的和"，单击"确定"按钮。结果如图 8-19 所示。

2. 运行模块代码并查看结果

① 在 VBE 窗口中，单击"运行"→"运行过程/用户窗体"命令。

② 在 VBE 窗口中，单击"视图"→"立即窗口"命令，即可以查看运行后的结果。如图 8-19 所示。

图 8-19 在"立即窗口"中查看运行结果

任务二 VBA 编程之数据语法表达

📖 任务描述

在 VBA 中，编写一个子过程以实现圆面积的计算。要求设计代码含有变量，常量及运算表达式的程序，其中圆的半径由用户输入。通过此实例来学习 VBA 程序设计基础。

📖 任务分析

在 VBA 中，程序是由过程组成的，过程由 VBA 规则书写的指令组成。一个程序包包括语句、变量、运算符、函数、数据库对象、事件等基本要素。在 Access 程序设计中，当某些操作不能用其他 Access 对象实现或实现起来比较困难时，就可以利用 VBA 语言编写代码来完成这些复杂的任务。

📖 知识链接

1. 数据类型和数据库对象

（1）标准数据类型

在 VBE 编程环境下进行计算时，常常需要临时存储数据。和其他高级语言类似，Visual Basic 使用变量来存储值。变量有名称和数据类型，变量的数据类型决定了如何将这些值存储到计算机的内存中。

数据库中的表有字段类型，在 VBA 编程中，除了 OLE 对象和备注型之外，均对应存在。常用的数据类型及其说明详见模块三的相关内容。

（2）用户定义的数据类型

应用过程中可以建立包含一个或多个 VBA 标准数据类型的数据类型，这就是用户定义数据类型。它不仅包含 VBA 的标准数据类型,还可以包含前面已经说明的其他用户定义数据类型。

用户定义数据类型可以在 Type... End Type 关键字之间定义,定义格式如下:

```
Type[数据类型名]
<域名>As<数据类型>
<域名>As<数据类型>
End Type
```

例如,下列代码是定义一个学生信息数据类型。

```
Type NewStudent
StuNo As String * 7 '学号,7 位定长字符串
StuName As String '姓名,变长字符串
StuSex As String * 2 '性别,2 位定长字符串
StuAge As Integer '年龄,整型
End Type
```

上述例子定义由 StuNo(学号)、StuName(姓名)、StuSex(性别)和 StuAge(年龄)4 个分量组成的名为 NewStudent 的用户定义类型。

当需要建立一个变量来保存包含不同数据类型字段的数据表的一条或多条记录时,用户定义数据类型就特别有用。

一般用户定义数据类型时,首先要在模块区域中定义用户数据类型,然后显示以 Dim,Public 或 Static 关键字来显式定义此用户类型变量。

用户定义类型变量的取值,可以指明变量名及分量名,两者之间用英文句号(".")分隔。例如,定义一个学生信息类型变量 NewStud 并赋值:

```
Dim NewStud as NewStudent
NewStud.StuNo = "20110306"
NewStud.StuName = "冯小芳"
NewStud.StuSex = "女"
NewStud.StuAge = 20
```

也可以用关键字 With 简化程序中重复的部分。例如,为上面 NewStud 变量赋值可以用语句实现:

```
With NewStud
.StuNo = "20110306"
.StuName = "冯小芳"
.StuSex = "女"
.StuAge = 20
End With
```

(3) 数据库对象

如数据库、表、查询、窗体和报表等,也有对应的 VBA 对象数据类型,这些对象数据类型由引用的对象库所定义,常用的 VBA 对象数据类型和对象库中所包括的对象如表 8-1 所示。

2. 变量与常量

在编程环境中经常要用到一些变量和常量,什么是变量和常量呢? 简言之:变量是一个存储位置,用来存放程序运行期间可修改的数据。常量则是指其值不会变化的量。

（1）变量

变量是指程序运行时值会发生变化的数据。系统会按照变量的数据类型在内存中为变量分配一定数量的存储单元,程序中用变量名调用存储的数据。所以,变量实际上是一个符号地址,代表了命名的存储位置。

① 变量声明。变量在使用时,必须先声明才能使用。变量使用时都有一个唯一的标识符。变量的数据类型可以根据实际需要来指定。变量在用户使用期间,Visual Basic 就会在内存中建立一个区域,以便保存相应的信息。如表 8-1 所示 VBA 对象数据类型和对象库。

表 8-1　VBA 对象数据类型和对象库

对象数据类型	对象库	对应的数据库对象类型
数据计库,Database	DAO 3.6	使用 DAO 时用 Jet 数据库引擎打开的数据库
连接,Connection	ADO 2.1	ADO 取代了 DAO 的数据库连接对象
窗体,Form	Access 9.0	窗体,包括子窗体
报表,Report	Access 9.0	报表,包括子报表
控件,Control	Access 9.0	窗体和报表上的控件
查询,QueryDef	DAO 3.6	查询
表,TableDef	DAO 3.6	数据表
命令,Command	ADO 2.1	ADO 取代了 DAO,QueryDef 对象
结果集,DAO,Recordset	DAO 3.6	表的虚拟表示或 DAO 创建的查询结果
结果集,ADO,Recordset	ADO 2.1	ADO 取代了 DAO,Recordset 对象

变量声明用 Dim 语句,基本格式如下:

Dim 变量名 As 数据类型

变量名代表将要创建的变量名。在 Dim 语句中不必提供数据类型,如果没有数据类型,变量将被定义为 Variant。

下面即是在子过程中使用变量代码示例。

```
Sub MyMessage(    )'是一个名为 MyMessage 的过程
DimStrmsg As String ,Strinput as String '在过程中,声明了 Strmsg 、Strinput 为字符串变量
Strmsg = "请输入一个数"'提示用户输入数
Strinput = Inputbox(Strmsg)'将用户输入的值赋给 Strinput
Msgbox("输入数的平方是" & Strinput * Strinput & "。")'显示输入内容
End Sub
```

② 变量的命名原则。在 VBA 的代码中,变量的命名规则和对过程的命名规则相同,规定如下:

• 变量名必须以字母开始,并且只能包含字母数字和特定的特殊字符,不能包含空格、句号、惊叹号,也不能包含字符"@"、"&"、"$"、"#"。

• 最大长度不超过 255 个字符。

• 不能是 VBA 的关键字(如:dim)和保留字(如:str)。关键字是在程序中具有语法作用的一部分词,包括预定义的语句、函数和运算符。

• 变量名不区分大小写。

• 变量的作用范围。

变量的作用范围决定了能够使用该变量的那部分代码。一旦超出了作用范围，就不能引用它的内容。变量的作用范围要在模块中声明，变量有 Public、Private、Static 和 Dim4 种作用范围。

全局变量也称公共变量，是在所有模块中都通用的变量，用 Public 声明。全局变量中的值用于应用程序的所有过程，与所有模块变量一样，要在程序的顶部声明段来声明全局变量。

定义全局变量格式：

```
Public intvar As Integer
```

模块变量适用模块内部，对模块的所有过程都可用，但对其他模块的代码不可用。在模块的顶部声明段用 Private 关键字声明变量。

定义模块变量格式：

```
Private intvar As Integer
```

过程变量适用于过程内部，只在声明它的过程中才能被识别、使用，所以也称局部变量。过程变量用 Static 或 Dim 声明。

定义过程变量格式：

```
Static intvar As Integer
```

或

```
Dim intvar Integer
```

值得注意的是：在程序运行期间，用 Static 声明的局部变量中的值一直存在，而用 Dim 声明的变量只在过程执行期间才存在。

（2）常量

常量是在程序运行时其值不变的量。常量使用时要声明常量的值，需要使用 Const 语句。

比如，定义一个符号常量 PI，值为 3.14159，可使用下列语句：

```
Const PI = 3.14159
```

如果在 Const 前加上 Global 或 Public 关键字，则定义在所有模块都可以使用的全局符号常量。常量一旦声明就不能再进行赋值。常量具有文字常量、数字常量、符号常量、系统常量和内部常量。如表 8-2 所示为常量分类及描述。

表 8-2 常量分类及描述

常量类型	描述
文字常量	字符串常量，如：X1、广州
数字常量	数值常量，其中包括：整型数、长整型数、货币整数
符号常量	通过 Const 定义的常量，如 PI＝3.1416
系统常量	如 true、false、yes、no、on、off、null
内部常量	AC 开关的作为 Docmd 语句中的参数

（3）数组

数组是一组具有相同数据类型变量的有序集合，实际上数组变量是一组顺序排列的同名变量。如 x(1 TO 10)，表示一个包含 10 个数组元素的名为 X 的数组。

数组有一维数组和二维数组，数组使用之前要先定义。数组定义格式如下：

一维数组的定义：Dim 数组名([下标初值 To]下标终值)[As 数据类型]

二维数组的定义：Dim 数组名([下标初值 To]下标终值,[下标初值 To]下标终值)[As 数据类型]

默认情况下,数组下标初值为0,数组元素从"数组名(0)"到"数组名(下标终值)",如果使用 To 选项,则可以使用非0初值。如果数组元素变量的值个数不固定,可以便用动态数组,动态数组声明时,在括号中不写变量的范围。

比如,定义一个变量名为 ARR,包含 10 个元素的整型一维数组。那么就需要使用下列语句:

Dim ARR(9) As Integer 或 Dim ARR(1 to 10) As Integer

定义一个变量名为 ARR,包含 4 行 5 列共 20 个元素的整型二维数组。需使用下列语句:

Dim ARR(3,4) As Integer 或 Dim ARR(1 to 4,1 to 5) As Integer

3. 常用标准函数

在 Visual Basic 中,有很多函数用来完成数值和字符串运算。常用的有数学函数、字符串函数、日期和时间函数、格式输出函数和类型转换函数。其中,数学函数、字符串函数、日期和时间函数在模块四中已详细介绍,在此介绍一下格式输出函数和类型转换函数。

（1）格式输出函数

格式输出函数 Format 用来指定数值型、日期或时间型和字符串表达式的输出格式。它的语法为

Format(表达式,fmt)

表达式是所输出的内容,fmt 是所输出的格式。如表 8-3 所示为 fmt 字符的含义。

表 8-3　fmt 字符的含义

字符	含义
0	显示一数字,若此位置没有数字则补 0
#	显示一数字,若此位置没有数字则不显示
%	数字乘以 100 并在右边加上"%"
.	小数点
,	千分位的分隔符
－＋$()	这些符号出现将原样输出

下列输出格式就是常见语法:

① Format(8,″0.000″)　　　结果为:8.000

② Format(1314,″$#,##0″)　结果为:$1.314

③ Format(#2011/06/18#,″aaaa″)结果为:星期六

（2）类型转换函数

类型转换函数是将参数中的表达式转换并返回指定的数据类型。如表 8-4 所示为常用的类型转换函数。

表 8-4　常用的类型转换函数

函数名	功能	示例	示例结果
Str(数字表达式)	将数值转换为字符	Str(″88.99″)	″88.99″
ASC(字符表达式)	给出字符串第一个字符的十进制 ASC 码值	ASC(″ABCD″)	65
Chr(0－128)	返回 ASCⅡ码的字符	Chr(″65″)	A
Val(字符表达式)	将字符表达式中的数字转换成字符	Val(″99″)	99
Round(X,N)	对 X 保留 N 位小数后,四舍五入	Round(″3.14159.4″)	1.14169

📖 任务设计

根据任务描述,在 VBA 中编写代码计算圆面积的过程操作如下。

① 在数据库窗口中,单击"创建"→"Visual Basic"命令,进入 VBE 窗口。

② 在 VBE 窗口中,单击"插入"→"模块"命令,按图 8-20 所示在右窗格的代码窗口中输入代码。

③ 单击工具栏上的"保存"按钮,输入模块名:"求圆的面积",单击"确定"。最终效果见图 8-20 所示。

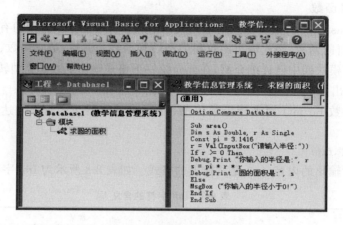

图 8-20　计算圆面积代码窗口

④ 单击菜单栏中的"运行"→"运行子过程/用户窗体"命令,弹出对话框提示输入半径,如图 8-21 所示。输入数字"5",单击"确定"按钮。

⑤ 单击菜单栏中的"视图"→"立即窗口"。即可以查看到计算后的结果,如图 8-22 所示。

图 8-21　输入半径提示框

图 8-22　圆面积的结果窗口

任务三　使用 VBA 编程之流程控制语句

📖 任务描述

在 VBA 程序中,一条语句是能够完成某项操作的一条命令,VBA 程序的功能最终就是由大量的语句组命令构成。这些语句命令是否按顺序一条一条地执行呢? 还是可以按用户指定的条件进行执行呢?

📖 任务分析

VBA 程序语句按照其功能的不同分成两大类:一是声明语句,用于给变量、常量或过程定义命名;二是执行语句,用于执行赋值操作、调用过程,实现各种流程控制。执行语句分为 3 种结构:一是顺序结构,按照语句顺序顺次执行;二是条件结构,又称选择结构,根据条件选择执行路径;三是循环结构,重复执行某一段程序语句。

📖 **知识链接**

1. 赋值语句

赋值语句是常用的语句,其作用是将表达式的值赋给一个变量或控件的一个属性。

基本格式为

[Let]<变量名>=<表达式>

或

<对象名>.<属性名>=<表达式>

其中,变量名为用户定义的标识符,给对象的属性赋值时,应指明对象名和属性名,缺省对象名时,表示当前窗体。

特别需要强调的是:"="是赋值符号,而不是等号,两者有严格的区别,如I=I+1在数学上是不成立的,在计算机中经常出现类似问题的式子,含义是将I+1的值赋给变量I。

2. 条件语句

在现实中经常需要根据给定的条件进行分析、判断,并根据不同的方式采取不同的操作。选择结构根据给定的条件判断语句的执行顺序,可以改变程序的执行方向。

(1) 单条件选择结构

语法格式如下。

If <条件表达式> Then

语句序列

End If

在程序执行时,先判断条件表达式的值是否为成立,若成立,执行语句序列,然后执行结束语句 END IF。否则直接执行结束语句 END IF。

(2) 选择分支语句

选择分支语句的语法格式如下。

If<条件表达式>Then

语句序列 1

Else

语句序列 2

End If

在程序执时,先判断条件表达式的值是否为成立,若成立,执行语句序列 1,然后执行结束语句 END IF,否则执行语序列 2 再执行结束语句 END IF。

(3) 多重选择分支语句

有时,程序的条件比较多,不能用简单的分支程序进行实现,如输入学生成绩,判定成绩是优秀、良好、及格、不及格等多种等级,就需要进行多重判断。

多重分支语句的语法格式如下。

If <条件表达式 1> Then

    语句序列 1

  ElseIf <条件表达式 2> Then

     语句序列 2

  ElseIf <条件表达式 n>

```
        语句序列 n
    Else
        语句序列 n+1
EndIf
```

在程序执行时,先判断条件表达式 1 的值是否为成立,若成立,执行语句序列 1,否则再判断条件表达式 2 是否成立,若成立执行序列 2,如此继续向下判断,若条件表达式 n 成立,则执行语句 n,否则执行语句序列 n+1,无论执行哪一组语句序列,都会跳到结束语句 END IF。

（4）多重分支语句

Select Case 语句的功能与 IF…THEN…ELSEIF…ELSE…ENDIF 语句的能力类似,在多重分支情况下 Select Case 语句的结构更加清晰。

多重分支语句 Select Case 的语法格式如下。

```
Select Case 测试表达式
    Case 表达式列表 1
    语句序列 1
    Case 表达式列表 2
    语句序列 2
    ……
    Case 表达式列表 n
    语句序列 n
    CaseElse
    语句序列 n+1
End Select
```

程序执行时,若有多个 Case 与测试表达式的值相匹配,则执行第一个相匹配的 Case 语句序列;如果执行语句序列 $n+1$。测试表达式可以是数值型或字符型,常用一个数值型或一个字符变量。表达式列表是一个或者几个值的列表,如果一个列表中有多个值,则用逗号将其隔开。

表达式有下列 3 种形式。

① Case 表达式。

如 Case 1,4,含义是测试表达式的值是否是 1 或 4。

② Case 表达式 TO 表达式。

如 Case 1 To 4,含义是测试表达式的值是否是 1 到 4 之间的值。

③ Case Is 比较运算符表达式。

如 Case Is<4,含义是判断测试表达式的值是否小于 4。

3. 循环语句

在程序中,顺序结构和选择结构程序只能执行一次,但很多情况下,要对某个过程反复执行,就要用到循环结构。循环结构是对某些语句或者某个程序段反复执行。

（1）Do while 循环

Do while 循环的语法格式如下。

```
Do while <条件表达式>
    循环体
```

[Exit Do]

　　　Loop

　　程序执行时,先判断条件表达式的值,若条件表达式为真,则执行循环体,遇到 Loop 语句,继续执行 Do while 判断,直到条件表达式为假,或者遇到 Exit Do 执行 Loop 语句的下一条语句。

　　(2) Do Until 循环

　　Do Until 循环的语法格式如下。

　　　Do Until ＜条件表达式＞

　　　循环体

　　　[Exit Do]

　Loop

　　程序执行时,先执行循环体,遇到 Loop 语句时返回 Do Until 判断,若条件表达式不成立,继续执行循环体,直到条件为真才退出循环。

　　(3) For…Next 循环

　　For…Next 循环的基本格式如下。

For 变量名 = 初值 To 终值 Step 步长值

循环体

Next 变量名

　　执行过程是首先对变量赋予初值,若初值超过终值,循环结束,否则执行循环体,遇到 Next 语句,变量增加一个步长,再判断初值是否超过终值,若超过则程序结束,否则继续执行循环体,直到初值超过终值。当步长值省略时,默认为1。

📖 **任务设计**

1. 练习使用赋值语句

利用 VBA 实现两个数求和的功能,具体操作如下。

　① 在数据库窗口中,单击"创建"→"Visual Basic"命令,进入 VBE 窗口。

　② 在 VBE 窗口中,单击"插入"→"模块"命令,在右窗格的代码窗口中输入如下。

```
Sub Sum()
    Dim a As Integer, b As Integer
    a = 12
    Let b = 20
    Debug.Print ″计算两个数的和″
    Debug.Print ″a = ″, a, ″b = ″, b
    Debug.Print ″a + b = ″, a + b
End Sub
```

　　③ 单击工具栏上的"保存"按钮,输入模块名"计算机两个数的和",单击"确定"。

　　④ 单击菜单栏中的"运行"→"运行子过程/用户窗体"命令。

　　⑤ 在立即窗口中显示程序运行后的结果,如图 8-23 所示。单击"确定"按钮。

图 8-23　立即窗口显示结果

2. 利用选择结构语句控制程序执行的路径

利用 VBA 实现从键盘上输入学生成绩,如果高于 85 分,输出"优秀",如果高于 75 分,输出"良好",如果高于 60 输出"及格",否则输出"不及格"的功能,具体操作如下。

① 在数据库窗口中,单击"创建"→"Visual Basic"命令,进入 VBE 窗口。

② 在 VBE 窗口中,单击"插入"→"模块"命令,按图 8-24 所示在右窗格的代码窗口中输入代码。

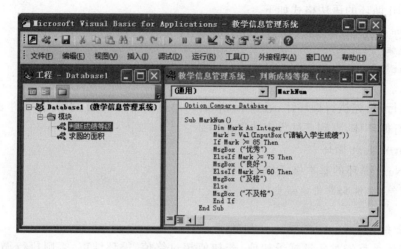

图 8-24　判断成绩等级代码窗口

③ 单击工具栏上的"保存"按钮,输入模块名:"判断成绩等级",单击"确定"。最终效果见图 8-24 所示。

④ 单击菜单栏中的"运行"→"运行子过程/用户窗体"命令,弹出对话框提示输入学生成绩,如图 8-25 所示。输入"88",单击"确定"按钮。

⑤ 弹出对话框显示程序运行后的结果,如图 8-26 所示。单击"确定"按钮。

图 8-25　输入学生成绩提示框　　　　图 8-26　成绩等级判断结果窗口

3. 利用循环结构语句控制程序执行的次数

利用 VBA 实现 $1+2+3+\cdots+100$ 的和的功能,具体操作步骤如下。

① 在数据库窗口中,单击"创建"→"Visual Basic"命令,进入 VBE 窗口。

② 在 VBE 窗口中,单击"插入"→"模块"命令,按图 8-27 所示在右窗格的代码窗口中输入代码。

③ 单击工具栏上的"保存"按钮,输入模块名:"1 到 100 累加求和",单击"确定"按钮。最终效果如图 8-27 所示。

④ 单击菜单栏中的"运行"→"运行子过程/用户窗体"命令,弹出运算结果对话框,如图

8-28 所示。单击"确定"按钮。

图 8-27　1 到 100 累加求和代码窗口　　　　　　图 8-28　运算结果

在实际编程中,程序语句命令只要被执行就可以实现相关的操作功能,要自由灵活地控制程序的执行就必须运用好程序设计中的流程控制语句。

任务四　VBA 数据库编程

📖 **任务描述**

在数据库中,要想有效地管理数据库、开发出具有实际应用价值的数据库应用程序,必须掌握 Access 数据库编程方法。

📖 **任务分析**

在 Access 系统中提供了功能强大的数据库引擎,数据库引擎实际上是一组动态链接库。当程序运行时,被链接到 VBA 程序实现对数据库数据的访问功能。它是应用程序和物理数据库之间的桥梁(这样,数据与程序相对独立,减少了大量数据冗余),是一种通用的接口方式,用户可以用统一的形式访问数据库。

📖 **知识链接**

1. 数据访问接口

在 VBA 中,提供了开放式数据库互连应用编程接口(Open Database Connectivity API,ODBC API)、数据库访问对象(Data Access Objects,DAO)和 Active 数据对象(ActiveX Data Objects,ADO)3 种数据库访问接口。

(1) API

目前,Windows 提供的 32 位 ODBC 驱动程序每一种 C/S、RDBMS、最流行的索引顺序访问方法数据库(如 JET、FoxPro)、扩展表(Excel)等都可以操作。

在 Access 中,直接使用 ODBC API 需要大量的 VBA 函数原型声明和一些繁琐、低级的编程,因此,实际编程量很少直接进行 ODBC API 的访问。

(2) DAO

DAO 提供了一种访问数据库的对象模式,如 Database、QueryDef 等对象,利用其中定义的一系列数据库访问对象,实现对数据库的各种操作。

（3）ADO

ADO 是基于组件的数据库编程接口，是一个和编程语言无关的 COM 组件系统。使用它可以方便地连接任何符合 ODBC 标准的数据库。

VBA 通过数据库引擎可以访问的数据库有下列类型。

本地数据库：Access 数据库。

外部数据库：所有的索引顺序访问方法（ISAM）数据库。

ODBC 数据库：符合开放数据库连接标准的 C/S 数据库，如 Oracle、Microsoft SQL Server。

2. 数据访问对象

（1）DAO

DAO 是 VBA 提供的一种数据访问接口，包括数据库的创建、表和查询的定义等工具，借助 VBA 代码可以灵活地控制数据访问的各种操作。

1）设置 DAO 库的引用。

在 Access 中，要想使用 DAO 访问数据库的对象应增加对 DAO 库的引用。

引用设置步骤如下。

① 进入 VBE 编辑环境。

② 单击"工具"→"引用"命令，出现如图 8-29 所示的 DAO 对象库引用对话框。

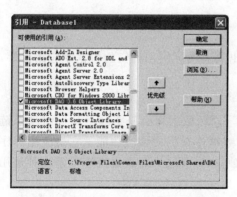

图 8-29　DAO 对象库引用对话框

在对话框的"可使用的引用"列表选框选项中，单击"Microsoft DAO 3.6 Object Library"复选框。单击"确定"按钮。

DAO 提供一系列对象来进行数据库访问。

DBEngine 对象：表示 Microsoft Jet 数据库引擎，包含并控制 DAO 中的其余全部对象。用作访问所有后继 DAO 的最高层接口。

Workspace 对象：工作区，用于创建数据库文件或 Database 对象。

DataBase 对象：操作的数据库对象，用于创建表格定义或 TableDef 对象。

RecordSet 对象：数据库操作返回的记录集。

Field 对象：记录集中的字段数据信息，用于定义数据库表格中域（字段）的特征。

Error 对象：数据提供程序出错时的扩展信息。

QueryDef 对象：数据库查询信息。

2）利用 DAO 访问数据库

利用 DAO 访问数据库时，首先要创建对象变量，然后通过对象方法和属性来进行操作。下面是数据库操作的步骤和常用语句。

① 创建对象变量。

定义工作区对象变量：Dim Ws As Workspace

定义数据库对象变量：Dim Db As Database

定义记录集对象变量：Dim Rs As RecordSet

② 通过 Set 语句设置各个对象变量的值。

```
Set Ws = DBEngine.workspace(0)                      '打开默认工作区
Set Db = Ws.OpenDatabase(数据库文件名)              '打开数据库文件
Set Rs = Db.OpenrecordSet(表名、查询名或 SQL 语句)   '打开数据库记录集
```

③ 通过对象的方法和属性进行操作。

通常使用循环结构处理记录集中的每一条记录。

```
Do While Rs.Eof            '查询整个记录集直至末尾
……                        '字段数据的操作序列
Rs.MoveNext                '记录指针下移一条记录
Loop
```

④ 操作后的结束工作。

关闭记录集：`Rsc.Close`

关闭数据库：`Db.Close`

回收记录集对象变量占用的空间：`Set Rs = Nothing`

回收数据库对象变量占用的空间：`Set Db = Nothing`

（2）ActiveX 数据库对象（ADO）

ActiveX 数据库对象是基于组件的数据库编程接口，它是一个和编程语言无关的 COM 组件系统，可以对来自多种数据库提供者的数据进行选取和写入的操作。

1）设置 ADO 库的引用

在 Access 中，要想使用 ADO 的各个访问对象，应增加对 ADO 库的引用，Access2010 中 ADO 的引用库 ADO2.8。

ADO 的引用库的设置步骤如下。

① 进入 VBE 编程环境。

② 单击"工具"→"引用"命令，出现如图 8-32 所示的 ADO 对象库引用对话框。

③ 在对话框的"可使用的引用"列表框选项中，单击"Microsoft ActiveX Data Object2.8 Library"复选框。单出"确定"按钮。

当打开一个新的 Access2003 数据库时，Access 会自动增加一个对 Microsoft ActiveX Data Object2.1 Library 库的引用，但在 Access2010 中却不会自动增加 DAO 或 ADO 引用库。ADODB 前缀是 ADO 类型库的短名称，它用于明确的识别与 DAO 同名对象的 ADO 对象。

ADO 提供一系列数据对象来进行数据库访问处理。

Connection 对象：指定数据库提供者。参阅到数据源的连接。

Command 对象：命令，如可以用命令对象执行一个 SQL 存储过程或有参数的查询。

RecordSet 对象：数据库操作返回的记录集。

Field 对象：记录集中的字段数据信息。

Error 对象：数据提供程序出错时的扩展信息。

Connection 对象和 Command 对象是 ADO 的两个最重要的对象。

2）利用 ADO 访问数据库

利用 ADO 访问数据库时，首先要创建对象变量，然后通过对象方法和属性来进行操

作。下面是数据库操作的步骤和常用语句。

在 Connection 对象上打开 RecordSet 通常有下列几个步骤。

① 创建对象变量。

定义连接对象变量：`Dim Cn As ADODB.Connection`

定义记录集对象变量：`Dim Rs As ADO.RecordSet`

定义字段对象变量；`Dim Fs As ADODB.Field`

② 对象变量赋值。

打开一个连接：`Cn.open 连接串等参数`

打开一个记录集：`Rs.Open 查询串等参数`

设置字段引用：`Set Fd = …`

③ 通过对象的方法和属性进行操作。

通常使用循环结构处理记录集中的每一条记录。

```
Do while Not Rs.Eof '查询整个记录集直至末尾
……'字段数据的操作序列
Rs.MoveNext '记录指针下移一条记录
Loop
```

④ 操作后的结束工作。

关闭记录集：`Rs.Close`

关闭连接：`Cn.Close`

回收记录集对象变量占用的空间：`Set Rs = Nothing`

回收连接对象变量占用的空间：`Set Cn = Nothing`

在 Command 对象上打开 RcordSet 通常有下列几个步骤。

① 创建对象变量。

定义命令对象变量：`Dim Cn As ADODB.Command`

定义记录集对象变量：`DimRs As ADODB.RecordSet`

定义字段对象变量：`Dim Fs As ADODB.Field`

② 设置命令对象的活动连接、类型及查询等属性。

```
With Cm
.Activeconnection = 连接串
.CommandType = 命令类型参数
.CommandText = 查询命令串
End With
Rs.Open Cm,其他参数 '设置 Rs 的 Activeconnection 属性
```

③ 通过对象的方法相属性进行操作。

```
Do While Not Rs.Eof
……
Rs.MoveNext
Loop
```

④ 操作后的结束工作。

关闭记录集：`Rs.Close`

回收记录集对象变量占用的空间：Set Rs = Nothing

📖 **任务设计**

在"教学信息管理系统"数据库中编写子程序 AddScore()使"成绩"表中每位同学的分数增加 5 分。操作步骤如下。

① 打开前面已建好"教学管理信息系统"数据库，单击"创建"→"Visual Basic"命令，进入 VBE 窗口。

② 在 VBE 窗口中，单击"插入"→"模块"命令，按图 8-30 所示在右窗格的代码窗口中输入代码。

③ 执行主菜单"运行"→"运行子过程/用户窗体"命令，或单击工具栏上的"运行子过程/用户窗体"按钮 ▶。用户可以看到数据库中"成绩"表的"分数"字段每项的值多加了 5 分。

④ 单击工具栏上的"保存"按钮. 保存该模块、名为"AddScore"。

到此，一个能够对数据库表进行操作的子过程就创建好了。

图 8-30 数据库访问代码

习题与实训八

一、选择题

1. 过程分为几种类型（ ）。

    (A) 四种   (B) 三种   (C) 两种   (D) 一种

2. VBA 中定义符号常量可以用关键字（ ）。

    (A) Dim   (B) Long   (C) Main   (D) Const

3. 函数过程不能使用（ ）来调用执行。

    (A) Call   (B) Dim   (C) Main   (D) Public

4. 逻辑运算符的优先级比较，正确的是（ ）。

    (A) NOT＞AND＞OR   (B) AND＞NOT＞OR

    (C) NOT＞OR＞AND   (D) OR＞AND＞NOT

5. 下列不属于系统常量的是(　　)。

    (A) True　　　　　(B) No　　　　　(C) Null　　　　　(D) Nothing

6. 在 Access 中,模块分为几种类型(　　)。

    (A) 四种　　　　　(B) 三种　　　　　(C) 两种　　　　　(D) 一种

7. 在 VBA 中定义整数可以用类型标识(　　)。

    (A) Long　　　　　(B) String　　　　　(C) Integer　　　　　(D) Date

8. 变体类型不包含的特殊值是(　　)。

    (A) Empty　　　　　(B) Error　　　　　(C) Null　　　　　(D) IS Null

9. VBA 中定义局部变量可以用关键字(　　)。

    (A) Const　　　　　(B) Dim　　　　　(C) Public　　　　　(D) Static

10. 下面表达式为假的是(　　)。

    (A) $(4>3)$　　　　　　　　　　(B) $((4\ Or(3>2))=-1)$

    (C) $((4\ And(3<2))=1)$　　　　　(D) $(Not(3>=4))$

11. 已定义好有参函数 f(m),其中形参 m 是整型量。下面调用该函数,传递实参为 6,将返回的函数值赋给变量 t。以下正确是的(　　)。

    (A) t= f(m)　　　　　　　　　(B) t=Call f(m)

    (C) t= f(6)　　　　　　　　　(D) t=Call f(6)

12. 运行下面的程序段:

```
For k = 5 to 10 Step 2
k = k * 2
Next k
```

    则循环次数为(　　)。

    (A) 1　　　　　(B) 2　　　　　(C) 3　　　　　(D) 4

13. 执行下面的程序段后,x 的值为(　　)。

```
x = 5
For I = 1 to 20 Step 2
x = x + I\5
Next I
```

    (A) 21　　　　　(B) 22　　　　　(C) 23　　　　　(D) 24

14. 阅读下面的程序段:

```
For i = 1 to 3
For j = 1 to i
For k = j to 3
a = a + 1
next k
next j
next i
```

    执行上面的嵌套循环后,a 的值为(　　)。

    (A) 3　　　　　(B) 9　　　　　(C) 14　　　　　(D) 21

15. 在有参数函数设计时,要想实现某个参数的"双向"传递,就应当说明该形参为"传址"调用形式。其设置选项是（　　　）。

(A) ByVal　　　　　　　　　　　　(B) ByRef

(C) Optional　　　　　　　　　　　(D) ParamArray

16. VBA 中用实际参数 a 和 b 调用有参过程 Area(m,n)的正确形式是（　　　）。

(A) Area m,n　　　　　　　　　　(B) Area a,b

(C) Call Area(m,n)　　　　　　　(D) Call Area a,b

17. 定义了二维数组 A(2 to 5,5)，则该数组的元素个数为（　　　）。

(A) 25　　　　(B) 36　　　　(C) 24　　　　(D) 20

18. 下面程序：

```
Private Function a(load As Integer)As Single
If load <20 then
   Money = load/2
Else
   Money = 20 + load
End if
a = Money
end function
Private Sub Form_Click()
   Dim load As Integer,fee As Single
   Load = InputBox("请输入一个数:")
Fee = a(load)
Debug.Print fee
End Sub
```

在提示框输入"20"，运行后的输出结果是（　　　）。

(A) 10　　　　(B) 20　　　　(C) 40　　　　(D) 显示错误信息

19. 下列程序

```
Private Sub Form_click()
Dim x(3,3)
For j = 1 to 3
   For k = 1 to 3
If j = k then x(j,k) = 1
If j<>k then x(j,k) = k
   Next k
Next j
Call fun(x())
End sub
Private Sub fun(x())
For j = 1 to 3
   For k = 1 to 3
Debug.Print x(j,k)
Next k
Next j
```

End sub

运行程序时,输出结果为(   )。

(A) 1　2　3　1　1　3　1　2　1　　　　(B) 1　1　1　2　1　2　3　3　1

(C) 1　2　3　　　　　　　　　　　　(D) 显示错误信息

　　　 1　2　3

　　　 1　2　1

20. DAO 的对象层次中,表示数据库查询信息的是(   )。

(A) Error 对象　　　　　　　　　　(B) QueryDy 对象

(C) DBEngine 对象　　　　　　　　(D) RecordSet 对象

二、填空题

1. _____定义时不需要为常量指明数据类型,VBA 会自动按存储效率最高的方式来确定其数据类型。

2. 编程时,根据变量直接定义与否,可以将变量划分为_____和_____两种形式。

3. 算术运算符主要有乘幂、_____、_____、整数除法、求模运算、_____及_____等 7 个运算符。

4. 字符串连接运算符有_____和_____两个。

5. _____是为变量指定一个值或表达式。

6. 可以用_____语句声明一个新的子过程,接受的参数和子过程代码。

7. 在 VBA 中,注释可以通过_____种方式实现。

8. Sub 过程又称为_____。

9. VBA 的 3 种流程控制结构_____、_____、_____。

10. VBA 中主要提供了 3 种数据库访问接口:ODBC API、DAO 和_____。

三、上机实训

任务一　模块程序设计和 VBA 控制语句

📖 **实训目的**

1. 熟练掌握标准模块的创建和使用;

2. 掌握类模块的创建和使用;

3. 熟练掌握顺序、分支和循环三种程序控制结构的使用。

📖 **实训内容**

1. 创建具有计算圆面积功能的标准模块。

2. 创建顺序结构程序及 InputBox 和 MsgBox 函数的使用,实现功能:输入你的名字,用 MsgBox 函数输出欢迎信息。

3. 用 IF…ELSE…分支结构创建一个“密码验证”窗体。

4. Select Case 多分支结构的使用,实现功能:输入一个百分制成绩,输出该成绩对应的等级,即 90～100:优秀,80～89:良好,70～79 中等,60～69:及格,0～59:不及格”。

5. 利用 For…Next 循环结构设计一个窗体,输入数字 n 和字符 s 后,单击“输出”按钮,这时会在窗体上面的文本框中生成 n 个 s

6. 利用 Do…Loop 循环结构实现求 $1+2+3+\cdots+100$ 的和。

任务二 过程调用设计和 VBA 数据库访问

📖 实训目的

1. 熟练掌握过程调用的方法；

2. 理解过程调用过程中数据传递的方式；

3. 了解 VBA 中数据访问接口类型；

4. 掌握 ADO 的主要对象及其属性和方法。

📖 实训内容

1. 子过程调用，实现功能：创建一个子过程 S1()，其功能为计算圆的面积，调用该过程完成圆面积的计算。

2. 函数过程的调用，实现功能：创建函数过程 F1，其功能为计算某数的阶乘；然后调用该函数过程计算某数的阶乘。

3. 在"图书管理系统"数据库中，自行设计一个用来登录系统的窗体，如图 8-31 所示。实现功能：在窗体上的文本框中输入"用户名"和"密码"，单击"登录"按钮后能自动根据"图书管理系统"数据库中的"用户口令"表中的用户名和密码字段进行对比，如果匹配成功就能打开"主界面"窗体。

图 8-31 "登录"窗体

模块九　实现教学信息管理系统

 学习目标

- 了解数据库应用系统的开发过程；
- 掌握创建数据库应用系统设计步骤；
- 了解启动属性的含义，掌握设置应用系统启动属性的方法。

学习 Access 的目的不仅仅是为了使用，更为重要的是要学会如何进行应用系统的开发，这也是学习和使用 Access 数据库管理系统软件的最终目标，也是对本书学习过程的一个全面的综合运用和训练。本章以前面各章讲到的"教学管理信息系统"数据库为例，前后呼应，贯穿一线，介绍如何设计一个数据库应用系统。同时，介绍数据应用系统开发的一般过程，以实现学习本书的预期目标。

项目一　系统需求分析和数据库设计

在教学管理中，一个良好的教学信息管理系统可以有效地帮助教学管理人员开展日常工作。通过该信息系统，能大幅度提高员工的工作效率。

任务一　进行需求分析和模块设计

📖 任务描述

随着信息化建设的日益成熟，学校的教学管理事务也慢慢转向由信息化系统代替人工管理的阶段，为了提高教学信息处理能力，增强教学管理水平，市场上相继出现了各种不同的教学信息管理系统。

📖 任务分析

开发一个符合用户需求的数据库应用系统，必须深入了解一个数据库应用系统的设计流程。同时也要深入了解用户的使用环境，从而进行详细的需求分析以便设计数据库系统的各个模块。

📖 知识链接

1. 数据库应用系统设计流程

数据库应用系统的开发设计过程一般采用生命周期理论。生命周期理论是应用系统从提出需求、形成概念开始，经过分析认证、系统开发、使用维护，直到淘汰或被新的应用系统所取代的一个过程。其设计过程可以分为 6 个阶段：需求分析、概念设计、逻辑设计、物理设计、数据库实施和运行、数据库的使用和维护。结合 Access 自身的特点，使用 Access 开发一个数据库应用系统,其系统设计步骤如下。

① 用户提出需求。

② 初步调查,了解情况,进行可行性分析。

③ 设计数据库,建立系统功能模块结构图。

④ 设计数据输入界面,如窗体、数据访问页等。

⑤ 设计数据输出界面,如报表、查询等。

⑥ 设计宏操作及 VBA 程序代码。

⑦ 设计系统菜单。

⑧ 系统测试和系统功能改进。

⑨ 打包,制作安装程序和使用说明。

⑩ 系统最后测试修正。

⑪ 交付用户,发布完成。

通常开发一个数据库应用系统是由用户提出的,开发人员到用户进行初步调查,了解情况,拟订初步方案,在征得用户的同意后,开始系统的分析与设计。现在就以"教学管理信息系统"数据系统为例,说明如何使用 Access 完成开发一个数据库应用系统。

📖 任务设计

1. 需求分析

教学信息管理系统是学校的一项重要数据资源,因而教学信息管理必然成为学校的一项常规性的重要工作,是学校管理工作中不可缺少的一部分,为了适应教育改革和推进素质教育发展的需要,教学信息管理从以前的手工管理逐渐被规范化的管理信息系统所代替是必然的趋势。那么,一个学校到底需要什么样的教学信息管理系统呢每一个学校都有不同的需求。即使有同样的需求也可能有不同的工作习惯。因此,在程序开发之前应和相关教学部门进行沟通和交流来了解需求是十分重要的。

在这里是以假设的需求进行开发该教学信息管理系统的。假设的需求主要有以下几点。

① 首先,系统应该能够对使用该系统的教学部门的教学信息进行记录,包括教师、学生和课程相关的基本信息等。

② 其次,系统应该能够对教师、学生及课程和成绩信息的变更情况进行记录。

③ 再次,系统应该能够根据需要进行各种统计和查询,比如查询教师和学生的基础信息及学生成绩信息等。

④ 最后,系统还应该能对各种信息进行输出,如输出学生成绩单等。

2. 模块设计

了解学校的需求以后,就要明确系统的具体功能目标,设计好各个功能模块。模块化的程序设计思想是当今程序设计中最重要的程序开发思想之一。

教学信息管理系统功能模块可以由 7 个部分组成,每一部分根据实际应用又包含以下不同的功能。

① 系统登录模块。用来验证管理用户身份,是维持系统安全性而设计的最简单方法。

② 数据输入模块。通过该模块,实现对管理的数据信息的录入操作。

③ 数据浏览模块。通过该模块,可以快速浏览教师和学生的基本信息。

④ 数据维护模块。通过该模块,可以对当前系统信息进行修改、删除、追加和保存。

⑤ 数据查询模块。通过该模块,可以对当前系统的信息进行查询。

⑥ 数据打印模块。通过该模块,可以对管理数据生成报表,提供打印输出。

⑦ 退出系统模块。用来退出管理系统。

教学信息管理应用系统功能模块图如图 9-1 所示。在数据库应用系统开发的实施阶段,一般采用"自顶向下"的设计思路和步骤来开发系统,这样,以功能模块为单位将整个数据库程序组成一个有层次的树形结构。

图 9-1 教学管理信息系统功能模块图

任务二 数据库的结构设计

📖 任务描述

明确功能目标以后,首先要设计合理的数据库。数据库的设计最重要的就是数据表的设计。数据表作为数据库中其他对象的数据源,其结构设计的好坏直接影响到数据库的性能,也直接影响到整个系统设计的复杂程度,因此设计既要满足要求,又要具有良好的结构。设计具有良好关系的数据表在系统开发过程中是相当重要的。

📖 任务分析

以"教学信息管理系统"为例,设计该数据库中需要使用的表以及表与表的关系。设计好数据库中应有的数据表和数据表之间的关系、数据表的结构,然后再设计由基于数据表对象上的查询、窗体和报表,以及使用宏和 VBA 对教学管理信息系统进行开发。

📖 知识链接

1. 创建数据库的一般过程

在创建数据库之前,首先是设计数据库,设计数据库一般要完成以下几个工作。

① 收集数据:将与数据库应用系统相关的数据汇集到一起。

② 分析数据:根据数据库应用系统的需求,分析确定数据的来源,删除重复数据,删除无关数据。

③ 规范数据:按"数据规范化"原则,设计数据库应该使用多少数据表,并合理定义每个数据表的结构及数据类型。

④ 建立表间关联:在数据库中,确定表与表之间的关系。

📖 任务设计

1. 数据表结构的需求分析

表就是特定主题的数据集合,它将具有相同性质的数据存储在一起。按照这样的原则,根据各个模块所要求的各种功能,来设计各个数据表。

在"教学信息管理系统"中,前面的模块三中已设计了 6 张数据表,为了能够实现安全性,在此增加一张"用户口令"表。因此,最后就有 7 个数据表,各个表存储的信息如下。

① "用户口令"表:存储管理用户的用户名和密码信息。

② "教师"表:存储录入到系统里的教师基本信息。

③ "学生"表:存储录入到系统里的学生基本信息。

④ "课程"表:存储与课程相关的基本信息。

⑤ "授课"表:存储教师课程上课安排情况信息。

⑥ "成绩"表:存储学生考试课程成绩信息。

⑦ "院系"表:存储学校开设的院系信息。

2. 构造空数据库

在设计数据表之前,需要先建立一个数据库,然后在数据库中创建表、窗体、查询和报表等数据库对象。下面建立一个名称为"教学信息管理系统"的空白数据库。操作步骤如下。

① 启动 Access2010,执行"文件"→"新建",在"可用模板"中选择"空数据库"选项,如图 9-2 所示。

图 9-2 创建"空数据库"

② 在窗口右下方的"文件名"文本框中输入"教学信息管理系统"。

③ 单击"创建"按钮,即完成一个空白数据库的创建,如图 9-3 所示。

图 9-3 "空数据库"窗口

3. 数据表字段设计

表是数据库应用系统最基本的数据资源,是整个系统运行过程中全部数据的来源,在"教学信息管理系统"数据库中,有用户口令、院系、教师、课程、授课、学生、成绩共 7 个表。通过表设计视图,在"教学信息管理系统"数据库中创建上述 7 个表。其中,除了用户口令表以外的 6 个表在前面模块已经创建好。

根据分析确定,"用户口令"表的表结构如表 9-1 所示。包括的字段有用户编号、用户名和口令,共 3 个字段。用户编号为主键。

表 9-1 "用户口令"表结构

字段名	类型	宽度	小数位数	是否主键
用户编号	数值	长整型		是
用户名	文本型	50		
口令	文本型	50		

4. 建立表间的关系

数据库中的数据表创建完成后,便可以建立表的关系,这是数据库建立的另一个重要环节。在建立表之间的关系时,必须注意两点:一是两表必须存在共同的公共字段,二是将主(父)表中的公共字段设置为主键,然后再建立两表之间的关系。在模块三的内容中已经详细介绍了表之间关联的具体实现,此处不再叙述,建立好的表间关联如图 9-4 所示。

图 9-4 各数据表之间的关系

项目二 创建教学信息管理系统操作界面

教学信息管理系统操作界面为用户提供一个美观、操作方便的人机互动平台,有了这个平台,用户就可以轻易地在安装了教学信息管理系统的计算机上完成用户所需要的各种操作。

任务一　创建"主界面"窗体

> **任务描述**

"主界面"窗体是整个教学信息管理系统的入口,它主要作用是起功能导航。系统中的各个功能模块在该导航窗体中都建立链接,当用户单击该窗体的功能模块按钮时,即可进入相应的功能模块。

> **任务分析**

要使得数据库系统各个模块功能方便灵活地运行,就必须设计好相应的界面能够让开发好的模块功能充分展现出来。这样的界面就是程序入口,通过这个程序入口能够运行各个子模块的功能。

> **任务设计**

"主界面"窗体的创建步骤如下。

① 启动 Aceess2010,打开"教学信息管理系统"数据库。

② 新建一个窗体并进入窗体的"设计视图"界面,根据如图 9-1 所示的功能模块图设计"主界面"窗体,添加好相应的标签、命令按钮、选项组对象后并修改好相关属性。最终设计效果如图 9-5 所示。

图 9-5　主界面窗体设计界面

③ 设计完成后,单击"保存"按钮,在弹出的"另存为"对话框中输入窗体名:"主界面"。单击"确定"按钮。

任务二　创建"登录"窗体

> **任务描述**

登录界面指的是需要提供账号、密码验证的界面,有控制用户权限、记录用户行为、保护操作安全的作用。

> **任务分析**

教学信息管理系统是学校日常教学管理工作中的重要系统,每一个进入系统操作的人员必须是合法用户。如何保证进入系统操作的人员是合法用户呢？最常见的设计就是通过登录界面用户输入的用户名和密码与数据库中提供的用户名和密码进行比较验证，如果一致，则认为是合法用户，能进入系统进行相关权限的操作；否则就不能进入系统。

 📖 **任务设计**

"登录"窗体的设计步骤如下。

① 启动 Aceess2010，打开"教学信息管理系统"数据库。

② 新建一个窗体并进入窗体的"设计视图"界面，根据图 9-6 所示的界面添加所需控件并设置相关属性。

图 9-6 "登录"窗体设计界面

③ 设计完成后，单击"保存"按钮，在弹出的"另存为"对话框中输入窗体名："登录"。单击"确定"按钮。

任务三 "数据输入"模块的窗体设计

 📖 **任务描述**

数据输入窗体是原始数据表输入的操作界面，提供增加和保存数据的功能，以保证数据输入的准确、快捷。

 📖 **任务分析**

教学信息管理系统中数据输入模块主要有三方面的数据输入：学生信息、教师信息和成绩信息。

 📖 **任务设计**

1."学生信息"数据输入窗体设计

"学生基本信息录入"窗体的设计步骤如下。

① 启动 Aceess2010，打开"教学信息管理系统"数据库。

② 新建一个窗体并进入窗体的"设计视图"界面，根据如图 9-7 所示的界面添加所需控件并设置相关属性。运行界面如图 9-8 所示。

③ 设计完成后，单击"保存"按钮，在弹出的"另存为"对话框中输入窗体名"学生基本信息录入"。单击"确定"按钮。

2."教师信息"数据输入窗体设计

"教师基本信息录入"窗体的设计步骤如下。

① 启动 Aceess2010，打开"教学信息管理系统"数据库。

② 新建一个窗体并进入窗体的"设计视图"界面，根据如图 9-9 所示的运行界面添加所需控件并设置相关属性。

③ 设计完成后，单击"保存"按钮，在弹出的"另存为"对话框中输入窗体名"教师基本信息录入"。单击"确定"按钮。

图 9-7　"学生基本信息录入"窗体设计界面

图 9-8　"学生基本信息录入"窗体运行界面

图 9-9　"教师基本信息录入"窗体运行界面

3. "成绩信息"数据输入窗体设计

"成绩录入"窗体的设计步骤如下。

① 启动 Aceess2010，打开"教学信息管理系统"数据库。

② 新建一个窗体并进入窗体的"设计视图"界面，根据如图 9-10 所示的运行界面添加

所需控件并设置相关属性。运行界面如图 9-11 所示。

③ 设计完成后,单击"保存"按钮,在弹出的"另存为"对话框中输入窗体名:"成绩录入"。单击"确定"按钮。

图 9-10 "成绩录入"窗体设计界面

图 9-11 "成绩录入"窗体运行界面

任务四 "数据浏览"模块的窗体设计

📖 任务描述

数据浏览窗体是用来浏览系统全部资源的工作界面,数据浏览窗体应具有查看数据功能。

📖 任务分析

教学信息管理系统中数据浏览模块主要用来浏览两方面的数据资源:学生信息和教师信息。

📖 任务设计

1. "学生信息浏览"窗体设计

"学生信息浏览"窗体的设计步骤如下。

① 启动 Aceess2010,打开"教学信息管理系统"数据库。

② 新建一个窗体并进入窗体的"设计视图"界面,根据图 9-12 所示的界面添加所需控件并设置相关属性。

③ 设计完成后,单击"保存"按钮,在弹出的"另存为"对话框中输入窗体名:"学生信息浏览",单击"确定"按钮。

2. "教师信息浏览"窗体设计

"教师信息浏览"窗体的设计步骤如下。

① 启动 Aceess2010,打开"教学信息管理系统"数据库。

② 新建一个窗体并进入窗体的"设计视图"界面,根据如图 9-13 所示的界面添加所需控件并设置相关属性。

③ 设计完成后,单击"保存"按钮,在弹出的"另存为"对话框中输入窗体名:"教师基本信息浏览",单击"确定"按钮。

图 9-12　"学生信息浏览"窗体运行界面　　　　图 9-13　"教师信息浏览"窗体设计界面

任务五　"数据维护"模块的窗体设计

📖　任务描述

数据维护窗体是用来维护系统全部数据资源的工作界面,数据维护窗体应具有修改、删除、增加及保存数据等功能。本例中只对学生表、教师表及课程表实现数据维护。

📖　任务分析

教学信息管理系统中数据维护模块主要用来对"学生信息"、"教师信息"和"课程信息"三方面的数据资源进行添加、删除和修改等操作。

📖　任务设计

1."学生信息修改"窗体设计

"学生信息修改"窗体的设计步骤如下。

① 启动 Aceess2010,打开"教学信息管理系统"数据库。

② 新建一个窗体并进入窗体的"设计视图"界面,根据图 9-14 所示的界面添加所需控件并设置相关属性。

③ 设计完成后,单击"保存"按钮,在弹出的"另存为"对话框中输入窗体名:"学生信息修改",单击"确定"按钮。

2."教师信息修改"窗体设计

"教师信息修改"窗体的设计步骤如下。

① 启动 Aceess2010,打开"教学信息管理系统"数据库。

② 新建一个窗体并进入窗体的"设计视图"界面,根据图 9-15 所示的界面添加所需控件并设置相关属性。

③ 设计完成后,单击"保存"按钮,在弹出的"另存为"对话框中输入窗体名:"教师信息修改",单击"确定"按钮。

3."课程信息修改"窗体设计

"课程信息修改"窗体的设计步骤如下。

① 启动 Aceess2010,打开"教学信息管理系统"数据库。

② 新建一个窗体并进入窗体的"设计视图"界面,根据图 9-16 所示的界面添加所需控件并设置相关属性。

图 9-14 "学生信息修改"维护窗体　　　　　　图 9-15 "教师信息修改"维护窗体

③ 设计完成后,单击"保存"按钮,在弹出的"另存为"对话框中输入窗体名:"课程信息修改",单击"确定"按钮。

图 9-16 "课程信息修改"维护窗体

任务六　"数据查询"模块的窗体设计

📖　任务描述

数据查询窗体是系统进行数据信息检索的工作界面,数据查询窗体应具有查找、发布、浏览及输出数据信息等功能。在本例中仅对"查询"功能进行设计。

📖　任务分析

教学信息管理系统中数据查询模块主要用来对"学生信息"、"教师信息"和"学生成绩"三方面的信息进行查询。

📖　任务设计

1."学生信息查询"窗体设计

"学生信息查询"窗体的设计步骤如下。

① 启动 Aceess2010,打开"教学信息管理系统"数据库。

② 新建一个窗体并进入窗体的"设计视图"界面,根据图 9-17 所示的界面添加所需控

件并设置相关属性。

③ 设计完成后，单击"保存"按钮，在弹出的"另存为"对话框中输入窗体名："学生信息查询"，单击"确定"按钮。

图 9-17 "学生信息查询"窗体

2."教师基本信息查询"窗体设计

"教师基本信息查询"窗体的设计步骤如下。

① 启动 Aceess2010，打开"教学信息管理系统"数据库。

② 新建一个窗体并进入窗体的"设计视图"界面，根据如图 9-18 所示的界面添加所需控件并设置相关属性。

③ 设计完成后，单击"保存"按钮，在弹出的"另存为"对话框中输入窗体名："教师基本信息查询"，单击"确定"按钮。

3."学生成绩查询"窗体设计

"学生成绩查询"窗体的设计步骤如下。

① 启动 Aceess2010，打开"教学信息管理系统"数据库。

② 新建一个窗体并进入窗体的"设计视图"界面，根据如图 9-19 所示的界面添加所需控件并设置相关属性。

③ 设计完成后，单击"保存"按钮，在弹出的"另存为"对话框中输入窗体名："学生成绩查询"，单击"确定"按钮。

图 9-18 "教师基本信息查询"窗体

图 9-19 "学生成绩查询"窗体

项目三 创建教学信息管理系统报表

在本书的模块六已经详细介绍过如何在 Access 中创建报表,报表是利用数据表、查询及控件,将数据库中的数据信息提取出来,有结构地分级显示给用户浏览,然后按指定的格式打印输出。

任务一 创建单表报表

📖 任务描述

数据库应用系统的报表有许多是以原始的一个数据表为直接数据源的,这类报表比较简单,在制作这类报表时,要注意设计好报表的布局、页面附加标题和各种说明信息。

📖 任务分析

报表在数据库应用系统中是作为一种数据输出的主要途径。本例中,主要针对学生表、教师表及成绩表设计报表。

📖 任务设计

1. "学生基本情况报表"报表设计

"学生基本情况报表"的设计步骤如下。

① 启动 Aceess2010,打开"教学信息管理系统"数据库。

② 切换到"创建"选项卡,单击"报表"组中的"报表向导"按钮,根据图 9-20 所示的界面设计报表,具体过程可以参阅本书中的模块六。

③ 设计完成后,单击"完成"按钮,即可生成报表。

图 9-20 "学生基本情况报表"设计视图

2. "教师基本情况报表"报表设计

"教师基本情况报表"的设计步骤如下。

① 启动 Aceess2010,打开"教学信息管理系统"数据库。

② 利用"报表向导"方式,添加"教师"表进行设计报表,方法同上一个报表设计。

③ 最后,单击"完成"按钮,即可生成报表,如图 9-21 所示。

图 9-21　"教师基本情况报表"报表视图

任务二　创建多表报表

📖　任务描述

如果在设计数据应用系统的报表时,报表的数据源是来自多个数据表,那么,首先要以多表创建查询作为多报表的数据源,事实上多报表的数据源来自于查询。

📖　任务分析

本例中,如果要输出某个学生的所有课程成绩,则必须建立多表报表。而建立多表报表的前提是先建立查询,因此必须先通过"学生"表、"课程"表和"成绩"表建立查询,然后根据建立好的查询创建报表。

📖　任务设计

在"教学信息管理系统"数据库中创建"学生成绩单报表"的步骤如下。

① 启动 Aceess2010,打开"教学信息管理系统"数据库。

② 切换到"创建"选项卡,单击"查询"组中的"查询设计"按钮,根据如图 9-22 所示的界面创建查询,具体过程可以参阅本书中的模块四。

图 9-22　"成绩单报表"查询设计视图

③ 查询建立完成后,利用"报表向导",根据刚建立好的查询创建成绩单报表。

④ 设计完成后,单击"完成"按钮,即可生成报表,如图 9-23 所示。

图 9-23 "成绩单报表"报表视图

任务三 创建统计报表

📖 任务描述

统计汇总报表是在设计报表时,对报表的数据源进行统计分析,使报表输出的数据不仅是数据源中原有的内容,同时还有统计结果。

📖 任务分析

报表在数据库应用系统中是作为一种数据输出的主要途径。本例中,主要针对学生表、教师表及成绩表设计报表。

📖 任务设计

在"教学信息系统数据库"中创建"成绩汇总报表"的步骤如下。

① 启动 Aceess2010,打开"教学信息管理系统"数据库。

② 切换到"创建"选项卡,单击"报表"组中的"报表向导"按钮,根据如图 9-24 所示的界面设计报表。

图 9-24 "成绩单汇总报表"设计视图

③ 设计完成后，单击"运行"按钮，创建好的报表视图效果如图 9-25 所示。

图 9-25　"成绩单汇总报表"报表视图

项目四　实现教学信息管理系统

教学管理信息系统的功能包括学生信息和教师信息等的录入、浏览、更新、查询和打印。该系统的基本流程是启动"教学管理信息系统"时，首先打开系统登录窗体，要求输入密码，若密码正确，系统打开主界面窗体。"主界面"窗体包含控制整个数据库的各项功能。

任务一　实现系统"登录"窗体编码

📖 任务描述

运行"教学信息管理系统"时，首先应进入登录界面，系统登录窗体是数据库系统的第一个界面，为了保证数据库系统使用安全性，必须输入正确的用户名和密码才可以进入到数据库系统的主界面中。

📖 任务分析

实现系统登录窗体验证密码的最常用、最简单的方法是使用宏操作来实现。本例中，为了说明数据库访问代码的实现过程，在此用事件代码来实现。在"教学信息管理系统"数据库表设计中已设计好一个"用户口令"表。在"登录"窗体中"登录"按钮的事件代码中实现用户在窗体文本框中输入的用户名和密码与数据库中"用户口令"表中的用户名和密码进行比较则能判断是否一致。

📖 任务设计

1. 实现"登录"按钮代码

编写"登录"按钮的代码步骤如下。

① 启动 Aceess2010，打开"教学信息管理系统"数据库。

② 在左空格的导航中展开"窗体"项，找到在项目二中创建好的"登录"窗体并在设计视图中将其打开。

③ 双击窗体中的"登录"按钮，即可打开属性对话框，切换到"事件"选项卡，如图 9-26 所示。

图 9-26 "登录"按钮属性面板

④ 进入单击"事件代码"窗口，编写如图 9-27 所示的代码。

图 9-27 "登录"按钮单击事件代码窗口

⑤ 在步骤④的基础上进一步编写函数过程 getrs()代码，如图 9-28 所示。

图 9-28 "登录"按钮单击事件子函数代码窗口

⑥ 至此，"登录"窗体的代码编写完成，关闭 VBE 窗口。

说明

"登录界面"窗体和"主界面"窗体分别是用于登录系统和控制系统的,这类窗体的共同特征是无数据源,即不与表相连接,也不与查询相连接。因此,就不需要"记录选定器"、"导航按钮"、"滚动条"、"分隔线"、"关闭按钮"、最大最小化按钮等控件,为了不显示这些控件,在窗体的属性对话框中把上述 6 个属性值设好即可。

2. 实现"退出登录"按钮代码

编写"退出登录"按钮的代码步骤如下。

① 启动 Aceess2010,打开"教学信息管理系统"数据库。

② 在左空格的导航中展开"窗体"项,找到在项目二中创建好的"登录"窗体并在设计视图中将其打开。

③ 双击窗体中的"退出登录"按钮,即可打开属性对话框,切换到"事件"选项卡。

④ 进入单击"事件代码"窗口,编写如图 9-29 所示的代码。

图 9-29 "退出登录"按钮单击事件代码窗口

⑤ 关闭 VBE 窗口完成编码。

任务二 实现主窗体编码

📖 **任务描述**

在 Access 中,主窗体是数据库系统的总控制台。在主窗体中,可通过命令按钮或菜单命令两种方式实现系统的各项功能。为了简单起见,"教学信息管理系统"主窗体采用命令按钮来实现。

📖 **任务分析**

在主窗体——"主界面"窗体上,不同的命令按钮对应不同的"单击"触发事件,因此,可以通过创建宏来实现。由于篇幅所限,这里就以"数据输入"模块中的"学生信息"按钮为例创建宏。

📖 **任务设计**

1. 实现"主界面"各按钮的单击触发事件

创建"主界面"窗体中"学生信息"按钮的宏步骤如下。

① 启动 Aceess2010,打开"教学信息管理系统"数据库。

② 切换到"创建"选项卡,单击"宏与代码"组中的"宏"命令,进入创建宏设置面板。

③ 根据如图 9-30 所示的界面,创建一个名为"of_stuinfo_input"的宏。依此类推,可以创建其他需要用到的宏。

图 9-30 创建"宏"窗口

④ 在左空格的导航中展开"窗体"项,找到在项目二中创建好的"主界面"窗体并在设计视图中将其打开。

⑤ 双击窗体中的"学生信息"按钮,即可打开属性对话框,切换到"事件"选项卡,如图 9-31 所示,在下拉列表中选择对应的宏。

⑥ 按照步骤⑤的方法将其他命令按钮对应的宏添加完整,本例中各命令按钮对应的宏

图 9-31 设置"主界面"按钮单击触发事件窗口

如表 9-2 所示。⑦ 至此，主界面与其他窗体实现了联接功能。

表 9-2　主界面各按钮与相应宏对照表

命令按钮	宏名	命令按钮	宏名
学生信息	of_stuinfo_input	教师信息查询	teacher_info_find
教师信息	of_teacher_input	学生成绩查询	score_find
成绩信息	of_score_input	打印学生信息	stu_print
学生信息更改	stu_info_update	打印教师信息	teacher_print
教师信息更改	teacher_info_update	打印学生成绩	score_record_print
课程信息更改	lesson_info_update	学生信息浏览	stu_info_browse
学生信息查询	stu_info_find	教师信息浏览	teacher_info_browse

2. 实现"退出系统"按钮代码

编写"退出登录"按钮的代码步骤如下。

① 启动 Aceess2010，打开"教学信息管理系统"数据库。

② 在左空格的导航中展开"窗体"项，找到在项目二中创建好的"主界面"窗体并在设计视图中将其打开。

③ 双击窗体中的"退出系统"按钮，即可打开属性对话框，切换到"事件"选项卡。

④ 进入单击"事件代码"窗口，编写如图 9-32 所示的代码。

图 9-32 "退出系统"按钮单击事件代码窗口

⑤ 关闭 VBE 窗口完成编码。

任务三　实现"学生信息查询"窗体编码

📖 任务描述

在数据库应用系统中，信息查询模块是一个比较常用的功能模块，一个好的数据库应用系统能提供比较实用灵活的查询入口。

📖 任务分析

在 Access 系统中，在命令按钮生成向导下，系统提供了简单的系统自动查询功能。为了改善窗体界面，本例中，以"学生信息查询"窗体为例，采用自定义编写代码的方式来实现查询功能。为了提供更加完善的查询功能，在查询学生信息时，能够提供按"学号"和"姓名"两种查询方式查询。

📖 任务设计

1. 实现"查询方式"触发事件代码

在"学生信息查询"窗体中，实现"查询方式"组中两个查询按钮的代码编写步骤如下。

① 启动 Aceess2010,打开"教学信息管理系统"数据库。

② 展开左窗格中导航中的窗体对象,找到已创建好的"学生信息查询"窗体并在设计视图中将其打开。

③ 双击窗体中的"按学号查询"按钮,则打开其属性面板,切换至"事件"选项卡,如图 9-33所示,在"单击"下拉中选择"单击事件",单击省略号按钮"…"则可以进入 VBE 环境。

图 9-33 在"学生信息查询"窗体进入 VBE

④ 在代码窗口编写如图 9-34 所示给出的代码。

图 9-34 "按学号查询"按钮单击事件代码窗口

⑤ 根据步骤③和步骤④的方法,编写"按姓名查询"命令按钮的代码。代码如下。

```
Private Sub 按姓名查询_Click()

Dim cn As New ADODB.Connection

Dim rs As New ADODB.Recordset

Dim sqlstr As String

Set cn = CurrentProject.Connection
```

```
If IsNull(Me.姓名) Then
MsgBox "你还没有输入姓名,请输入学生姓名!", vbOKOnly + vbCritical, "操作提示"
Me.姓名.SetFocus
Exit Sub
Else
sqlstr = "select * from 学生 where 姓名 = '" & Me.姓名 & "'"
rs.Open sqlstr, cn, adOpenDynamic, adLockOptimistic, adCmdText
If Not rs.EOF Then
Me.学号 = Trim(rs(0))
Me.姓名 = Trim(rs(1))
Me.性别 = Trim(rs(2))
Me.民族 = Trim(rs(3))
Me.籍贯 = Trim(rs(4))
Me.政治面貌 = Trim(rs(5))
Me.出生日期 = Trim(rs(6))
Me.专业 = Trim(rs(7))
Me.系编号 = Trim(rs(8))
Me.照片 = Trim(rs(9))
Me.Email = Trim(rs(10))
Else
MsgBox "该学生姓名不存在,请重新输入!", vbOKOnly + vbInformation, "错误提示"
Me.学号 = ""
End If
End If
rs.Close
cn.Close
Set rs = Nothing
Set cn = Nothing
End Sub
```

⑥ 至此,两个查询方式按钮的代码编写完毕。

2. 实现"退出查询"单击事件代码

在"学生信息查询"窗体中,实现"退出查询"按钮的代码编写步骤如下。

① 启动 Aceess2010,打开"教学信息管理系统"数据库。

② 展开左窗格中导航中的窗体对象,找到已创建好的"学生信息查询"窗体并在设计视图中将其打开。

③ 双击窗体中的"按学号查询"按钮,则打开其属性面板,切换至"事件"选项卡,在"单击"下拉中选择"单击事件",单击省略号按钮"…"则可以进入 VBE 环境。

④ 在"退出查询"按钮的单击事件代码窗口编写如图 9-35 所示给出的代码。

图 9-35　"退出查询"按钮单击事件代码窗口

任务四 设置启动选项

📖 任务描述

为了防止错误操作导致的数据库和对象损坏,在数据库创建完成后,可以把数据库窗口、系统内置的菜单栏和工具栏隐藏起来。另外,在启动"教学管理信息系统"数据库系统时,通过设置系统,自动启动系统登录窗体。以上这些设置都可以使用启动选项来设置。

📖 任务分析

基本启动选项主要包括应用程序标题、系统启动后自动打开窗体、数据库窗口、菜单栏和工具栏是否显示等内容。

📖 任务设计

接下来,介绍如何为已创建好的"教学信息管理系统"数据库系统设置基本启动项。操作步骤如下。

① 打开"教学信息管理系统"数据库。

② 选择"文件"→"选项"命令,打开如图 9-36 所示的"Access 选项"对话框。

图 9-36 "Access 选项"对话框

③ 在"Access 选项"对话框左窗格中选择"当前数据库"项,在"应用程序选项"组中输入应用程序标题信息和设置显示窗体选项,完成基本启动项设置。

④ 单击"浏览"按钮,打开"图标浏览器"对话框,在"查找范围"下拉列表框中选择图标所在的文件夹,单击所用的图标文件。

⑤ 选择"用作窗体和报表的图标"复选框,这样在使用窗体和打印报表时,该图标都可能显示出来。最后单击"确定"按钮完成设置。

以后打开"教学信息管理系统"数据库时,系统会自动打开系统登录窗体,并在窗体标题栏显示应用程序名为"教学信息管理系统"以及所添加的图标。

习题与实训九

一、选择题

1. 在系统开发过程中,数据库设计所处的阶段是( )。
   (A) 系统规划　　(B) 系统分析　　　(C) 系统设计　　　(D) 系统实施

2. 在系统开发过程中,测试所处的阶段是( )。
   (A) 系统规划　　(B) 系统分析　　　(C) 系统设计　　　(D) 系统实施

3. 打开窗体的操作是( )。
   (A) OpenForm　　(B) OpenReport　　(C) OpenTable　　(D) OpenView

4. 在打开某窗体时自动将窗体最大化的程序代码是:DoCmd. Maximize。将此代码放在( )事件中,不能使窗体自动最大化。
   (A) 调整大小　　(B) 加载　　　　(C) 打开　　　　　(D) 获得焦点

5. 在打开数据库应用系统过程中,若终止自动运行的启动窗体,应按住( )键。
   (A) Ctrl　　　　(B) Shift　　　　(C) Alt　　　　　(D) Alt＋Shift

6. 在 Access2010 中,默认打开数据库对象的文件类型是( )。
   (A) .accdb　　　(B) .dbf　　　　(C) .accdc　　　　(D) .mdb

7. 若将"系统登录"窗体作为系统的启动窗体,应在( )对话框中进行设置。
   (A) Access 选项　(B) 启动　　　　(C) 打开　　　　　(D) 设置

8. 若不希望在打开数据库时出现状态栏,应将"Access 选项"对话框中的( )复选框中的标记清除。
   (A) 显示数据库窗口　　　　　　(B) 允许全部菜单
   (C) 显示状态栏　　　　　　　　(D) 允许内置工具栏

9. 打开"Access 选项"对话框应选择的命令是( )。
   (A) "文件"→"数据库实用工具"→"启动"
   (B) "工具"→"选项"→"启动"
   (C) "文件"→"加载"→"启动"
   (D) "文件"→"选项"

10. 在设计报表时,如果要统计某个字段的全部数据,应将计算表达式放在( )。
    (A) 组页眉或组页脚　　　　　　(B) 页面页眉或页面页脚
    (C) 主体　　　　　　　　　　　(D) 报表页眉或报表页脚

二、填空题

1. 结构化生命周期法将整个系统开发过程划分为系统规划、＿＿＿＿＿＿、＿＿＿＿＿＿、系统实施、系统运行与维护 5 个阶段。

2. 系统分析主要解决系统＿＿＿＿＿＿。

3. 若在系统启动窗体标题栏上显示"教学管理信息系统",应在"启动"对话框的＿＿＿＿＿＿文本框事输入"教学管理信息系统"。

4. 在打开数据库应用系统过程中按住＿＿＿＿＿＿键,可以终止自动运行的启动窗体。

5. _____ 是指在数据库中,确定表之间的关系。

三、上机实训

某图书馆日常管理工作及需求描述如下。

建立"图书管理系统"数据库应用系统的主要目的是通过对图书信息进行录入、修改与管理,能够方便地查询图书借阅的情况、图书库存情况和归还图书的情况。因此"图书管理系统"应具有如下功能。

① 录入和维护图书的基本信息。图书信息包含图书编号、图书名称、图书类别编号、作者名、出版社日期、出版社名称、价格、数量、入库时间、图书介绍。

② 录入和维护图书借阅信息。图书借阅信息包借书证号、图书编号、数量、管理员编号、借阅时间、还书时间。

③ 录入和维护借书证信息。借书证信息包含借书证号、借书证类型、姓名、单位名称、职务、性别、出生日期、证件类型、联系电话、办证时间和有效时间。

④ 录入和维护管理员信息。管理员信息包含职工编号、姓名、性别、民族、出生日期、文化程度、工龄、籍贯和管理员照片。

⑤ 能够按照各种方式方便地浏览图书借阅信息。

⑥ 能够完成基本的统计分析功能,并能生成统计报表打印输出。

📖 **实训目的**

1. 学习关系型数据库设计方法;

2. 掌握数据库设计步骤;

3. 掌握数据应用系统开发过程及实现方法 。

📖 **实训内容**

请根据上述描述及本章的"教学信息管理系统"数据库设计思想,自行设计一个"图书管理系统",该系统必须实现上述 6 个功能。

参 考 文 献

[1] 骆耀祖,叶丽珠. Access 数据库实用教程. 北京:机械工业出版社,2012.

[2] 张巍,曹起武. 数据库原理与应用. 北京:清华大学出版社,2009.

[3] 张铭晖,廖建平,聂玉峰. Access 数据库技术与应用试验指导. 北京:科学出版社,2011.

[4] 张强,杨玉明. Access 2010 入门与实例教程. 北京:电子工业出版社,2011.

[5] 郑阿奇. Access 实用教程(2007 版). 北京:电子工业出版社,2011.

[6] 陈维,曹惠雅. 数据库基础与 Access 应用教程. 北京:人民邮电出版社,2009.

[7] 李彩玲,潘艺. Access 2010 数据库应用系统开发项目教程. 北京:清华大学出版社,2013.

[8] 李湛. Access 2010 数据库应用习题与实验指导教程. 北京:清华大学出版社,2013.

[9] 叶恺,张思卿. Access 2010 数据库案例教程. 北京:化学工业出版社,2012.

[10] 希赛教育高校事业部. 全国计算机等级考试二级 Access 数据库教程. http://www.csaidk.com/zt/access,2001-2011.

[11] 教育部考试中心. 全国计算机等级考试二级教程——Access 数据库程序设计. 北京:高等教育出版社,2011.

[12] 刘丽,崔灵果. Access 数据库案例教程. 北京:机械工业出版社,2009.

[13] 科教工作室. Access 2010 数据库应用(第二版). 北京:清华大学出版社,2011.

[14] 张强,杨玉明. Access 2010 入门与实例教程. 北京:电子工业出版社,2011.

[15] 姜增如. Access 2010 数据库技术及应用. 北京:北京理工大学出版社,2012.